中国民航飞行学院研究生系列教材

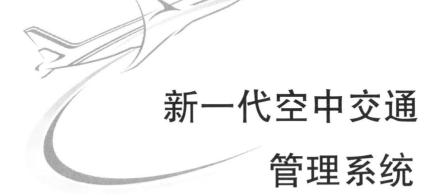

新一代空中交通管理系统

（第2版）

程　擎　朱代武　李彦冬　主编

西南交通大学出版社

·成　都·

内 容 提 要

本书主要介绍了航行系统发展的民航地空数据链通信系统、全球卫星导航系统、监视系统的新技术，详细阐述了各类新技术的工作原理、功能及特点。同时，对美国发展的新一代航空运输系统（NextGen）、欧洲发展的单一天空空中交通管理研究实施计划（SESAR）、我国的新一代民航运输系统、智慧民航建设路线图以及自动化空中交通管理系统进行了详细阐述。

本书可作为交通运输工程、交通运输研究生专业教材，也可供交通运输、导航工程等专业本科生、空中交通管理保障部门人员参考。

图书在版编目（CIP）数据

新一代空中交通管理系统 / 程擎，朱代武，李彦冬
主编. —2 版. —成都：西南交通大学出版社，2023.1
ISBN 978-7-5643-9160-7

Ⅰ. ①新… Ⅱ. ①程… ②朱… ③李… Ⅲ. ①空中交
通管制－管理信息系统－教材 Ⅳ. ①V355.1

中国国家版本馆 CIP 数据核字（2023）第 005479 号

Xinyidai Kongzhong Jiaotong Guanli Xitong
新一代空中交通管理系统
（第 2 版）

程 擎 朱代武 李彦冬 / 主编

责任编辑 / 何明飞

封面设计 / GT 工作室

西南交通大学出版社出版发行
（四川省成都市金牛区二环路北一段 111 号西南交通大学创新大厦 21 楼 610031）
发行部电话：028-87600564 028-87600533
网址：http://www.xnjdcbs.com
印刷：成都蜀通印务有限责任公司

成品尺寸 185 mm×260 mm
印张 16.5 字数 373 千
版次 2013 年 8 月第 1 版 2023 年 1 月第 2 版
印次 2023 年 1 月第 2 次

书号 ISBN 978-7-5643-9160-7
定价 48.00 元

课件咨询电话：028-81435775

第 2 版前言

通信、导航、监视系统和自动化的空中交通管理系统是空中交通管制工作的重要保障，是保证飞行正常、安全的重要手段。随着新航行系统的逐步实施和新一代航空运输系统的提出，各种新技术得到了广泛应用，逐渐形成了新一代空中交通管理系统。新一代空中交通管理系统是国家实施空域管理、保障飞行安全、实现航空高效和有序运行的核心系统。

"新一代空中交通管理系统"是交通运输工程、交通运输专业研究生的一门学位必修课程，该课程专门介绍新一代空中交通管理系统的新技术和未来发展。编者针对国家新一代空中交通管理的需求，结合国内外最新的数据链通信、卫星导航、监视技术的应用和发展，完成了该教材的编写。

本教材主要介绍了民航数据链通信系统、卫星导航系统、监视系统发展的新技术，详细阐述了各类新技术的种类、功能及各系统的工作原理，并对美国的新一代航空运输系统（NextGen）、欧洲单一天空空中交通管理研究实施计划（SESAR）和自动化空中交通管理系统进行了详细阐述。

本教材编写组收集和吸收了部分国外同类课程的资料，编写讲义并于 2009 年开始，在三届交通运输规划与管理研究生中使用。使用期间，教材编写组广泛征求了教师和部分学生的意见；在教材的实用性方面，还征求了科研院所和民航一线专家意见，对讲义进行修订，于 2013 年正式出版。航行新技术的发展对新一代空中交通管理系统又提出了新的要求，课程组在 2021 年再次对《新一代空中交通管理系统》进行修订改编，删除了部分陈旧内容，增加了国际民航组织（ICAO）航空系统组块升级（ASBU）、智慧民航和北斗卫星导航等内容，使教材的内容、结构、体系更加完善，更加符合民航新一代交通运输系统的实际和发展要求。

本书共分为六章。第一章主要介绍了新航行系统及其特点；第二章主要讲述了世界各国新一代航空运输系统；第三章主要介绍了民航地空数据链通信系统；第四章主要讲述了全球卫星导航系统的类型，重点讨论了全球定位系统及其增强系统，基于性能的导航（PBN）；第五章主要介绍了民航的监视系统，包括一次雷达、二次雷达、自动相关监视系统、多点定位系统，第六章介绍了自动化空中交通管理系统。

　　本书由中国民航飞行学院程擎、朱代武、李彦冬编写，全书由程擎统稿，李彦冬校准。校内外多位专家进行了审稿并提出了很好的建议。本书在编写过程中，得到了中国民航飞行学院研究生处，中国民航飞行学院空管学院的大力支持，在此表示衷心感谢。

　　由于编者水平有限和资料收集不全，书中难免存在一些疏漏和不足之处，有待进一步完善和提高，敬请读者批评指正。

编　者
2022 年 9 月于中国民航飞行学院

通信、导航、监视系统和自动化的空中交通管理系统是空中交通管制工作的重要保障，是保证飞行正常、安全的重要手段。随着新航行系统的逐步实施和新一代航空运输系统的提出，各种新技术得到了广泛应用，逐渐形成了新一代空中交通管理系统。新一代空中交通管理系统是国家实施空域管理、保障飞行安全、实现航空高效和有序运行的核心系统。

"新一代空中交通管理系统"是空中交通规划与管理专业研究生的一门专业基础课程，该课程专门介绍新一代空中交通管理系统的新技术和未来发展。编者针对国家新一代空中交通管理的需求，结合国内外最新的数据链通信、卫星导航、监视技术的应用和发展，完成了该教材的编写。

本教材主要介绍了民航数据链通信系统、卫星导航系统、监视系统发展的新技术，详细阐述了各类新技术的种类、功能及各系统的工作原理。并对美国的新一代航空运输系统（NextGen）、欧洲单一天空实施计划（SESAR）和自动化空中交通管理系统进行了详细阐述。

本教材初稿于 2009 年开始使用，先后在空中交通规划与管理研究生 2008 级、2009 级、2010 级试用。试用期间，广泛征求了教师和部分学生的意见，同时在教材的实用性方面，还征求了民航生产一线的专家和技术人员的意见，并详细分析了教材的反馈信息。在此基础上，重新收集和吸收了部分国外同类课程的资料，对教材进行了修订改编，使教材的内容、结构、体系更加完善，更加符合民航实际和发展要求。

本书共分为六章。第一章主要介绍了新航行系统及其特点；第二章主要讲述了世界各国新一代航空运输系统；第三章主要介绍了民航地空数据链通信系统；第四章主要讲述了全球卫星导航系统的类型，重点讨论了全球定位系统及其增强系统，基于性能的导航（PBN）；第五章主要介绍了民航的监视系统，包括一次雷达、二次雷达、自动相关监视系统、多点定位系统，第六章介绍了自动化空中交通管理系统。

本书由中国民航飞行学院程擎、朱代武编写，全书的统稿和校准工作由程擎完成。校内外多位专家进行了审稿并提出了很好的建议，本书在编写过程中，得到了中国民航飞行学院研究生处，中国民航飞行学院空管学院的大力支持，在此表示衷心感谢。

由于编者水平有限和资料收集不全，书中难免存在一些疏漏和不足之处，有待进一步完善和提高，敬请读者批评指正。

编　者
2013 年 5 月于中国民航飞行学院

目　录

第1章　新一代空中交通管理系统概述

在航空活动开始的初期，由于飞机数量和飞行次数都很少，尚未建立空中交通管理的概念。随着商业飞行的开始，航空运输涉及的范围越来越广，为了安全和效率起见，要求飞行活动能按照一定的规则来组织进行，这就是空中交通管理。空中交通管理系统是实施空中交通服务（ATS）、空域管理（ASM）和空中交通流量管理（ATFM），并提供航空情报服务（AIS）、通信导航监视服务（CNS）和航空气象服务（MET）等职能组成的一个系统的统称。

《中国民用航空空中交通管理规则》中空中交通管理的任务是有效地维护和促进空中交通安全，维护空中交通秩序，保障空中交通畅通。作为航空运输体系的"中枢神经系统"，空管系统是保障空中交通安全、维护空中交通秩序、促进空中交通顺畅运行的核心系统，与航空公司、机场一起构成航空运输系统的三大支柱。

伴随着航空运输业近百年的发展历程，空管系统历经了人工目视指挥、程序管制、雷达管制、协同管理等多个发展阶段。在这个发展过程中，一方面，空中交通运行的新特点、新需求始终牵引着空管系统新技术的进步与新应用的探索；另一方面，空管系统中新技术的运用在提高空中交通运行效率与安全水平的同时，又促进了空中交通运行方式的革新与更替。空管通信、导航、监视技术的发展，是空管系统的技术进步与运行方式的变革基础，特别是在空中交通全球化、高密度运行的今天，其作用与贡献更为突出。

从 20 世纪 20 年代开始到现在，空中交通管理共经历了 4 个阶段。

第 1 阶段：20 世纪 30 年代以前，当时的螺旋桨飞机，飞行高度低、航程短、飞行速度慢，主要在基地附近飞行，并且只能在天气好的情况下飞行，因此制定了目视飞行规则。

第 2 阶段：1934—1945 年，在 1934 年以后，飞机的载客量和飞行速度都增加了，并且使用了无线电导航系统，飞行员可以在看不到地面的情况下也能确定飞机的位置，管制员能通过无线电通信系统和飞行员通话获知飞机的飞行状态，并且飞行活动更加频繁，目视飞行规则已经不能满足需要。因此，各航空发达国家纷纷成立了空中交通主管机构，制定了使用仪表进行安全飞行的规则，并且建立其全国规模的航路网和相应的塔台、管制中心等，这些管制中心的任务就是接收各航站发来的飞行计划，再把飞行员报告的位置填写在飞行进程单上，然后确定飞机间的相互位置关系，发布管制指令。这种管制方法通常称为程序管制。

第 3 阶段：1945 年至 20 世纪 80 年代，随着航空技术的飞速发展，飞机的飞行速度、载客量和航程大幅度增加，世界各国通过航空的交流越加频繁，1945 年世界各国成立了一个能把全世界的航空法规国际标准化的组织——国际民航组织（ICAO）。这个时期空中交通管理的重要进展是，以一次雷达、二次雷达监视技术为主的雷达技术的出现及应用，测距仪（DME）、罗兰 C、奥米伽（OMEGA）导航系统、多普勒导航系统、微波着陆系统（MLS）和仪表着陆系统（ILS）等无线电导航系统的应用。雷达技术应用于空中交通管制领域，可以使管制员在雷达屏幕上获得飞机的位置、呼号、高度和速度等参数，再加上地空通信系统的发展，促使一些重要地区使用雷达管制取代了程序管制。当前，随着雷达覆盖面的不断扩大，雷达管制已经成为一种主要的管制手段。大量无线电导航的出现，特别是 ILS 的应用，使飞机能在低能见度的情况下着陆，有力地保障了航班的准点率和提高了飞行的安全性。

第 4 阶段：20 世纪 80 年代后期至今。为了适应交通流量的增加，随着电子技术的飞速发展，计算机技术在机载系统和空管地面设施的广泛应用，卫星系统在民航的应用，ICAO 在 80 年代提出了空中交通管理（ATM）的概念，以取代空中交通管制。从只保证一次航班从起飞机场经航路到达目的地机场的间隔和安全，到着眼于整个航路网的空中交通的顺畅、安全和有效运行。ICAO 推崇基于卫星导航和数据链的通信、导航、监视技术，并发展基于性能的服务、基于信息共享的协同运行、空域动态管理与灵活使用、流量管理等。

1.1　ATM 概念前的航行系统

1.1.1　旧航行系统的状况

在 20 世纪 80 年代，一些航空发达的地区实施了雷达管制，如欧洲和北美的大部分地区，但其他的大部分陆地区域和海洋地区还是实施程序管制。当时航行系统中的通信系统（Communication）、导航系统（Navigation）和监视系统（Surveillance）随各地的实际情况各有不同。通信系统中的地空通信主要采用 VHF 话音和低速数据链通信、HF 话音通信系统。VHF 话音和低速数据链通信用在地面与飞机及飞机与飞机的通信，在高交通密度区域和主要航路使用比较广泛；HF 话音通信用在边远陆地区域地面与飞机的通信，如图 1.1 所示。

导航系统主要采用无线电导航系统，航路导航系统主要有无方向信标系统（NDB）、全向信标系统（VOR）、测距仪系统（DME）、惯性导航系统或惯性基准系统（INS/IRS）、塔康（TACAN）和罗兰 C（LORAN-C）等；终端区域主要采用仪表着陆系统（ILS）和微波着陆系统（MLS）实施精密进近，也用 VOR/DME、NDB 实施非精密进近，我国主要使用 NDB、VOR/DME 和 ILS，如图 1.2 所示。

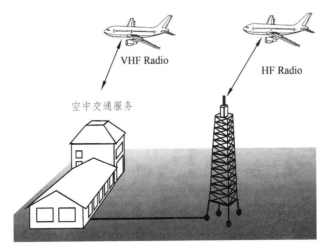

图 1.1　旧航行系统的通信系统

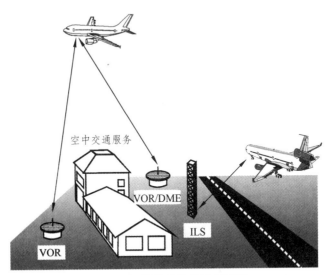

图 1.2　旧航行系统的导航系统

　　监视系统主要采用雷达监视，雷达包括一次雷达和二次雷达，二次雷达采用 A/C 模式；另外，在无雷达覆盖区域，采用通过话音报告位置的人工相关监视，如图 1.3 所示。

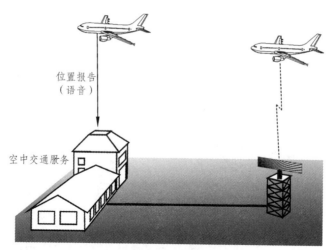

图 1.3　旧航行系统的监视系统

1.1.2　旧航行系统的弊端

随着飞行流量的日益增加，旧航行系统的通信、导航和监视系统，越来越不能适应空中交通管理系统的需求，它们在多个方面都制约着民航的发展。旧航行系统存在的主要缺点是：

（1）精度低，可靠性差。如导航系统的无方向信标系统的测向精度受到多种干扰的影响，其测向精度低。话音通信报告飞机位置的方式，其确定的飞机位置精度低，这样导致可靠性差。

（2）全球难以采取统一方式运作。不同的国家和地区由于采用的通信导航监视设施不同，导致使用不同的管制方式，其管制间隔和流量、运行方式都不同。

（3）通信采用话音而缺少空地数字数据交换系统。

① 传输速度慢：利用话音传送 200 个字符约需 30~40 s，占用信道时间比较长。目前空中交通繁忙地区，VHF 频率资源已显得紧张，话音通信限制了 VHF 频率资源利用率的提高。

② 多信宿的限制：有些通信内容要先由话务员收下后，然后人工转发给多个用户，进一步增加了出错的可能性，并且延长了通信时间。

③ 易出错：话音通信主要在机组人员和管制员及航务管理人员间进行，长时间的飞行和讲话都易使人疲劳，加上各国、各地口音不一致，可能导致听不懂、听不清或说错、抄错的情况，从而导致对飞行安全的危害。

④ 业务种类的限制：某些计算机数据不便通过语言来表达，飞机上机载设备要利用地面数据库信息也不便由话音通信来实现。

（4）旧的航行系统难以适应飞机架次及流量的增加。随着全球航空业的发展，飞行流量急速增加，根据当时的预测，美国 2020 年的旅客、货物和飞行量将比 2002 年增长 2~3 倍。

1.2　国际民航组织航行新技术的发展

国际民航组织（ICAO）近年的工作主要围绕着提升全球空中航行系统安全水平和运行效能而开展。早期，ICAO 以技术为出发点，提出新航行系统（CNS/ATM 系统）概念，并制定了《CNS/ATM 系统全球空中航行计划》（Doc 9750 号文件）文件来指导 CNS/ATM系统的实施。但是，随着工作开展过程中一系列问题的出现，ICAO 认识到 CNS/ATM 技术本身并不是改进航行系统的目的。航行系统运行水平的提升，需要以明确的运行效能要求为目标，建立全球一体化的空中航行系统。

随着 ICAO 及各民航组织这种认识上的改变，ICAO 决定以全球空中交通管理（ATM）运行概念作为愿景，指导空中交通管理系统的规划与实施，并发布了《全球空中交通管理运行概念》（DOC 9854）以及两个辅助文件《空中交通管理系统要求手册》（Doc 9882）和《空中交通系统全球效能手册》（Doc 9883）。为了在全球范围内推进新一代空中交通管理系统的实现，ICAO 更新了《全球空中航行计划》（DOC 9750），借鉴了复杂项目实施中常用方法论，提出了航空系统组块升级（ASBU），用工程化的方法指导全球空中交通管理系统的规划与实施，ASBU 本身也就必然成为了《全球空中航行计划》中的重要内容。

1.2.1　新航行系统

ICAO 基于对未来商务交通量增长和应用需求的预测，为解决旧航行系统在未来航空运输中的安全、容量和效率不足的问题，1983 年提出在飞机、空间和地面设施三个环境中利用由卫星和数字信息提供的先进通信、导航和监视技术。由于当时有些系统设备仍在研制中，尚不具备所需运行条件，ICAO 将该建议称为未来航行系统（FANS）方案。

随着各种可用通信、导航和监视技术的日臻成熟，人们愈加注重由新系统产生的效益，同时认识到在实现全球安全有效航空运输目标上，自动化的空中交通管理（ATM）是使通信、导航和监视互相关联、综合利用的关键。ATM 的运行水平成为体现先进 CNS系统技术的焦点。基于这一发展新航行系统的思想，1993—1994 年，ICAO 将 FANS 更名为新航行系统（CNS/ATM）。有关系统实施规划、推荐标准和建议措施等指导性材料的制定进一步加速了新航行系统的实施。1998 年，ICAO 全体大会再次修订了全球CNS/ATM 实施规划，其内容包括技术、运营、经济、财政、法律、组织等多个领域，为各地区实施新航行系统提供了更具体的指导。CNS/ATM 系统在航空中的应用将对全球航空运输的安全性、有效性、灵活性带来巨大的变革。新航行系统使空中交通管理进入了新的发展时代。

1.2.1.1　新航行系统的组成

新航行系统由通信（C）、导航（N）、监视（S）和空中交通管理（ATM）四部分组成。通信、导航和监视是基础设施，空中交通管理是管理体制、配套设施及其应用软件的组合。

新航行系统是一个以星基为主的全球通信、导航、监视加上自动化的空中交通管理的系统，如图1.4所示。新技术利用的角度而言，主要是卫星技术、数据链技术和计算机网络技术的综合应用。系统的关键问题是卫星应用问题，ATM系统的关键问题是数据化、计算机处理及联网问题。

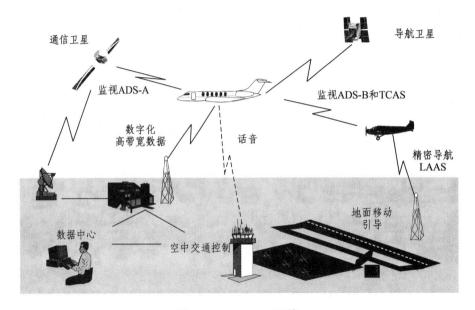

图 1.4　CNS/ATM 环境

新航行系统由四部分组成，其具体实施方案：

（1）通信系统：对于通信系统，关键在于发展双向的数据通信，尤其是飞机与地面的通信。其地空通信传输途径有 VHF 话音/数据链通信、HF 话音/数据链通信、航空移动卫星通信（AMSS）、二次雷达 S 模式数据链通信，如图1.5所示。飞机机载电子设备之间，地面各个单位、部门之间，通过航空电信网（ATN）连接。这样，在不同的空/地、地/地通信网络端用户之间可提供无间隙的数字交换。并在通信系统中逐步引入所需通信性能（RCP）概念。

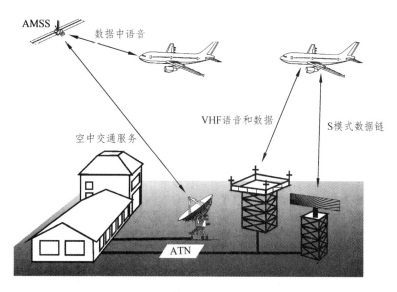

图 1.5　新航行系统的通信系统

（2）导航系统：在传统导航方式的基础上逐步引入区域导航能力（RNAV），并使其符合所需导航性能（RNP）标准；采用全球导航卫星系统（GNSS）来提供全球覆盖，并用于飞机航路导航和进离场、进近着陆；微波着陆系统（MLS）或差分卫星导航系统（DGNSS）将取代 ILS；NDB、VOR、DME 将逐步退出导航领域；保留惯性导航（INS/IRS）并发展与卫星导航的组合导航系统，如图 1.6 所示。

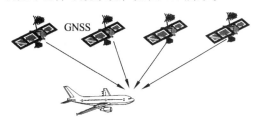

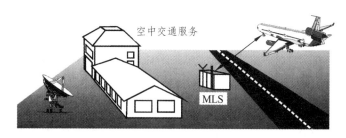

图 1.6　新航行系统的导航系统

（3）监视系统：二次雷达（SSR）被广泛保留使用，尤其在高交通密度区域内，S 模式二次雷达将全面发展；在其他区域，特别是在海洋空域和边远陆地区域内，将采用自动相关监视系统（ADS），这样可为那些只有很少或没有监视服务的区域提供综合监视信息，如图 1.7 所示，并在监视系统中引入所需监视性能（RSP）概念。

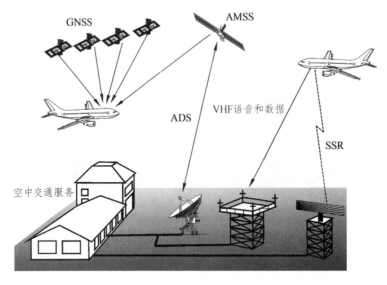

图 1.7　新航行系统的监视系统

（4）空中交通管理（ATM）：空中交通管理系统是新航行系统的一个重要组成部分，其构筑在通信、导航和监视系统上的管理系统，配套设施及其应用软件的组合。其目的是使航空器运营者按其计划的时间起飞和到达，并在不降低安全水平的情况下，以最小约束的方式，按其满意的飞行面飞行。根据空中交通管理系统实现功能目标的不同，空中交通管理系统可分为以下几个子系统：空中交通流量管理（ATFM）、空域管理（ASM）、空中交通服务（ATS）；而空中交通服务又可分为空中交通管制（ATC）、航行情报服务（FIS）、告警服务（AL）。并在空中交通管理中引入所需空中交通管理性能（RATMP）概念。ATM 系统的关键问题是数据化、计算机处理及联网问题。

新航行系统的组成和新旧航行系统的对比见表 1.1。

表 1.1　新旧航行系统的对比

项　目	旧航行系统	新航行系统
通　信	VHF 话音、HF 话音	VHF 话音/数据、AMSS 话音/数据、SSR S 模式数据链、HF 话音/数据、ATN、RCP
导　航	NDB、VOR/DME、ILS、INS/IRS、气压高度	RNP/RNAV、GNSS、DGNSS、INS/IRS、MLS、气压高度
监　视	PSR、SSR A/C 模式、话音位置报告	ADS、SSR A/C 模式、SSR S 模式、RMP
空中交通管理	ATC、FIS、AWS	ASM、ATS、ATFM、A/C、ATMP

1.2.1.2　对新航行系统的要求

利用新技术适应未来航行的需要，提高系统容量；覆盖海洋、边远地区和高高度，实现全球无缝隙地覆盖；采用数字式数据交换，改善质量，提高空管自动化水平，促进航空安全；提高空管的灵活性，从程序管制过渡到雷达和 ADS 监视下的管制，使空域的利用动态化；扩展监视的作用，在保证安全的前提下缩小飞行间隔，提高空域的利用率；提高精密方位能力，有利于实现区域导航和四维导航，扩展短捷的直飞航线，扩大飞行自由度，节约飞行时间和燃油；适应各种环境，包括不同空域环境，不同交通密度，不同机载设备，不同地面设备，并能适应多样化用户，以及全球飞行时跨区或飞越国境时的实用性。

1.2.1.3　新航行系统的特点

新航行系统的特点反映在系统、技术和实施等方面。

1. 系统方面

1）新航行系统是一个完整的系统

新航行系统由通信、导航、监视和空中交通管理组成。实际应用中，虽然存在独立的可用技术和设备性能规定，但从完成安全、有效飞行任务总目标意义上认识，其中的通信、导航和监视系统以硬件设备和应用开发为主，空中交通管理则以数据综合处理和规则管理运行为主。通信、导航、监视和空中交通管理之间相辅相成，在科学的管理方法指导下，高性能的硬件设备能为实现 ATM 目标提供依助的手段，为空中交通高效率运行提供潜能。不论是现在 ATC 的目标，还是今后全球 ATM 的目标，都是根据当时可用技术和设备能力提出来的。新航行系统将各种可靠的手段（通信导航监视等）和方法（程序法规等）有机地综合在一起，将来自各信源的信息加工处理和利用，实现一致的和无缝隙的全球空中交通管理。在实施空中交通管理过程中，将各分系统的高性能都体现在ATM 的效益上，使空中交通在任何情形下都有条不紊。

2）新航行系统是一个全球一体化的系统

新航行系统满足国际承认和相互运行的要求，对空域用户以边界透明方式确保相邻系统和程序能够相互衔接。适合于广泛用户和各种水平的机载电子设备。随着新航行系统不断完善而产生的所需总系统性能（RTSP）概念，将对总系统在安全性、规范性、有效性、空域共享和人文因素方面作出规定。RTSP 成为发展新航行系统过程中普遍应用的系列标准，指导各国、各地区如何实施新系统，保证取得协调一致的运行效果，使空中交通管理和空域利用达到最佳水平，从而实现全球一体化 ATM 的目标。

3）新航行系统是一个以滚动方式发展的系统

总观 ICAO 开始提出的 FANS 方案和其后一再讨论制订的 CNS/ATM 实施方案，在新航行系统组成中，一方面，分系统成分发生了一些变化，另一方面，ICAO 还先后增加了所需性能的概念，具体包括所需导航性能（RNP）、所需通信性能（RCP）、所需监视性能（RMP）、所需空中交通管理性能（RATMP）和在这些性能综合条件下的所需总系统性能（RTSP）。由此可见，ICAO 的工作方式已经从在新系统中使用和不使用什么设备的选择上转向注重制订所需性能标准上来。根据对已经颁布的 RNP 规定的理解和应用结果，RNP 概念的应用实现了 ICAO 的预期目的。所需性能概念体现了 ICAO 发展航行系统的战略思想，即面对今后交通持续增长和新技术的不断涌现，在完善各种性能要求，并在所需性能指导下，为各国、各地区提供广泛的新技术应用空间和发展余地。在标准化的管理模式下，新航行系统会不断地吸纳新技术、新应用，并使其向更趋于理想模式的方向发展。

2. 技术方面

新航行系统包括了多种技术，其主要依赖的新技术有卫星技术、数据链技术、计算机网络和自动化。其中，卫星技术和数据处理技术从根本上克服了陆基航行系统固有的而又无法解决的一些缺陷，如覆盖能力有限，信号质量差等。计算机应用和自动化技术是实现信息处理快捷、精确，减轻人员工作负荷的重要手段，如机载的飞行管理系统和空管自动化系统大大减轻了飞行员和管制员的工作负荷。

3. 实施方面

在新技术的实施中，在不同的实施区域，可采用先辅后主和先易后难的方式。在走向新航行系统进程中，必然有新老系统并存的过渡期。初期，新系统在运行中起辅助作用，即在功能上发挥补充能力作用。后期，除少部分优秀的现行系统作新系统的备份外，新系统成为空中交通管理的主角。随着人们对新航行系统体系认识和理解加深，新技术的渗透将使新系统逐步平稳地取代现行系统。

先易后难，新系统先在对陆基设备影响小的地方或环境实现应用，那些对陆基系统产生较大影响的场合迟后慎重解决。例如，PBN、GLS 技术首先应用于我国的偏远高原机场，随后在其他容量大的机场使用。

1.2.1.4　新航行系统对空管体系的变革

1. 陆基航行系统向星基航行系统转变

人类对空间技术的研究，解决了一些在陆地环境下无法解决的问题，卫星技术的应用也是人类文明史发展的重要标志。卫星技术可用性的提高是使陆基航行系统向星基航行系统的转变关键。卫星通信技术在电视广播领域已经普遍应用，经过了最先从租用、购买转发器开始，到自主发射卫星使用专用转发器的发展过程。卫星通信技术也从娱乐、日常生活发展成为能以多种速率、多种方式传输多种数据应用于各个领域。在实现陆基通信方式困难的地方，卫星通信技术已经成为重要的依赖手段。与现行陆基导航系统相比，全球导航卫星系统具有高精度、多功能、全球性等优点，解决了航路设计受限于地面设施的问题，也为远距或跨洋飞行提供了实时定位导航的手段。当基本卫星导航系统与可靠的增强系统结合后，可将其用于全部飞行阶段。在建设具有相同规模和同样保证能力的常规空管系统所需经费方面，星基空管系统已向陆基空管系统提出了挑战。

2. 国家空管系统向全球一体化空管体系转变

在现行航行系统环境下，由于各国空中交通管制设施的能力不同，管制方法和管制程序，以及在空域利用和最低间隔标准问题上缺乏一致性，对飞机有效飞行增加了额外限制。在发展空中交通管理系统过程中国家之间很少合作，使飞机不能发挥先进机载设备的能力。重要的是现行航行系统缺乏全球覆盖性、规范性和有效性的共同基础。现行空中交通服务的安全水平仅限于某些空域范围，还不具备全球性的安全水平。这些都是现行系统无法满足未来交通增长要求和空域用户的需求的原因。

随着空中交通运输量持续增长，现行条件下，空域的不连续性和国家航行系统的不一致性，会极大地妨碍有限空域的最佳利用。

新航行系统中一体化的 ATM 能使飞行员满足其计划的离港和到达时间，在最小的限制和不危及安全情况下保持其优选飞行剖面。为此，需要区域以及国家空管系统部件、程序的协调性和标准化。以国际一致性的 ATM 标准和程序全面开发新航行系统技术。

新航行系统中的功能系统具有的全球覆盖特点，机载和地面设备之间相互联系和数据交换功能的兼容性保证了总系统能一致有效地工作。无论在境内还是跨国空域运行，全球一体化的航行系统以无缝隙的空域管理为用户提供连贯和一致性的服务。

3. 空中交通管制向自动化方式转变

空中交通管制工作由复杂的任务组成，要求管制员具有高度的技能和灵活应变的能力，如对空域的洞察力，可用信息的处理、推理和决断的独特能力。全球一体化 ATM 所显示的安全性、空域高容量和飞行有效性要求在管制员发挥其特有能力的同时，还要利用自动化手段改善管制工作效率。在航行数据采集处理、动态空域的组织、飞行状态的预测、解决冲突建议措施的选择过程中，自动化系统的快速解算能力获得更及时、更准确的结果，帮助管制员自动进行空中交通活动的计算、排序和间隔，获得更直接的航路，以在有限的空域内建立有效的飞行流量。同时，各种信息多途径自动有效传输极大地减轻了管制员的工作负荷。

空中交通管制将以渐进方式引进自动化系统。在初期，利用计算机和有关软件协助管制员完成部分任务。应当明确，实现自动化的空中交通管制方式并不等于完全取代管制员。实际应用中，受各种随机因素和不可预见事件的影响飞机不可能也不总是按其预期结果运行。因此，自动化的空中交通管制方式仍然需要发挥管制员特有的能力和灵活性特点。

我国在近三十年的自动化技术的发展过程中，坚持技术引进与自主研发的道路，取得了较大的技术进步，但是未来还有很多的困难需要克服。

1.2.2　ICAO 全球空中交通管理系统规划和实施

航行系统运行水平的提升，需要以明确的运行效能要求为目标，建立全球一体化的空中航行系统。

ICAO 发展《全球空中航行计划》的目的是在全球范围内发展更安全、高效、环保的飞行。为了实现这一目标，ICAO 以全球空中交通管理（ATM）运行概念作为愿景，指导空中交通管理系统的规划与实施。ICAO 对全球空中交通管理系统改进的规划和实施主要在运行概念、实施规划和技术支持三个层面上开展。

运行概念，主要描述目标系统的高层需求，解决要实现什么样的空中交通管理系统的问题。它是所有工作内容的目标，是未来空中交通管理系统的高层需求。《全球空中交通管理运行概念》（DOC 9854 号文件）是 ICAO 在这一层面发布的主要文件。

实施规划，主要依据由运行概念导出的系统运行需求，采用适当的工程化管理方法，制定全球协同的、可行的工作计划，推进运行概念在全球范围实现。《全球空中航行计划》（DOC 9750 号文件）及其中的重要内容 ASBU 就是 ICAO 在这一层面发布的主要文件。

技术支持，主要解决采用什么样的技术去系统运行需求，完成实施规划中的工作。它主要涉及通信、导航、监视等具体技术内容。ICAO《全球空中航行计划》中的技术路线图包含了这一层面的内容。

三个层面的关系如图 1.8 所示，运行概念是愿景，设定了空中交通管理系统发展的高层目标；实施策略依据由运行概念导出的系统运行需求和效能改进目标，将实施工作其分解为具体的、可执行的工作包，并采用工程化的方法对这些工作包进行组织管理；技术支持为达到效能改进目标，完成实施工作，提供适合的技术方案。

图 1.8　ICAO 全球空中交通管理系统规划与实施方法示意图

1.2.3　空中交通管理系统运行概念

ICAO 规划的新一代空中交通管理系统提供一体化的服务。为了更好地理解这些服务是如何提供的，ICAO 将全球空中交通管理运行概念分解为七个重要的概念，此外还包括信息服务，这些部分相互依赖，缺一不可，共同构成空中交通管理系统。

七个重要概念包括空域组织与管理、机场运行、需求与容量平衡、交通同步、空域用户运行、冲突管理及空中交通管理服务提供的管理。此外，还包括信息服务，用于处理不同过程和服务所用信息的交换和管理。它将确保上述七个概念组成部分的协调和联系。

1.2.3.1　空域组织与管理

空域组织负责确立空域结构，以满足不同类型的空中活动、交通容量和不同等级的服务要求。空域管理是一个过程，即通过这一过程来选择和应用空域选择方案，以满足空中交通管理界的要求，主要概念性变化为：

（1）所有空域均为空中交通管理关心的焦点并是一种可用资源。

（2）空域管理应是动态和灵活的。

（3）任何对空域使用的限制应被认为是暂时的。

（4）应灵活管理所有空域。根据具体的交通流对空域边界进行调整，且不受国家或设施边界的限制。

1.2.3.2　机场运行

作为空中交通管理系统一体化的组成部分，机场必须为航空器运行提供必要的地面设施，包括灯光、滑行道、跑道、跑道出口及场面精密引导设施，以便在全天候条件下增强安全性及最大限度地提高机场容量。空中交通管理系统将充分发挥机场空侧内基础设施的作用，其主要概念性变化为：

（1）减少跑道的占用时间。

（2）在保持容量的同时，增强在全天候条件下的安全机动能力。

（3）在各种条件下，必须对进出跑道的活动提供场面精密引导。

（4）有关空中交通管理界成员应掌握和获得在机动区和活动区内所有车辆和航空器的位置（至某个精确度）及意图。

1.2.3.3　需求容量平衡

需求与容量平衡可以从战略角度对整个系统的交通流量和机场容量进行评估，以使空域用户在缓解对空域和机场容量冲突需求的同时决定何时、何地及怎样进行运作。该协作过程可通过利用系统内的空中交通流量、天气及其他有用信息对空中交通流量进行高效管理，主要概念性变化为：

（1）在战略阶段，通过协同决策对起降架次进行最大优化，为预测的航班分配和排班计划奠定基础。

（2）在预战术阶段，尽可能通过协同决策对资产、资源配置、计划航迹、空域组织和进出机场及空域的时间安排进行调整，减少不平衡性。

（3）在战术阶段采取的行动包括为平衡容量对空域进行动态调整；对进出机场和空域的时间进行动态修改，以及根据用户要求调整航班时刻。

1.2.3.4 交通同步

交通同步是指建立战术和保持空中交通流量的安全、有序和高效，主要概念变化为：

（1）可通过四维动态航迹控制和无冲突航迹来实施。

（2）减少阻塞点。

（3）最大优化交通排序，实现最大的跑道起降量。

1.2.3.5 空域用户运行

空域用户运行是指飞行中与空中交通管理有关的方面，主要概念性变化为：

（1）为提高安全性和效率，空管系统需要解决不同能力的航空器混合运行以及全球实施的需求。

（2）为使空域用户建立一般、战术和战略的情景意识，并满足冲突管理的要求，空管系统将融合相关的空中交通管理数据，并提供给空域用户。

（3）反之，空中交通管理系统能够获取相关空域用户的运行信息。

（4）根据每架航空器的性能、飞行条件及可用的空中交通管理资源，形成动态的四维航迹规划。

（5）通过协同决策，确保航空器以及空域用户系统的设计对空中交通管理的影响被充分考虑。

（6）航空器的设计应将空中交通管理系统作为重要因素考虑。

1.2.3.6 冲突管理

冲突管理包括三个层次：通过空域组织与管理、需求与容量平衡及交通同步实施的战略冲突管理、间隔保障和避撞。冲突管理将航空器与危险物之间相撞的风险限制在一个可接受的水平。需要隔开的危险物包括其他航空器、地形、天气、尾流、有矛盾的空域活动，及当航空器在地面时，与场面车辆和停机坪上和机动区内障碍物之间的危险，主要概念性变化为：

（1）战略冲突管理将间隔保障的需要降低至某个规定的水平。

（2）空中交通管理系统将最大可能地减少对用户运行的限制；因除非安全或空中交通管理系统设计要求间隔保障服务，预定间隔保障提供者将是空域用户。

（3）间隔保障提供者的角色可以被委托，但这种委托将是暂时的。

（4）在确定间隔模式时，必须考虑间隔保障的干预能力。

（5）冲突管理将被扩大至程序和信息允许的范围。

（6）避撞系统是空中交通管理系统安全管理的组成部分，但在确定间隔保障所需的安全等级时不予考虑。

1.2.3.7 空管服务提供的管理

空中交通管理服务提供的管理确保在飞行的所有阶段及所有服务提供者之间实施从门到门的无缝运行。空中交通管理服务提供的管理组成部分涉及对各种其他过程/服务决策进行平衡和统一，及做出决策的时限和范围要求。飞行航迹、意图和协议将是做出决策平衡的重要组成部分，主要概念性变化为：

（1）空中交通管理服务将建立在"按需提供"的基础之上。一旦建立服务，将根据需要提供服务。

（2）空中交通管理系统将依据协同决策和全系统的安全及商业事例来设计。

（3）空中交通管理将通过协同决策提供服务，权衡并优化用户所申请的航迹，以满足其他空管参与者的需求。

（4）航迹是一个涵盖整个飞行阶段的协议。

此外，还包括数据和信息的交换和管理，包括各类应用交互及传输功能，用于处理不同过程和服务所用信息的交换和管理。它将确保上述七个概念组成部分的协调和联系。信息管理提供用于支持空管运行的可靠、高质量和及时的信息。信息管理也将监督和控制共享信息的质量，并提供用于支持空中交通管理界的信息共享机制。

信息管理还汇聚空管相关的历史状况、实时状况、规划或预计未来状况的尽可能完整的场景。信息管理将为改善空中交通管理界所有成员的决策奠定基础。信息交换和管理的关键在于对一个信息丰富的环境进行管理。信息管理将通过所有运行服务，达到整体空中交通管理界的期望。

1.2.4　航空系统组块升级（ASBU）

《全球空中航行计划》是国际民航组织全球空中航行系统战略规划文件，从创立至今已经经过了十多年的发展，经历了四个版本的更替。2012 年 11 月，第十二届航行会议通过了第四版《全球空中航行计划》。新版《全球空中航行计划》是一份规划指导空中航行系统升级的战略层文件，用于制订近期、中期和远期的活动计划、指导各地区和成员国实施航空系统的升级活动。

第四版《全球空中航行计划》最显著的特点，就是纳入酝酿已久的"航空系统组块升级"方案（Aviation System Block Upgrade，ASBU）。航空系统组块升级方法着眼于预期的运行效益改进，阐明了技术和运行改进之间的关系，促进实施部署进程，构成了全球空中航行系统升级的工作框架。从战术的角度，航空系统组块升级根据当前系统运行情况和技术发展趋势，采用系统工程方法论制定出的一套规划实施办法，以循序渐进、具体可行的运行改进为阶段性目标，通过新程序、新技术的支持，推进现有系统逐步过渡到运行概念所描述的未来空中航行系统。为了发挥航空系统组块升级的作用，《全球空中航行计划》中还包括了相关的技术路线图，为规划实施工作提供技术支持。

1.2.4.1　航空系统组块升级的组成

航空系统组块升级包括以下 4 个基本概念：模块、引线、组块和效能改进领域，其关系如图 1.9 所示。

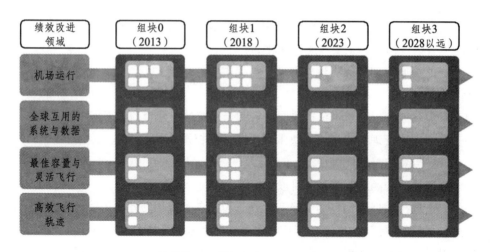

图 1.9 ASBU 的模块、引线、组块和效能改进领域之间的关系

1. 模块（Module）

模块是图中的白色小方块，代表一定程度的运行改进。它是基于效能改进的、可部署的一个包，每一个包提供了明确的效益改进指标，由程序、技术、规章、标准等支持，如 B0-APTA（Airport Accessibility 机场可接入性 ）。模块是 ASBU 中的基础元素。每一个模块对应一个运行改进，运行改进是从运行概念的分析得来的，主要关注某一方面运行能力的提升。每个运行改进都包含改进的条件、限制以及方法和效果，同时也包括实现改进所需要的要素。这些要素既包括技术要素也包括运行程序、相关标准和法规等因素。每个模块设计时都充分考虑了有足够的灵活性和规模伸缩性，通过这种灵活和规模可调的组织方式，使国家或地区根据自身的需要或技术进行实施。

2. 引线（Thread）

引线是图中的横向箭头，贯穿了一系列相互关联的模块，代表了模块能力的跨时间的演变，从基本到更先进的能力提升，就是某项能力在不同时间段的状态，是实现该项能力最终目标的不断演进。引线直接反映了全球空中交通管理运行概念的关键方面。

3. 组块（Block）

组块是图中的深色矩形部分。组块由若干个模块组成，若干个模块结合时能促成重大的改进。组块的概念以五年间隔为基础，被划分成四个组块：组块 0、组块 1、组块 2 和组块 3。组块上的时间是该组块中的模块已具备运行条件，可以开始部署的时间，而不是部署完成的时间。各个国家和地区可根据自身的需求选择实施模块的时间。例如，组块 1 对应的时间期限是 2018 年，即组块 1 对应的模块预计从 2018 年可以开始部署。

组块 0 的时间段为 2013—2017 年。这个阶段中，空管系统仍然是需要依赖现有的地面、机载航空设备和技术。组块 1 的时间段为 2018—2022 年，是航空系统组块升级的关键阶段。在组块 0 的基础之上，空中交通管理系统将在这一阶段进行较大的改进，获得大幅度的能力提升。组块 2 在 2023 年以后可用，之前需要经过充分验证。组块 3 在 2028 年以后具备运行条件，最终实现全球空中交通管理运行概念。

4. 效能改进领域（PIA）

效能改进领域是将每一组块中的模块加以归纳，以便在其应用环境中提供较高层面的运行和性能目标。图 1.9 中最左面一列，是 4 个效能改进领域：机场运行、全球互用的系统和数据（通过全球互用的全系统信息管理而实现）、最佳容量和灵活飞行（通过全球协同的空中交通管理而实现），以及高效飞行轨迹（通过基于航迹的运行而实现）。为了实现的新一代空中交通管理系统，需要在这四个领域推行运行改进。ASBU 中的每个模块，都可归入一个特定的效能改进领域。

1）机场运行

支撑机场运行的引线包括机场可接入性（APTA）、尾流间隔（WAKE）、跑道排序（RSEQ）、场面运行（SURF）、机场协同决策（ACDM）和远程空中交通服务（RATS）。而每个引线又由一些模块组成，如机场可接入性（APTA）包括模块 B0-APTA（包括垂直引导的进近程序的优化）和模块 B1-APTA（优化机场的可准入性）。尾流间隔（WAKE）包括模块 B0-WAKE（通过优化尾流间隔优化跑道吞吐量）、模块 B1-WAKE（通过动态尾流间隔优化跑道吞吐量）和模块 B2-WAKE（基于时间的高级尾流间隔）。

2）全球互操作系统和数据

支撑全球互操作系统和数据的引线包括协作环境下的飞行和流量信息（FICE）、数字化 ATM 管理（DATM）、广域系统信息管理（SWIM）、高级气象信息管理（AMET）。如协作环境下的飞行和流量信息（FICE）包括模块 B0-FICE（通过地地集成，提高互用性、效率和容量）、模块 B1-FICE（通过离场前的 FF-ICE 第 1 阶段应用程序，提高互用性、效率和容量）、模块 B2-FICE（通过多中心的地对地集成提高协调）和模块 B3-FICE（推出完全的 FF-ICE 以改进运行性能）

3）最佳容量和灵活飞行

支撑最佳容量和灵活飞行的引线包括自由航路运行（FRTO）、网络运行（NOPS）、监视（ASUR）、机载间隔（ASEP）、优化飞行高度（OPFL）、机载防撞系统（ACAS）和安全网（SNET）。如机载防撞系统（ACAS）包括模块 B0-ACAS（机载避撞系统的改进）和模块 B2-ACAS（新避撞系统）。

4）高效的飞行轨迹

支撑高效的飞行轨迹的引线包括持续下降运行（CDO）、基于航迹的运行（TBO）、持续爬升运行（CCO）和远距离驾驶航空器系统（RPAS）。其中基于航迹的运行（TBO）包括模块 B0-TBO（通过航路数据链的初步应用提升安全和效率）、模块 B1-TBO（改善交通同步和初步基于轨迹的运行）模块 B3-TBO（完全 4D 航迹运行）。

1.2.4.2　ASBU 技术发展路线图

技术路线图从技术演变发展的角度展示实施 ASBU 所需要提供的主要技术。国际民航组织制定技术发展路线图的目的是描述组块模块所涉及到的技术，并从该技术层面描述支持组块模块所需要的新、旧技术，同时确定该项技术的可用性。国际民航组织制定的路线图涉及到的技术主要包括：通信、监视、导航、信息管理和航空电子设备。

1. 通信技术线路图

通信技术路线图实际上包括 3 种，分别为空地数据链通信、地地通信以及空地语音通信。

1）路线图 1：地空数据通信

组块 0 阶段：充分利用现有地空数据通信技术，如 VHFACARS，VDL 模式 2 和 ATN；VHF ACARS 将利用 AOA 技术逐渐向到 VDL 模式 2 过渡；在洋区和偏远地区使用基于卫星通信的 ACARS 技术。

组块 1 和组块 2 阶段：在大陆地区空管服务通信主要使用 VDL 模式 2 和 ATN 技术；新技术应用于信息类服务，如航空公司 AOC 通信，或航路上的信息服务，可能采用的新技术有 AeroMACS、商用 4G 技术等；VHF ACARS 将被 VDL Mode2 淘汰；HF ACARS 被淘汰，而 ATN 将支持 HF 数据链。

组块 3 阶段：随着数据链性能、可靠性、可用性、安全性的不断提高，数据链将成为主要的地空通信方式；在洋区和偏远地区，有望完成 HF 数据链向 SATCOM 数据链的迁移。

2）路线图 2：地面通信、地空语音通信

组块 0 阶段：继续部署 IP 网络，IPv4 将逐步向被 IPv6 过渡；地面语音通信仍然基于现有的模拟技术（ATS-R2）和的数字化的技术（ATS-QSIG），向 VoIP 过渡的进程将逐步开始。地空语音通信在大陆区域仍使用 25KHz VHF；在洋区和偏远地区，从 HF 向卫星通信的过渡有望开始。

组块 1 和组块 2 阶段：传统地面语音通信逐步向 VoIP 迁移；数字化航行通告和气象信息（采用 AIXM 和 WXXM 数据交换格式）将广泛在 IP 网络之上实现；FIXM 将被引入作为全球交换飞行数据的标准。地空语音通信仍采用 25KHz VHF，为了长期准备，新的陆基和星基通信系统开始研发。

组块 3 阶段：这一阶段新的语音通信系统可能会出现；在卫星通信领域，可能采用同一系统传输语音和数据；但在陆基通信方面，LDACS 是否能同时承载语音和数据通信还有待组块 1 和组块 2 阶段的研究成果。

2. 监视技术路线图

1）路线图 3：地空监视、机场场面监视

组块 0 阶段：重点部署协同式监视系统，如广播式自动相关监视系统（ADS-B）、多点定位系统（MLAT）、广域多点定位系统（WAM）；加强多监视源融合处理自动化系统建设，充分利用航空器下行数据，提高多监视源数据的融合处理能力；利用不同的监视源与航空器下行数据，提供基本的监视安全网络；监视与气象等数据可通过基于 IP 的数据通信网络发布，从而提供基础的广域信息管理服务。

组块 1 阶段：扩展部署协同式监视系统；采用协同式监视技术增强机场场面运行能力；基于可靠的航空器下行数据开发更多的安全网络功能；考虑采用多基一次监视雷达（MPSR）以节约基础设施建设成本，提高经济效益；远程塔台和机场运行将逐步应用远程可视的监视技术，以提供情景意识。加强图形叠加能力，实现对航迹信息、天气数据、可视范围和地面灯光状态等信息的图形化叠加显示。

组块 2 阶段：提高 ADS-B 运行能力，以满足增加飞行高度层、降低飞行间隔的需求；逐步减少一次监视雷达的建设与使用。

组块 3 阶段：协同式监视技术将作为主用监视技术，一次监视雷达将仅在特殊、有限的条件下应用。

2）路线图 4：空空监视

组块 0 阶段：采用 ADS-B IN/OUT（ICAO 版本 2）规范的基本的空中情景意识应用将逐渐应用。

组块 1 阶段：高级空中情景意识应用将就绪，仍然使用 ADS-B IN/OUT（ICAO 版本 2）规范。

组块 2 阶段：ADS-B 技术将开始被用于基本的空中间隔；增加飞行高度层、降低飞行间隔的需要将对要求 ADS-B 能力提升。

组块 3 阶段：组块 2 阶段的 ADS-B 技术将被应用于洋区和偏远地区空域内有限的自主间隔（Self-Separation）。

3. 导航技术路线图

1）路线图 5：导航技术

导航方式从基于信号的传统导航方式向基于性能的导航方式转变，在不同的区域运用不同的 PBN 导航规范。

GNSS 是 PBN 发展的核心技术，是未来导航服务能力提升的基础。采用全球导航卫星系统（GNSS）来提供全球覆盖，并发展多频、多星座的全球导航卫星系统（GNSS），通过 GNSS 增强系统来提供 CAT Ⅰ、CAT Ⅱ 和 CAT Ⅲ 类精密进近。

解决单一 GNSS 星座失效对导航运行的影响，主要依赖使用其他星座的信号，或者采用机载惯导系统或地面导航设施提供航行服务。

由于 GNSS 信号的脆弱性，传统导航设施在未来仍会作为 GNSS 导航的备份。保留微波着陆系统（MLS）和仪表着陆系统（ILS）缓解 GNSS 中断时对精密进近的需求；

NDB、VOR 将逐步退出导航领域，用 DME 组成陆基导航网络来支持 PBN 运行。

2）路线图 6：PBN 路线图

PBN 将应用到洋区和偏远地区、大陆区域的航路、终端区、进近阶段。

洋区和偏远地区的航路将应用 RNAV10（RNP10），RNP4 和 RNP2。

大陆区域的航路将应用 RNAV5、RNAV2、RNAV1、RNP2，进而应用 Advanced RNP 和 RNP0.3。

终端区进离场应用 RNAV1、 Basic RNP1， 进而应用 Advanced RNP 和 RNP0.3。

进近应用 RNP APCH 和 RNP AR APCH。

ASBU 的路线图还包括信息管理技术路线图和航空电子设备技术路线图。其中信息管理技术路线图中的全系统信息管理（SWIM）是实现未来空中交通管理应用的基础，它提供了合适的架构确保参与运行的各方都能及时、准确地获取所需要的信息。SWIM 的建立将使各种新的应用部署成为可能。空管、航空公司、机场、公众用户都可以通过适当的应用，从 SWIM 中方便地获取所需的信息，SWIM 作为信息管理的核心系统，对各种信息的可用性、时效性、安全性、服务质量等方面的复杂的管理，都由 SWIM 系统来完成。航空电子设备技术路线图包括航电通信和监视、航电导航和机载安全网络、机载系统路线图。

思考题

1. 空中交通管理系统的发展过程经历了哪几个阶段？每个阶段主要有什么特点？
2. 旧航行系统的状况和缺陷有哪些？
3. 什么是新航行系统？实施方案是怎样的？
4. 新航行系统的特点是什么？
5. ICAO 对全球空中交通管理系统改进的规划和实施是如何开展的？
6. ICAO 将全球空中交通管理运行概念分解为哪些重要的概念？
7. 什么是 ASBU？ASBU 由哪些部分组成？
8. 请谈谈 ASBU 技术发展路线图的通信技术路线图。
9. 请谈谈 ASBU 技术发展路线图的监视技术路线图。
10. 请谈谈 ASBU 技术发展路线图的导航技术路线图。

第2章 世界各国新一代航空运输系统

ICAO 在 1993 把 FANS 改名为 CNS/ATM，其便进入了逐步实施阶段，随着新航行系统各种技术的逐步实现和航空业的发展的需求，对气象、安保、环境等多方面的要求，ICAO 在第 11 次全球航行大会提出了全球一体化的空中交通管理运行概念，并在第 12 次航行会议滚动更新《全球空中航行计划》，提出 ASBU，同时世界各国提出了发展新一代航空运输系统，主要有美国的新一代航空运输系统和欧洲单一天空空中交通管理研究实施计划。

2.1 美国新一代航空运输系统（NextGen）

2.1.1 发展 NextGen 的背景

美国新一代航空运输系统（Next Generation Air Transportation System，NextGen）提出的背景：将航空业占 GDP 的比重由 6% 提升到 9% 以上，提供 1 100 万个就业岗位，2025 年空中交通流量将是目前的 2~3 倍，"9·11"事件对美国航空业安全造成了巨大影响，美国每年要投入 40 亿美元和大量的人力资源用于安保。繁琐的安检程序造成了航班延误，牺牲了旅客宝贵的时间；要保持美国在航空运输业、制造业、标准制定和新技术等方面的世界领先地位，适应更加节约成本、节能环保的航空发展趋势；2020 年，8 个城市群和 19 个大型机场需要更多的容量，23 个大中型机场需要提高容量；20 个左右的机场年起降航班超过 50 万，相当于现在底特律机场的规模。但是美国现有基础设施存在很大的局限和不足，20 世纪 50 年代开始形成的空管设施布局投资巨大，性能不足，运行维护成本高，以地面为中心的系统，自动化程度低，依赖话音通信、地基导航和传统雷达监视方式。

美国未来航空发展呈现三个突出特点：小型飞机的增长速度远远超过大型飞机，即空中交通流量的增长速度超过旅客数量的增长速度；航空活动的类型更加趋于多样化，除商务运输、军用运输、公务机、私人飞机外，还将增加无人驾驶航空器等新的机型；新的航空器性能更加先进，但传统的航空器还在服役，航空器之间的性能差异较大，给运行方式、效率和安全管理带来挑战。

因此，美国联邦航空局（FAA）得出结论：未来美国航空运输的状况更为复杂，提高容量的目标变得更加迫切和艰巨，即使投入目前两倍的资源，美国现有的处理空中交通流的方法也将不能适应更大飞行流量和飞行密度的需求，按照现行的空中交通管理方式，2020 年美国由于航班延误造成的损失将达到每年 400 亿美元，美国必须发展新一代航空运输系统，其核心是保障安全、增加容量、增强灵活性、提高运行效率、更加环保和降低成本。

2.1.2 NextGen 的概念

美国前总统布什于 2003 年签署了《世纪航空再授权法案》，提出 "新一代航空运输系统" 发展战略：建立一个更加现代化的新型的航空运输系统，以满足未来航空运输对安全、容量、灵活、效率以及安保的需要，法案授权运输部、国土安全部、商业部、国防部、白宫科学与技术政策办公室、航空航天局、联邦航空局等七大政府机构组成联合计划发展办公室（Joint Planning & Development Office, JPDO），联合企业、私营业主、学术团体等，开展新一代航空运输系统的研究、开发与建设，JPDO 设在 FAA 内，受美国联邦航空局（FAA）和国家航空航天局（NASA）共同领导和管理。2004 年，JPDO 向美国国会提交了《新一代航空运输系统计划》（Next Generation Air Transportation System, NGATS）。2006 年正式更名为 NextGen。NextGen 不是一个全新的独立系统，而是在现有基础上采用新标准、新技术、新装备、新程序，集成相关航空业务子系统，采用新的运行方式、业务方式、管理模式过渡发展成为下一代航空运输体系。其目标是改进航空运行的安全、容量、效率、可预测性、降低成本、更加环保等。

2.1.3 NextGen 的内容

美国新一代航空运输系统（NextGen）分别由联邦航空局牵头研发改进机场基础设施、综合安全管理系统、制定环境保护措施、协调全球航空标准、设备及运行，由国土安全部建立多层次、自适应安保系统，由美国国家航空航天局 NASA 和美国联邦航空局 FAA 研究开发空中交通管理系统，由国防部研究开发网络信息平台和情景意识系统，由美国商业部研究开发提高气象能力以及降低天气影响，分别设立 8 个实施小组，由联合计划发展办公室负责总协调。新一代航空运输系统提出了 8 个战略、6 个目标、8 个方面的能力和运行概念。

2.1.3.1 新一代航空运输系统（NextGen）的 8 个战略

（1）建立灵敏、快速反应的空中交通系统，从容应对目前及未来航空器运行、容量、新商业模式的运行需求.

（2）提高机场能力：制订应对未来需求的机场运行和管理新概念，改进机场设施以满足发展需求。

（3）安全管理：建立综合、主动性的安全管理系统，将安全管理延伸至设计阶段。

（4）航空气象：全面提高天气观测和预报水平，将气象参与航空运行全过程决策，减少天气对飞行的影响。

（5）安保系统：建立高效、透明、多层次保安系统，不限制公众流动性和公民自由，不产生延误，不增加额外成本。

（6）网络信息平台：航空器承运人、旅客等所有用户都可以获取所需信息，掌握环境动态，得到个性化情景意识服务。

（7）环境保护：制订新政策和新程序，采用新技术开发新燃油、发动机和航空器，减少航空污染，保护环境。

（8）政策标准：制订全球统一的标准、程序和航空政策，推进全球在技术、装备、运行等方面的兼容性和一致性。

2.1.3.2　美国新一代航空运输系统（NextGen）的 6 个目标

（1）保持美国在全球航空业的领导地位：保持美国在航空运输市场的世界领先地位；降低航空运输成本；按照客户需求调整航空服务；推进以全球统一标准的美国产品和服务继续对外开放。

（2）提高机场和空域容量：要求提高到三倍容量，满足未来航空增长；满足运行的多样化和灵活性；增加可预测性，减少转机时间，转机时间减少 30% 以上；减少天气和其他因素对运行的干扰，要求航班的准点率达到 95%。

（3）确保航空安全：保持航空业作为最安全运输方式的记录；改善美国航空运输系统的安全水平；提高世界范围内航空运输安全水平。

（4）保护环境：采用新技术来降低噪声、发动机废气排放和燃油消耗；维护发展航空业和保护环境的平衡。

（5）保证国家空防安全：在正常防御的同时，对民用飞行的影响最小；协调国家对外部威胁的反应。

（6）增强安全保卫：有效应对新的各种各样的恐怖主义威胁；提供高效率的保安措施和手段；平衡保安成本和旅客隐私；确保旅客和托运人对航空系统安全的信心。

2.1.3.3　美国新一代航空运输系统（NextGen）的 8 个方面的能力

（1）基于性能的运行能力是 NextGen 最核心、最根本的改变，不再强调以机载设备和地面设备为核心，而是以综合航行性能为核心，基于性能的导航（Perfomance Based Navigation，PBN），根据机载性能享受不同的空域服务（航迹选择、间隔等）。

（2）以网络为中心的信息访问能力，将现有航空各类信息进行整合，航空业参与各方既提供信息，也共享信息，发挥信息在决策支持中的作用，网络平台透明、开放、共享。

（3）气象信息支持决策能力，目前 60% 因天气原因造成的航班延误可以避免，从而减少损失 40 亿美元，把地面和空间气象观测系统整合成一个虚拟的国家航空气象信息中心，基于网络和数据链发布更准确、及时的气象预报，飞行员可以根据机载能力灵活选择航线。

（4）多层自适应保安能力，新的扫描技术和设备，便携式设备，与国家保安、反恐、其他领域保安信息联网，基于网络信息把保安关口前移，减少对旅客的人身干预。

（5）广域精密导航能力，采用 GPS、GALELIO 和 GLONASS，通过地面、空间和机载增强系统提高导航精度，可保障航路、终端区、进近飞行和着陆。

（6）基于轨迹的航空器运行能力动态的空域管理、分配和使用，灵活选择航迹，增加自主间隔调配，采用 4D 航迹运行。

（7）相当于可视飞行的能力，把相邻航空器位置、航迹、机场电子地图、气象信息等传输到驾驶舱，飞行员和管制员看到的是同一种真实的情景，航空器自动保持间隔，采用驾驶舱显示技术。

（8）高密度机场运行能力，优化机场跑道、滑行道布局，减少跑道占用时间和滑行时间，导航和监视能力支持 RNAV/RNP 运行，提高起降能力，采用新技术提高机场运行安全和效率，如防止跑道入侵、地面交通管理等。

2.1.4　NextGen 的核心技术

NextGen 作为美国推出的一套新的空管系统，它的实现是需要一系列的技术革新以及工艺革新来协调完成的。如图 2.1 所示，该空管系统的实施需要以下 6 种主要的核心技术，来配套实施。它们分别为 ADS-B、NNEW、SWIM、NVS、CATMT 和 Data Comm。

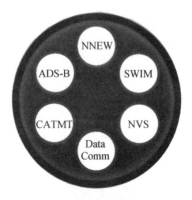

图 2.1　NextGen 的新技术

1. 广播式自动相关监视（Automatic Dependent Surveillance-Broadcast，ADS-B）

ADS-B 是 FAA 用来替代雷达监视的技术，一般情况下，只需机载电子设备，不需要任何地面辅助设备即可完成相关功能，装备了 ADS-B 的飞机可通过数据链广播其自身的精确位置和其他数据。ADS-B 接收机与空管系统、其他飞机的机载 ADS-B 结合起来，在空地都能提供精确、实时的监视信息。

2. NextGen 的网络天气服务（NextGen Network Enabled Weather，NNEW）

NNEW 是一个通过多部门的努力，为国家空域系统的用户提供快捷、准确、符合成本效益和实时的气象信息。NextGen 会通过常见的气象数据的共享，加强安全和支持协作决策。

NNEW 是提供 FAA 的已知的四维天气多维数据集（4-D WX 数据立方体）间的基础设施的一部分。4-D WX 数据立方体将提供常见的、普及的航空气象数据，如图 2.2 所示。所有类别的气象用户将及时获得有所改善的、准确的天气信息支持决策，同时增强飞行安全。

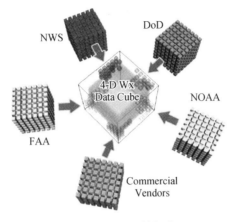

图 2.2　多维天气数据来源

4-D WX 数据立方体组成包括：

（1）在各种数据库内公布美国联邦航空局（FAA）的天气数据，国家海洋和大气管理局（NOAA），国防部（DoD），以及商业（CV）的气象资料供应商可能参与。

（2）注册/公布的数据来查找和检索所需的资料库.

（3）转化之间将采用不同的标准的能力，并提供用户所需的单位和坐标系统中的数据。

（4）以支持检索请求数据量的能力（如沿飞行轨迹）。

3. 全系统信息管理（System Wide Information Management，SWIM）

SWIM 是一个技术推动者，提供 IT 基础架构的国家空域系统（NAS）系统所必需的信息共享，提高互操作性，并鼓励信息和服务的可重用性。

SWIM 提供了面向服务的架构（SOA）的原则为基础的系统之间的信息交流的基础。SOA 是一种架构方法，对组织和利用服务，以支持互操作性。SOA 的帮助，组织他们的软件应用与业务需求保持一致，并提供灵活性和敏捷性，以应对变化中的一个更好，更快，更便宜的方式。SOA 的利用可重复使用的技术和信息，以简化操作和提高业务灵活性。SOA 的关键环节包括信息技术能力，业务能力的发展分离。

目前，正在实施 SOA 治理，以确保数据的行为，使服务提供商和消费者之间的信息共享。最终目标是提供服务的重用和跨越传统组织界限的消除重复的功能的好处，使企业具有更大的灵活性，以适应不断变化的业务需求。因此，确保互操作性和重用是这种努力的主要目标。

4. 国家空域系统语音系统（National Airspace System Voice Switch，NVS）

国家空域系统语音系统（NVS）是国家的最先进的数字技术将取代美国联邦航空局的老化的模拟语音通信系统。NVS 规范联邦航空局设施之间的语音通信基础设施，空中交通管制系统，并提供更大的灵活性。

5. 数据通信（Data Communication）

数据通信将通过数据通信设备承担机组人员通信，从而提高效率和能力，增强国家空域（NAS）的安全。

6. 协同空中交通管理技术（Collaborative Air Traffic Management Technologies，CATMT）

CATMT 是一个 NextGen 的变革计划，提供了增强现有的交通流管理系统（TFMS）。

2.1.5　NextGen 的重点项目

NextGen 的重点发展项目包括基于轨迹的运行（TBO）、数据通信、基于性能的导航（PBN）、广播式自动相关监视（ADS-B）、决策支持系统（DSS）、全系统信息管理（SWIM）、天气、安全、环境与能源等。

1. 基于轨迹的运行（TBO）

基于轨迹的运营（TBO）是一种空中交通管理（ATM）概念，可增强飞机流量的战略规划，以减少国家空域系统（NAS）中的需求能力不平衡，并为空中交通管理人员和管制员提供工具，以帮助加快飞机在始发地和目的地机场之间的移动。

TBO 的飞机轨迹由四个维度定义：纬度、经度、高度和时间，代表了飞机在其航线上的关键点的预期位置和时间的共同参考。轨迹在出发前定义，根据新出现的情况和运营商的输入进行更新，并在利益相关者和系统之间共享。基于轨迹的运营是 NextGen 的长期目标，是一种空中交通管理方法，用于在整个运营过程中战略性地规划、管理和优化航班。它依赖空中和地面系统之间的信息交换，飞机飞行精确路径的能力以及基于时间的管理。基于轨迹的运营（TBO）提高了航班位置和时间的可预测性和管理，其优势体现在提高吞吐量、提高可预测性、提高飞行效率和提高操作的灵活性等。

2. 决策支持系统（DSS）

空中交通管制员使用三个决策支持系统来优化整个国家空域系统的交通流量。

交通流量管理系统是空中交通管制系统指挥中心和全国交通管理单位用于调节空中交通流量，管理吞吐量和规划未来空中交通需求的主要自动化系统。

基于时间的流量管理是一个系统，允许交通管理单位通过使用时间而不是距离来安排和优化主要机场的到达负载。

终端飞行数据管理器通过使用系统范围的信息管理集成飞行、地面监视和交通管理信息来支持机场决策。

2.1.6　NextGen 的特点

1. 以用户为中心

用户可以直接进入按它们的需要所设计的数据系统，进行准确和快速决策。通过无缝隙地向用户发送数据，以及适当的政策和市场机制，降低政府对实时运行的直接控制程度。签派员、飞行计划人员、管制员和流量管理人员将集中于 "end-end" 的战略流量管理上，尽量减少对单次飞行的干预。

2. 全系统的转变

转变系统不光是指技术上的转变，也包括对那些过时和不能满足用户需要的组织机构、程序、战略和业务方式上的转变。在陈旧的条例、政策和业务模式上嫁接新技术是很难成活的。

机构的领导者必须要使自己的专业人员接受新政策、标准、程序和技术。鼓励公众接受新的和即将引进的重要技术是政府和行业的责任。地方政府、私营机构和企业、学术团体都要加入这个转变中。由于航空运输是全球性的，因此也要鼓励国际航空团体的加入。

3. 前摄性的安全风险管理

安全是确保系统持续发展和满足运输增长需求的关键。NextGen 将通过前摄性地发现和预测风险，在风险发生之前进行预防。其关键是信息共享。NextGen 将建立新的文化，鼓励共享安全信息。所设立的安全目标和检测方法将促进所有改进安全的举措和行动，以及研发的进行。NextGen 的各个方面都将体现安全设计和决策保证。

4. 全球融合一致

建立现代化系统能够促进整个行业的发展，但新系统的建立并不是要在旧系统和技术上拼凑的，那样会增加额外的成本。要通过理解备忘录和联合工作组等形式与世界各地区以及国际民航组织进行合作。建立全球合作和协作的框架。寻求机会建立统一的空中交通管理系统，制订一致的实施新技术的时间表。基于性能的服务和基于风险的安全管理方法是保证建立协调一致系统的关键，这个系统将允许对飞机的性能和地区服务上有差别。全球协调一致并不只局限于空中交通管理，它也适用于环境、安全和保安等各个方面。

5. 环境友好

飞机和机场是目前主要的环境影响因素。自 1995 年丹佛机场以后，美国没有再新建过一家大型机场，即使只增加跑道也会招致地方的反对。为了保证将来的发展，必须要解决环境问题，因此在 NextGen 中，不能把环境问题与其他目标隔离开，要综合考虑。NextGen 要能够从伙伴机构拥有的新技术开发和良好的政府-私营部门关系中受益。例如，NASA 已经设计研发了低阻力、低排放、低噪声、省油的飞机和发动机；JPDO 已经在进行国家空域系统实施 CDA（连续下降进近）程序的工作。

2.2 欧洲单一天空空中交通管理研究实施计划

2.2.1 欧洲单一天空计划的背景

欧洲航空业在整个欧洲经济中占有重要地位。航空业每年产值 2 200 亿欧元，占欧洲 GDP 的 5%，从业人员 300 万人以上。欧洲市场一体化后新增了 70 多个航空公司，航空安全出现新挑战，到 2020 年飞行量增加一倍，对空域容量和运行效率提出了更高的要求。欧洲空中交通管理方式与 20 年前相比没有大的改进，成为制约航空运输发展的瓶颈。管制员劳动负荷太大，欧洲各国空管系统分散建设、独立运行、标准各异，阻碍了航空业的可持续发展，欧洲的空域分割现象严重，运行效率不高，航班延误每年造成的损失达到近 20 亿欧元。2002 年 3 月，欧洲议会在法国斯特拉斯堡举行会议，批准了欧盟委员会提出的关于在欧洲范围内实行统一空中交通管制的"单一欧洲天空"计划（Single European Sky，SES），2004 年 11 月 19 日，欧盟委员会和欧洲航行组织联手启动了名为欧洲单一天空空中交通管理研究（Single European Sky ATM Research，SESAR）。SESAR 的目的是对欧洲空中交通管制结构进行重组，根据空中交通流向和流量而不是根据国界来重新规划欧洲空域，在欧洲范围内建立一个统一的空管服务系统取代目前各自为政的空管系统及运行程序，以满足未来欧洲的安全、容量和效率需要。整合现有欧洲空域资源，构建单一欧洲天空。为推动单一欧洲天空计划，欧盟出台了 4 部法律：总体框架规章、服务规定规章、空域规章、兼容性规章，把政府立法职能与空管服务职能进行分离，按功能规划并划设跨越国界的空域，并由有关的组织机构实施管理，采取统一的收费和服务标准，保证欧洲空管系统内部以及与全球系统的兼容，组建相关机构和实体来实施单一欧洲天空计划。

2.2.2 欧洲空中交通管理（ATM）总体规划

欧洲空中交通管理（ATM）总体规划（以下简称"总体规划"）是在欧盟航空战略和欧洲天空一体化框架内制订的，意在实现整个欧洲 ATM 现代化的主要规划工具。它定义了实现欧洲天空一体化空中交通管理研究（SESAR）愿景所需的开发和部署优先事项。总体规划致力于在所有 ATM 利益相关者之间实现强有力的合作，通过定期更新应对不断变化的航空形势。

在 SESAR 推进的过程中，欧洲经济低迷影响到航空发展，但自 2014 年以来，欧洲的空中交通在经过 10 年前的经济危机后实现稳步恢复增长，预计这种增长将持续很长一段时间。2018 年，欧洲民航会议成员国的空域飞行量创历史新高，达 1 100 万架次；根据可靠的交通预测场景预测，到 2035 年，每年飞行量将超过 1 500 万架次。2018 年，SES 空域中的航路空中交通流量管理平均延误接近每航班 2 min，但欧盟当年的绩效目标是

0.5 min，这种预期的持续增长和所有迹象都表明，如果不采取严厉措施，延误的情况将进一步急剧恶化。

随着空中交通的增长，人们也日益关注其带来的环境和健康影响。欧洲和世界各地的这一关注点正促使航空业加紧努力，解决航空旅行的环境可持续性问题，以达到 2050 年欧盟的碳中性目标。为了支持这一目标，SESAR 项目已经将解决方案放在优先位置，将逐步解决由于航空基础设施造成的环境低效等问题。

蓬勃发展的无人机行业带动了新兴市场，也创造了巨大的商机，特别是在城市机动性和服务提供方面。但鉴于此类飞行器的种类繁多，且预期数量巨大，将对 ATM 一方构成重大而复杂的挑战。高度自动化的交通工具（单驾驶员操作、城市空中机动飞机，无人货运机等）将需要新形式的交通管理模式和空地系统整合。

所以，如果不加快数字化的步伐，当前的欧洲 ATM 系统和网络将无法适应预期的流量增长和新出现的挑战。欧洲空中交通管理总体规划完全符合欧盟航空战略的愿景。该战略认为，欧洲天空一体化（SES）和欧洲天空一体化空中交通管理研究（SESAR）是可持续发展和航空运输创新的关键驱动力。

2.2.3　SESAR 愿景

SESAR 的愿景是迈向欧洲天空数字化。为了在减轻环境影响的同时，安全管理未来的交通增长，SESAR 希望能提供一种完全可扩展的交通管理系统，来应对不断增长的载人和无人空中交通。该愿景基于轨迹操作的概念，让空域用户能够按自己的轨迹偏好，将旅客和货物按时送达目的地，同时尽可能节省成本。这将通过底层基础设施系统的数字化改造来实现，其特点是显著提高的自动化和连接水平。系统基础架构将变得更加模块化和敏捷，从而允许空中交通和数据服务提供商在需要的情况下，不受国界限制，通过更广泛的服务范围内接入他们的业务。那时机场将完全整合到 ATM 网络中，进而促进并优化空域用户的运作。该愿景将普及整个欧洲航空网络，而不是像当前仅在一部分空域中实现。

2.2.4　SESAR 的运行概念

SESAR 主要运行概念包括：

（1）基于轨迹的运行：新的空域设计和组织管理方式，重点从空域管理转向轨迹管理，使航班运行按照承运人的意图进行。

（2）需求和容量平衡：共享飞行流量、气象等信息，由空域用户决定运行时间、地点、方式以减少冲突和延误。

（3）协同运行：流量管理和排序，调配间隔，提高燃油效率，减少延误。

（4）冲突管理：战略冲突管理；间隔提供与自主间隔，机载防撞和短期冲突告警系统。

（5）信息集成与交换。

（6）机场运行：机场运行转向轨迹管理，降低噪声。

2.3　我国新一代民用航空运输系统研究情况

2.3.1　我国新一代民用航空运输系统

随着 ICAO 新航行系统的发展，同时世界各国提出了发展新一代航空运输系统，主要有美国的新一代航空运输系统和欧洲单一天空空中交通管理研究实施计划。在2006年，我国民航总局提出建设新一代民航运输系统，2006 年 3 月成立民航新一代航空运输系统领导小组。其发展目标是：带有前瞻性地综合改进和发展机场设施；建立新型的高效、透明、多层次、非干扰式的机场安全检查系统；充分应用新科技，改变空中管理的理念，建立一个适应能力强的空中交通管理系统；建立行业综合性公共信息网络平台；建立法制、科学、综合、积极主动式的安全管理系统；全面、系统地提高天气观测和预报水平，大大减少天气对飞行的影响；建立适应国际新技术、新标准、新程序的适航审定系统；全面建设有中国传统文化特色的企业文化和行业文化。

2.3.2　中国民航航空系统组块升级（ASBU）发展与实施策略

ICAO 在第 12 次航行会议更新《全球空中航行计划》，提出 ASBU，我国民航在 2015 年下发《中国民航航空系统组块升级（ASBU）发展与实施策略》。《中国民航航空系统组块升级（ASBU）发展与实施策略》依据中国民航总体发展战略与规划，结合国际民航组织 ASBU 的要求编制，是指导中国民航研究制定航行系统发展规划的方法论文件，该文件旨在依据国际民航全球空中航行计划，在航空系统组块升级方案的统一框架下，制定国内航空系统组块升级的发展和实施策略。

制定文件的指导思想：中国民航制定与实施新一代航行系统发展与建设规划，以实现民航强国战略为牵引，以航空发展需求为驱动，以提高民航安全水平为核心，以提升航空运行效能为重点，以增强航空安全效应、运行效率效应、运营水平和服务质量效应为评价准则，凝聚共识，协同联动，充分准备，快速、积极、扎实、稳妥地推进航行技术变革，为实现民航强国战略提供强大技术支撑。

制定文件的基本原则：制定航空系统组块升级发展和实施的总体原则，首先应与 ICAO 新版《全球空中航行计划》文件中的高层原则、亚太地区无缝空中交通管理规划与实施的原则保持一致；其次，总体原则的制定应考虑中国民航的生产运行现状和实际业务需求。

2.4　我国的智慧民航建设路线图

2.4.1　智慧民航建设线路图编制背景

以新一代信息技术融合应用为主要特征的智慧民航建设正全方位重塑民航业的形态、模式和格局，已成为全球航空业新一轮发展的主导趋势。从国际发展情况看，为积极应对未来超大规模航空市场发展需求和环境约束挑战，多个国际组织和国家制定了多项航空运输系统规划，旨在构建更为安全、更有效率、更加灵活、更可持续的新一代航空运输系统。从国内情况看，党的十九大作出了建设交通强国、数字中国的战略部署，国民经济和社会发展十四五规划纲要专篇布局数字中国建设，明确提出了建设智慧民航任务。为更好指导我国智慧民航建设，依据《中华人民共和国国民经济和社会发展第十四个五年规划和 2035 年远景目标纲要》《交通强国建设纲要》《国家综合立体交通网规划纲要》《新时代民航强国建设行动纲要》《"十四五"民用航空发展规划》《推动新型基础设施建设促进民航高质量发展实施意见》《推动新型基础设施建设五年行动方案》《中国新一代智慧民航自主创新联合行动计划纲要》等文件，我国民航制定了《智慧民航建设线路图》。

2.4.2　智慧民航建设线路图发展目标

建成透彻感知、泛在互联、智能协同、开放共享的智慧民航体系。民航发展方式实现深刻变革，安全基础更加稳固，运行保障更加高效，运输服务更加便捷，治理体系更加完善。 智慧民航成为智慧交通建设的先行示范、数字中国建设的先导产业，为全球民航创新发展贡献中国方案，有力支撑新时代民航强国建设。

1. 2025 年目标

到 2025 年，数字化转型取得阶段性成果，初步实现出行一张脸、监管一平台。具体体现在：

（1）数字化转型有力推进。基本实现民航运行、服务、监管关键流程数字化，初步建成民航大数据管理体系，基本实现民航内外部数据顺畅流转和应用融合创新。

（2）智能装备规模应用。自助设备、生物识别、无人驾驶航空器/设备、北斗导航、新一代航空宽带通信、航空物流自动化设备、航行新技术等先进智能技术装备在枢纽机场和航空公司等实现规模化应用。

（3）出行体验显著改善。出行体验便捷舒心，行李服务全程无忧，空中互联全面推广，便捷中转全面实现，过检效率较 2020 年提高 30%，航班正常率保持 80% 以上；航空物流数字化、差异化便捷服务推广应用，保障产业链供应链安全稳定畅通的能力明显提高。

（4）运行效率大幅提升。开展基于四维航迹的航班运行示范应用，在全国机场实施航空器尾流重新分类管制运行，枢纽机场"机-车-场道-设施"协同基本实现，具备保障年起降 1 700 万架次的能力，可持续发展能力明显提升，单位周转量航空碳排放下降 5%。

（5）治理能力更加高效。政务服务协同完善，深入推进一网通办，基本建成一站式航空运输市场监测体系，民航智慧监管服务能力明显提升，监管创新成效逐步显现，运输飞行百万小时重大及以上事故率低于 0.11。

2. 2030 年目标

到 2030 年，智能化应用取得关键性突破，基本实现出行一张脸、物流一张单、通关一次检、运行一张网、监管一平台，实现更高水平的数字化、网络化、智能化。 新型基础设施与航空运输系统全面融合，重点领域实现由人工决策向数据决策转变，民航创新能力、安全水平、运行效率、服务质量和治理效能大幅提升，具备保障年起降 2300 万架次的能力，航班正常率保持 80%以上，单位周转量航空碳排放明显下降。

3. 2035 年目标

到 2035 年，智慧化融合实现全要素、全流程、全场景覆盖，全面实现出行一张脸、物流一张单、通关一次检、运行一张网、监管一平台，具备保障年起降 3 000 万架次的能力，航班正常率达到 85%以上。民航数字感知、数据决策、精益管理、精心服务能力大幅提升，智慧出行、智慧空管、智慧机场、智慧监管发展水平位居世界前列，全面形成智慧民航生态圈，全面支持民航可持续发展，为实现保障有力、人民满意、竞争力强的民航强国提供坚实支撑。

2.4.3　我国智慧民航总体方案

智慧民航是以智慧建设为主线，筑牢安全发展底线，拓展绿色发展上线，构建产业联盟阵线，以智慧出行、智慧空管、智慧机场、智慧监管为抓手，强化改革创新、科技创新、基础保障三大支撑，着力推进智慧航空运输和产业协同发展，努力实现以智慧塑造民航业全新未来的发展愿景。

按照"体系发展引领、分域模块构建"的思路，智慧民航总体设计分解为五大主要任务、四个核心抓手、三类产业协同、十项支撑要素、四十八个场景视点，实现完备的智慧民航运输系统、完备的产业协同发展体系、完备的改革创新推进机制、完备的科技成果转化链条和完备的运行基础设施环境。

2.4.3.1　智慧出行

智慧出行是以缩短旅客综合出行时间、促进物流提质增效降本为目标，围绕旅客行前、行中、机上全流程和航空物流运输全过程，构建便捷舒心旅客服务生态和高效航空物流服务体系。主要体现在全流程便捷出行、全方位"航空＋"服务和综合性航空物流服务三个方面。

（1）全流程便捷出行：聚焦无感安检、快速通关、便捷签转、行李服务、机上服务等领域，优化流程、精简环节，实现旅客便捷、无忧、舒心出行。

（2）全方位"航空＋"服务：整合行业内外资源，提供丰富多元的航空出行服务产品，支持产品动态组合和无忧变更，实现全渠道无缝连接和服务一致化落地，满足旅客便捷化、多层次、个性化出行需要。

（3）综合性航空物流服务：整合承运人、机场、货运代理人、物流企业等多方资源，提升航空物流数字化、智能化水平，推广无人驾驶航空器物流配送，推进机型大型化和服务商业化，提供便捷化、多层次、个性化的航空物流运输服务。

2.4.3.2　智慧空管

智慧空管是围绕四强空管建设，构建安全稳、效率高、智慧强、协同好的新一代空中交通管理系统，实现广域覆盖感知、深度网络互联、数据融合赋能、智能协同响应和智慧高效运行，提升空中交通全局化、精细化、智慧化运行能力和服务水平。其主要包括全国民航协同保障运行、基于四维航迹的精细运行和基于算力的融合运行。

1. 全国民航协同保障运行

全国民航协同保障运行是通过精准研判民航运输需求，科学规划行业整体运行保障能力，合理部署行业关键保障资源，建设面向全行业的民航协同运行平台，加强运行全流程态势监控、多主体协同联动和一体化指挥调度，推进实现航空器全流程精细化管理。

2. 基于四维航迹的精细运行

基于四维航迹的精细运行是以四维航迹管理为基础，构建以航迹管理为核心的先进空管运行模式，提升战略、预战术、战术层面流量管理能力，推进航班全生命周期的精细化管控，提高安全水平，实现扩容增效。包括全域四维航迹运行、空地协同自主运行、终端区智能化运行。

（1）全域四维航迹运行是通过丰富气象信息供给，加快航行情报、航班动态、气象信息等数字化进程，增强地空互操作能力，实现态势同步及数字化管制服务。加强飞行计划集中管理，提高飞行计划、四维航迹、流量控制等运行信息共享与协同。加强空域组织与管理，优化航路航线网络，推进四维航迹全周期精细化管理、航空气象精确感知及精准预报、数字化气象服务管理、机场数字地图等关键技术应用，逐步实现全国基于四维航迹运行。

（2）空地协同自主运行是推进 ADS-B IN 技术应用实施，增强驾驶舱态势显示能力，优化进近着陆间隔标准，提升目视间隔运行效能。推进尾流间隔动态管理技术应用，缩减尾流间隔，提高跑道利用效率。推进空地协同、人机协同等智能管控技术的应用，支持航空器自动判识气象限制因素，实现航空器自主间隔运行，形成空中交通安全自主飞行新模式。

（3）终端区智能化运行是通过推进空域精细化管理，实现终端区空域资源动态规划设计与灵活运用，降低繁忙区域飞行冲突、空域拥堵和航班延误；提升枢纽机场塔台智能化程度及中小机场远程管控能力，统一规划航路、终端区及机场场面航班流，支持连续下降/连续爬升运行、基于点融合的进近运行及 RNP AR 平行跑道同时进近等，实现进离场与场面协同管理。

3. 基于算力的融合运行

基于算力的融合运行是推动前沿信息科学技术与空中交通管理有机融合，通过搭建基于算力的空中交通运行仿真环境，逐步实现基于算力的全国航班融合运行和有人/无人融合运行。包括航班运行数字孪生和有人/无人融合运行。

（1）航班运行数字孪生是通过搭建未来空中交通运行推演的数字孪生环境，实现运行态势感知、航班一体化调度和运行管理的融合能力评估，提供优化方案建议和辅助决策支持，实现跨层级、跨部门、跨系统运行管理的全过程深度融合，支持新一代空中交通管理系统的原型开发和技术验证。包括基于算力的空中交通数字模拟和航班融合运行过程精准管控。

（2）有人/无人融合运行是通过开展有人/无人航空器融合飞行关键技术及运行规则研究，按照先通用后运输、先隔离后融合逐步实现无人驾驶航空融入国家空域体系，基于算力提升有人无人航空器融合飞行的态势实时感知、安全预警告警和高效运行管控能力。包括有人/无人飞行全景态势感知和有人/无人融合运行保障。

2.4.3.3　智慧机场

智慧机场是围绕四型机场建设，加强机场航班、旅客和货邮的服务能力，推进机场运行协同化、服务人文化、作业智能化、建养数字化发展，提升机场保障能力、服务水平和运行效率。主要体现在机场全域协同运行、作业与服务智能化、智慧建造与运维三个方面。

1. 机场全域协同运行

机场全域协同运行是围绕机场飞行区和航站区运行，加强机场综合资源的一体化配置与管理，提升航空器运控、旅客联程和货物联运等智能化服务水平，实现机场多主体协同运行效能最大化。

2. 作业与服务智能化

作业与服务智能化是积极应用人工智能、大数据、物联网、智能机器人等技术，推进飞行区保障无人化作业，提升航站楼服务智能化水平，实现航空物流关键设备的自动化。

3. 智慧建造与运维

智慧建造与运维是综合运用 GIS、BIM、仿真模拟等手段，提升机场选址、规划设计、施工建设、运营维护的智能化、绿色化水平。形成基于数字孪生的规划建设运营一体化模式，推进机场设施状态透彻感知、安全智能预警、养护智慧决策。全面推行现代工程管理，打造民用机场品质工程。研究机场低碳节能高效运行模式，推动航站楼能耗智能管控，提升机场运行电动化、能源清洁化水平。建立机场环境监测治理机制，实现机场与周边环境和谐友好。

2.4.3.4　智慧监管

智慧监管以提升安全组织管理水平和行业治理效能为导向，推进数字政府建设，完善一体化政务服务，打造数据驱动的行业监管和融合创新的市场运行监测体系，提升行业监管水平一体化创新型数字政府、数据驱动的行业监管、融合创新的市场监测。

思考题

1. NextGen 的发展战略和目标有哪些？
2. NextGen 8 个方面的能力包括哪些？
3. NextGen 的主要核心技术有哪些？
4. 什么是 SESAR？其主要运行概念包括哪些？
5. 谈谈我国发展新一代民用航空运输系统的情况。
6. 我国的智慧民航发展目标有哪些？
7. 请谈谈我国智慧民航建设方案。

第 3 章　地空数据链通信系统

3.1　地空数据链通信系统概述

根据业务类型，航空通信系统可分为平面通信和地空通信。平面通信系统也称航空固定业务通信，是指在固定地点之间的电信业务，该业务由航空固定电信网（AFTN）来完成，并逐步向航空电信网（ATN）过渡。地空通信即航空移动业务通信，是指航空器电台与航空地面对空电台之间或航空器电台之间的无线电通信业务。根据传输信息的不同，航空通信系统可分为话音通信和数据通信。

当前的航空移动业务话音通信主要有甚高频（VHF）话音通信、高频（HF）话音通信和卫星话音通信。

而话音通信在使用中，随着飞机数目的激增，飞行流量的增加，存在下面的缺陷：

（1）速度慢：利用语音传送 200 个字符约需 3 040 s，信息传递时间长。因而限制 VHF 频率资源利用率的提高。

（2）易出错：语音通信主要在机组人员和管制员及航务管理人员之间进行，长时间的飞行和讲话都易使人疲劳，加上各国、各地口音不一致，可能引发听不懂、听不清或说错、抄错的情况，从而引发事故。

（3）多信宿的限制：有些通信内容要先由话务员收下来，然后人工转发给多个用户，进一步增加了发错的可能，并且延长了通信时间。

（4）业务种类受限：某些计算机数据不便由人口述，飞机上要利用地面数据库信息亦不便由语音通信来实现。

利用空地数据通信可以克服语音通信的缺点，并具有抗干扰能力强，误码率低的特点，从而减轻机组人员负担，因此已成为空地通信的发展方向。

航空数据链的分类方法很多：按照应用对象可分为军用航空数据链和民用航空数据链；按航空通信频率可分为高频数据链、甚高频数据链、超高频数据链、L 频段数据链、C 频段和 Ku 频段数据链等；根据信息传输对象的位置可分为空空数据链、空地数据链地和地地数据链。

其中，空空数据链系统可实现飞机间的位置、标志等信息的传输和交换，实现对飞机周围空中态势的显示和处理，实现飞机间的相互监视，如空中交通警戒与防撞系统（TCAS），从而大大提高飞行安全。还可将飞机的目标识别、定位、标识、空中态势和指挥引导指令等处理融为一体，大大增强飞行员和管制员对态势的认知能力，实现飞机间的自主避让和防撞。如利用 ADS-B 实现的机载间隔辅助系统（ASAS），从而为实现自由飞行奠定基础。

地空数据链可将飞机位置、飞行状态等各种信息传送给地面设备和人员，完成飞机与航空运行控制部门、飞机和管制中心之间的双向信息交换，从而实现飞机状态数据的实时传送和对飞机的实时跟踪和监视。

地地数据链系统可实现管制中心之间，及管制中心与导航、雷达、气象、航向情报、航空公司、航空行政等部门之间实现信息传输、交换和处理。

航空数据链应用于民用航空中，其中，地空数据通信系统可提供 4 类通信服务。

1. 空中交通服务（ATS）

这是空中交通管制部门与飞机之间的通信，包括放行许可、放行证实、管制移交、管制移交证实、飞行动态、自动相关监视（ADS）、航行通告、天气报告、航路最低安全高度告警、飞行计划申请与修订、地面管制、塔台管制、离场管制、进近管制、航路管制、飞行员位置报告、终端自动情报服务及其他飞行服务业务。

2. 航务管理通信（AOC）

这是飞机运营部门与飞机之间的通信，包括气象情况、飞行计划数据、飞行员/调度员通信、飞行情报、维修情况、公司场面管理与放行、登机门指配、飞机配重、除冰、飞行中紧急情况、机体及电子设备监测数据、医药申请、改航情报、滑行、起飞与着陆情况、发动机监测数据、位置情况、起飞、延误情报等。

3. 航空行政管理通信（AAC）

这是飞机运营部门与飞机之间的通信，如设备与货物清单、旅客旅游安排、座位分配、行李包裹查询等。

4. 航空旅客通信（APC）

这是空中旅客与地面之间的通信，包括机组人员的私人通信，有话音、数据、传真等。

以上 4 类通信中，前两类（ATS 和 AOC）与飞行安全、正常有关，称为安全通信，具有高优先等级。后两类（AAC 和 APC）与飞行安全、正常无直接关系，称为非安全通信，优先等级较低。

所以，地空数据通信系统的应用，为空中交通服务、航务管理服务、航空行政管理通信和航空旅客通信带来了新的生机和活力，尤其使与飞行安全、航班正点和飞行效率密切相关的空中交通服务和航务管理通信产生了革命性的突破。

3.2　地空数据通信系统的组成和传输流程

3.2.1　地空数据通信系统的组成

地空数据通信系统分为三大部分，即机载地空数据通信设备，地空数据通信地面网络和地空数据通信系统信息地面处理系统，如图 3.1 所示。

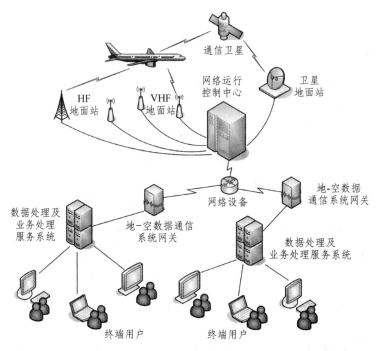

图 3.1　地空数据通信系统组成

机载地空数据通信设备主要包括（通信）管理组件、多功能控制与显示组件或其他显示设备、VHF/HF/卫星收发信机（电台）和打印机。

地空数据通信地面网络主要包括 VHF 地面站（HF 地球站/卫星地面接收站）、网络运行控制中心。

地空数据通信系统信息地面处理系统主要包括：航空公司数据通信应用系统，有飞行运行监控系统、飞机维修与远程状态监控与故障终端系统、地面服务与支持系统等；空中交通管制与服务应用系统，有飞机起飞前放行系统（PDC）、数字式自动化终端区信息服务系统（D-ATIS）、飞行员-管制员数据链通信系统（CPDLC）等；公众服务应用系统。

目前，机载数据链设备硬件主要为 HONEYWELL、ROCKWELL COLLINS、TELEDYNE 等厂商提供的产品，机载设备安装的软件主要由 HONEYWELL、ROCKWELL COLLINS 等厂商提供。

3.2.2　地空数据通信系统的时间流程

使用地空数据链来进行地空通信时，其数据包括下行数据和上行数据，其中下行数据采用飞行至地面的下传数据流程，上行数据采用地面上传数据至飞机的数据流程。

3.2.2.1　飞机下传数据流程（下行）

飞机在不同飞行区域可以使用不同的数据链向地面网络系统传输数据，当飞机使用 VHF 方式与地面网络系统进行数据通信时，将向地面广播信号。一般情况下，将有多个 VHF 地面站同时接收到飞机广播的信号，所有接收到飞机信号的地面站将独立向数据通信系统的网络运行控制中心提交本站接收到的信号。

网络运行控制中心将接收所有地面站提交的飞机信号，进行信号强度的比对，将信号最强的信号筛选出来，通过网络设备转发至地面应用单位的地空数据通信系统的网关设备，网关设备将网络运行控制中心转发的信号提交至本地的数据处理及业务处理服务系统进行信号的解析及内部转发。之后，地面终端用户将接收到反映飞机目前情况的信息。一般情况下，本地数据处理及业务处理服务系统将对飞机下传的原始数据进行处理，终端用户接收到的信息格式不同于飞机下传原始数据的格式。

3.2.2.2　地面上传数据至飞机的数据流程（上行）

地面单位与飞机（接收目的可为机组或机载设备）进行数据通信时，需要实现将发送数据传输至网络运行控制中心。终端用户可通过地面应用系统向飞机发送符合格式要求的数据电报。该电报将通过本地数据处理及业务处理服务系统转发至地空数据通信系统网关，由网关直接提交至网络运行控制中心。网络运行控制中心收到地面应用系统提交的电报后，将实时对其进行格式检验与转换（ARINC 620→ARINC 618），同时提取其目的地址（一般为飞机注册号），通过格式检验的电报才会向飞机转发。网络运行控制中心将通过过去一段时间与飞机的通信记录判断向飞机转发上行电报的最佳 VHF 地面站（仅为一个 VHF 地面站），通过该地面站将地面提交的上行电报转发至相应的飞机。飞机收到地面网络转发的上行信息后，通过电报中的标签等信息决定处理该信息的方式，如转发至相关的机载设备自动处理，或转发至机载显示设备进行显示输出，或转发至打印机打印输出。

3.3　地空数据链通信技术

在国际民航新的通信、导航、监视和空中交通管理的技术方案中，运作的基础是建立一个新型的航空电信网（ATN），将地地、地空和空空通信有机地融为一体，而发展地空数据链通信是关键。

随着数据链技术开发和试验的成功，今后有可能作为与 ATN 完全兼容的子网络而实施的数据链技术有 S 模式二次雷达数据链，甚高频数字数据链 VDL 模式 1、VDL 模式 2、VDL 模式 3、VDL 模式 4，高频数据链，航空卫星数据链和导航数据链。

1. S 模式二次雷达数据链

S 模式二次雷达是地基雷达监视系统，除去 SSR A、C 模式的功能外，　MODE S 同时提供独立的监视能力，MODE S 支持监视增强系统的功能，以及完全的地空数据链交互通信，并且完全与 ATN 兼容的子网络。MODE S 使用选择询问的技术与飞机进行通信，排除了 A、C 监视模式现存的一系列问题。MODE S 数据链现已经广泛用于二次雷达、空中交通警戒与防撞系统、自动相关监视和多点定位系统等，为飞机和空管提供飞机的位置、速度、识别等信息。

2. VDL 模式 1

VDL 模式 1 的信道带宽仍用 25 kHz，调制方式用 AM-MSK，信道速率为 2 400 b/s。采用面向比特协议，透明传输分组数据。空地之间用可交换的虚电路连接方式，可提供 ATN 子网服务，并能与其他 ATN 子网交互操作。媒体访问用载波侦听多址（CSMA）方式。分组数据错误率要求达到 10^{-6}，可用性应达到 99.9%。

3. VDL 方式 2

这种方式与 VDL 方式 1 类似，但使用了更有效的差分 8 相相移键控（D8PSK）调制方式，支持 31.5 kb/s 速率。

4. VDL 方式 3

信道带宽仍为 25 kHz，调制方式为 D8PSK，速率为 31.5 kb/s。上行链路与下行链路使用同一频率。媒体访问采用时分多址（TDMA）方式。每 120 ms 为 1 帧，每帧分为 4 个 30 ms 的时隙，每个时隙形成独立的双向地空电路，可以通话，也可传输数据。每个时隙又分成 2 个子信道，一个是管理子信道，另一个是话音/数据通信子信道。数据通信用单信道半双工方式，采用面向比特协议，与 ATN 网完全兼容。分组数据错误率为 10^{-7}，可用性达到 99.999%。

5. VDL 方式 4

VDL 方式 4 是欧洲国家（瑞典）推出的一种 VHF 数据链，作为未来 CNS/ATM 技术的一个整体解决方案的建议。它以标准的 25 kHz 带宽进行数字数据通信。媒体访问方式是自组织的时分多址（STDMA），基于 OSI 参考模式，支持 GFSK 的 8.2 kb/s 的调制速率和 D8PSK 的 31.5 kb/s 的调制速率。信道被划分为固定时间长度的时隙。信道管理的一个重要的定义是"超帧"。采用 GFSK 时，超帧包含 4 500 个时隙，每秒 75 个时隙，每个时隙 13.33 ms。每个时隙都可由任何在数据链中通信的飞机或地面电台作为接收和发送来占用，根据应用情况还可以同时占用多个时隙。与 VDL 方式 3 不同的是它不需要地面处理和管理设施，但目前不支持话音通信，只支持各种地空、空空的数据链通信应用。

6. 高频数据链通信

高频数据链通信支持飞机使用短波（航路）业务频率上的数据通信。使用面向比特的通信协议。符合开放式系统互连 OSI 模式。功能设计作为 ATN 的有关子网络，通过试验和应用表明它比 HF 话音通信有较高的稳定性和可用性。可以提供实用的数据通信，可作为备用或者卫星数据链的补充。

7. 航空移动卫星系统

航空移动卫星系统（AMSS）的功能之一是支持地空数据链通信的实施。系统以以下3 种主要方式运行：GEOS——静止轨道卫星、MEOS——中轨道卫星和 LEOS——低轨道卫星，其中 INMARSAT 属于 GEOS 卫星，铱星卫星属于 LEOS。AMS（R）S[航空移动卫星（航路）业务]是 AMSS 中一个特别的部分，可为航空公司提供飞机的飞行动态，并提供独立 ATC 服务。现在使用 INMARSAT 静止轨道卫星系统，提供除极区以外的全球话音和数据链通信，是比现在的模拟话音更可靠、覆盖面更大的服务；铱星卫星通信也提供航空业务，能提供全球话音和数据链通信。

8. UAT

UAT（Universal Access Transceiver）是 1995 年美国研制的多种用途的地空数据链通信系统，UAT 模式支持 CNS/ATM 的各项通信标准要求，也支持 ADS-B 的广播通信和ATN，所要求的硬件设备较为简单，不需要高昂的费用，能够满足绝大部分功能，能够在各种空域和各种地形的机场场面运行。UAT 模式为宽频数据链，频宽为 1~2 MHz，工作于 L 频段，通信频率范围在 960~1 215 MHz，使用数字信号技术，使得其具备更强的高速通信能力。

9. 导航数据链

通过导航数据链构建的卫星导航增强系统，可改善卫星导航系统的精度、完整性、连续性和可用性，能够提供比 GPS 更为精确的导航引导，包括星基增强系统（SBAS）或者地基增强系统（GBAS），可向用户提供改进了的导航性能信息。GNSS 数据链包括SBAS-L 波段静止轨道卫星下行数据链、GBAS-TDMA C 波段或者 VHF 频段数据链。

SBAS 服务的覆盖面与同步卫星的相同，导航信号在 GPS L1 频率 1 575.42 MHz 发送，使用 CDMA 编码，码片速率 1.023 Mbit/s，带宽 2.048 MHz，信号强度 -160 Dbw。

GBAS 使用频段可从 C 波段或者 VHF 波段选择。其调制方式为 D8PSK 或者 GFSK。ICAO 考虑先在 VHF 频段使用 D8PSK，如果评估有问题再选用 GFSK。GBAS VHF D8PSK目前选用（108~117.975 MHz），ILS 和 VOR 使用的导航频段，25 kHz 的信道间隔，使用与 VDL 方式 2 和 VDL 方式 3 相同的调制方式，运行在地面数据广播方式；VHF GFSK将使用相同频段，TDMA 调制方式，不具备运行在 25KHz 频道间隔的能力。C 波段数据链使用 5~5.25 GHz MLS 频段，使用 D8PSK 调制载波相同方式。

以上是当前使用和发展的主要的数据链技术，而数据链技术是发展 CNS/ATM 的核心技术，ICAO 推荐使用的地空数据链包括甚高频数据链、高频数据链、卫星数据链和 S模式二次雷达数据链和 UAT 数据链。数据通信技术跟信息安全密切相关，在一些核心领域的数据通信技术甚至关系国家的安全。这要求从事相关研究的科技工作者既要有从事尖端技术研究的能力，也要具备优秀的国家意识和保密意识。

3.4　数据链通信系统的应用

地空数据链通信的使用者包括空中交通管制部门、航空公司、机场当局、民航行政管理等。利用地空数据通信系统，可将管制中心之间，管制中心与飞机、雷达、气象、航行情报、航空公司、航空行政部门等的信息进行传输、交换和处理。有利于实现信息处理自动化，改善空管人员和签派人员的工作条件，提高工作效率。

3.4.1　数据链通信系统在 ATC 的应用

1. CPDLC

CPDLC（管制员与飞行员直接链路通信）提供空中交通管制（ATC）服务的地空数据通信。它进行地空之间数据交换，符合空中交通管制程序的放行、情报、请求等电报。这些电报包括有关飞行高度指配、通过限制通知、偏离航路告警、航路改变和放行、速度指配、通信频率指配、飞行员各种请求，以及自由格式电文的发布和接收。其优点是减少误解，减少话音信道拥挤，减轻空、地人员工作负荷，使用标准词汇，减少信息传输错误导致的影响，支持自动方式信息传输，可查阅历史数据，系统安全性增加，ATS系统管制能力增加。

2. D-FIS

D-FIS（数字化飞行信息服务）是一种地空间的数据链广播应用。它允许飞行员经过数据链路向地面计算机系统请求并接收 FIS 信息。D-FIS 支持多种服务，包括 ATIS（终端自动信息广播服务）、机场气象报告服务、终端气象服务、风切变咨询服务、航行通告服务、跑道视程服务、机场预报服务、重要气象信息服务以及临时地图服务等。这种通信从飞机起始，D-FIS 可以应用到飞行的全过程。预期飞机在终端区或进近、起飞阶段交互通信率比较高。其对传输时延的要求不高，而对完整性要求比较高。

3. 数字式飞行放行许可（PDC）

通过地空数据链，实现机场塔台管制员对飞机的放行许可。当飞机需要起飞时，飞机向塔台管制员发出请求，由塔台发出飞机放行许可报文信息，并在飞行员的多功能显示单元（MCDU）显示。PDC 的应用可减轻管制员和飞行员工作负荷；可靠性增加，数字化服务消除了由于话音通信质量差而带来的"语义误解"；减轻频率拥挤，在很大程度上减轻了起飞前放行的管制频率拥挤问题。

4. 海洋放行许可（OC）

利用地空数据链的双向数据通信功能，当飞行员进入洋区管制区时，直接向管制员提出越洋飞行请求，由管制员发出飞机跨洋飞行许可。

5. 广播式自动相关监视（ADS-B）

通过 1090SE、UAT 和 VDL 模式 4 地空数据链系统，可实现飞机 ADS 信息的广播式传送，使飞行员知道其周围 ADS-B 广播范围内的所有飞机的位置及其相关信息。由于可实时监视空中飞机态势，增强了飞行员的空中态势认知能力，提高飞机飞行时的相互协同能力，这正是未来"自由飞行"的基础。同时，地面空管中心接收机载 ADS-B 信息，可对空中交通状况进行监视。

6. ADS-C（自动相关监视－约定式）也称为 ADS-A（寻址式）

两者都是使用与 ATN 相兼容的子网络的数据链信道，该信道支持双向数据链通信服务，其工作方式与 ADS-B 不同。ADS-C 基于使用从飞机获取的四维的位置信息，通过地空数据链，按照 ATS 单位与飞机双方同意的约定来进行通信，从而经过地面计算机系统的处理，在显示系统上显示飞机航迹。ADS-C 可以应用到地面对飞机监控的全过程。ADS-C 一般用于无法实施雷达监视的海洋和内陆边远地区，或者作为一个大范围的雷达监视系统的一种低成本的备用方式。

7. 导航应用

导航系统使用数据链服务的主要应用是通过 GNSS 增强系统对 GNSS 定位信息的修正来改善机载 GNSS 接收机提供的飞机位置的精确性。GNSS 增强系统的修正数据将被周期性地通过一个或者多个数据链广播给飞机。增强系统同时改善 GNSS 服务的完整性、可用性和连续性。这个应用将需要非常高质量的数据链服务，特别是在飞机精密进近阶段。因此，传输时延是一个非常重要的指标。增强系统可以通过广域（卫星）或本地（已知位置的地面台）组成。

8. 监视应用

随着空管监视技术的发展，在繁忙空域监视的应用主要有机载防撞系统（ACAS）、监视增强系统、ADS-B、飞行信息服务（FIS）或飞行信息广播服务（FIS-B）。

ACAS 是机载防撞系统，它现在由二次雷达应答机来支持。目前，ICAO 附件 10 规定，有能力的应答机支持空对空的监视和在 A、C、S 模式应答机混用的情况下的电报协调。空对空，以及空对地的咨询电报同样用于探测告警。现用的 ACAS 与 S 模式二次雷达应答机的扩展模式（EXTENDED SQUITTER）合并使用，可以增强 ACAS 的功能。

监视增强系统，是作为 S 模式二次雷达的特别应用而定义的。它不仅涉及 S 模式二次雷达本身监视功能的实施（这种实施改善了现有的二次雷达设施的监视能力），而且可以由地面台通过 S 模式二次雷达的地空数据链从飞机上下载机载参数（DAPs）。监视增强系统中，有 256 个数据缓存区可供地面系统用来定期地从机载设备中下载数据，用来改善航迹计算和用作为其他地面系统或工具使用。从机上采集的参数主要有磁航向、速度、（IAS/TAS/马赫数）、转动角度、航迹三角率、垂直率、真航迹角和地速等。根据现在的规定，监视增强系统与 S 模式监视单元获取的机上下载特别参数组合在一起来改进监视服务，这意味着监视增强系统很大程度上是 S 模式的特别应用。但是，除此之外还有一种单独的应用，即仅仅从下载的参数中抽取一个固定范围的 DAP 值，供专门应用（非监视功能），称为 DAP 应用。SMGCS（场面活动控制系统）的应用提供对机场地面飞机和车辆活动的监视。这些监视应用是通过本地范围的地空数据链来进行的。

GATELINK（停机位数据链）的应用可能需要很宽的带宽和近距离的通信链路，实现地面计算机系统与停在登机门（停机坪）的飞机计算机系统有关数据的自动传输。

3.4.2　数据链通信系统在 AOC 的应用

地空数据链与航空公司的飞行运营系统连接，能够有效地为其提供 ACARS 电报的接收和发送等功能，为航空公司的各个部门的各项业务提供准确、快捷的信息服务。

1. 飞行运行动态地图显示处理

从网络数据库中取得经分类和解析的 ACARS 动态报文，从中得到飞机下发位置报中的飞机经纬度数据，进行数据转换，将报文中的数据转换为可用于地图显示的数据格式，在地图窗口实时显示飞机飞行动态；并根据操作人员选择，将基本数据显示在数据窗口中，并将相对应的地理信息显示在地图窗口中，可根据 OOOI、ACARS 电报、飞越报、过境报、CPL 报、FPL 报、AD 报、AA 报及模拟计算，模拟显示飞机飞行情况。

2. ACMS 信息处理系统

ACMS 信息处理系统利用了先进机载、地空数据链，以及计算机网络平台，具备实时、自动、准确、可追溯性好、数据量大等特点。其意义在于系统的建立使基地控制中心能够实时掌握飞机故障情况，索取 CMC 历史故障记录，进行故障分析，决定故障处理方法，及时联系外站排故；自动化的监控系统省略了大量人工记录参数和输入计算机的过程，极大地提高了工作效率；自动化机载数据系统能够提供大量参数，通过空地数据通信传送到地面监控系统，这是传统的手工记录参数进行监控的方法无法实现的。这些参数将为飞机、发动机的故障诊断提供依据。

3.5　甚高频数据链通信系统

随着全球新航行系统的实施，航空通信正由话音通信向数据链通信逐渐过渡。甚高频数据链系统传输延时小，非常适用于终端区飞机与地面管制部门之间实时信息交换的需求。另外，甚高频数据链的机载设备和地面设备简单，易于机载设备安装、用户使用、系统扩展和升级，而且是现有地空通信系统中最经济的一种，因而得到了广泛使用。

针对甚高频通信系统的这些特点，ICAO 对 VHF 地空通信系统（包括话音和数据链）提出了总体要求：

（1）不降低安全性，力求改进安全性。

（2）能同时提供话音和数据链通信。

（3）力求降低机载无线电设备的成本。

（4）地面基础设施应力求增加容量和功能。

（5）应具有简单的人/机接口，同时有可接受的成本和复杂性。

（6）应在考虑频谱效率的同时也考虑满足支持覆盖区域的要求，而且应不增加管制员的工作负担，也不降低通信可靠性。

（7）应提供比现行系统更强的防射频干扰能力。

（8）应具有自动通信功能以减轻用户的工作负荷。

（9）应便于从现行系统分阶段过渡到新系统。

（10）可以与现行系统共存。

（11）增加控制信道争用的机制（如先来先服务，或者通过信令将信道让给优先权高的用户使用）。

（12）应具备电路自动管理功能，亦可人工操纵。

（13）话音服务可用性为 0.999 99，数据服务可用性为 0.999。

（14）应支持地对空话音与数据链广播（如用于自动终端情报服务 ATIS）。

（15）VHF 地空通信系统应具有的特性——全部数字化，同一设备可同时提供话音和数据链通信，在同一射频信道上可同时通话与传输数据，具有呼叫排队功能，紧急电文优先。

3.5.1　甚高频数据链的分层结构

ICAO 对甚高频数据链系统的网络体系结构进行了标准化，按照开放系统互连（Open System Interconnection，OSI）参考模型的 7 层体系结构，定义了甚高频数字链设计标准。

OSI 七层网络模型称为开放式系统互联参考模型，是一个逻辑上的定义，一个规范，它把网络从逻辑上分为了 7 层，由低到高分别是物理层（Physical Layer）、数据链路层（Data Link Layer）、网络层（Network Layer）、传输层（Transport Layer）、会话层（Session Layer）、表示层（Presentation Layer）和应用层（Application Layer），如图 3.2 所示。每层完成一定的功能，每层都直接为其上层提供服务，并且所有层次都互相支持，而网络通信则可以自上而下（在发送端）或者自下而上（在接收端）双向进行。当然并不是每一通信都需要经过 OSI 的全部 7 层，有的甚至只需要双方对应的某一层即可。

图 3.2　OSI 参考模型

1. 物理层（Physical Layer）

物理层是 OSI 模型的最低层，也是 OSI 分层结构体系中最重要、最基础的一层，它是建立在通信介质基础上的，它直接面向传输介质，实现设备之间的物理接口，为数据链路层提供一个传输原始比特流的物理连接。物理层定义了数据编码和流同步，确保发送方与接收方之间的正确传输；定义了比特流的持续时间以及比特流是如何转换为可在通信介质上传输的电或光信号；定义了线缆如何接到网卡上。在物理层，数据还没有被组织，仅作为原始的位流或电气电压处理，单位是比特。

2. 数据链路层（Data Link Layer）

数据链路层负责在两个相邻节点间的线路上，无差错地传送以帧为单位的数据，负责建立、维持和释放数据链路的连接，向网络层提供可靠透明的数据传输服务组帧。数据帧是存放数据的有组织的逻辑结构，每一帧包括一定数量的数据和一些必要的控制信息，含有源站点和目的站点的物理地址。通常，数据链路层发送一个数据帧后，等待接收方的确认。接收方数据链路层检测数据帧传输过程中产生的任何问题。没有经过确认的帧和损坏的帧都要进行重传。在传送数据时，如果接收点检测到所传数据中有差错，就要通知发送方重发该帧。

3. 网络层（Network Layer）

网络层负责信息寻址和将逻辑地址和名字转换为物理地址，决定从源到目的计算机之间的路由，根据物理情况、服务的优先级和其他因素等，确定数据应该经过的通道；管理物理通信问题，如报文交换、路由和数据竞争控制等。在计算机网络中进行通信的两个计算机之间可能会经过很多个数据链路，也可能还要经过很多通信子网。网络层的任务就是选择合适的网间路由和交换节点，确保数据及时传送。网络层将数据链路层提供的帧组成数据包，包中封装有网络层包头，其中含有逻辑地址信息——源站点和目的站点地址的网络地址。

4. 传输层（Transport Layer）

传输层是整个协议层次的核心。它根据通信子网的特性，最佳地利用网络资源，并以可靠和经济的方式，为两个端系统（也就是源站和目的站）的会话层之间，提供建立、维护和取消传输连接的功能，提供数据流控制和错误处理，以及与报文传输和接收有关的故障处理，负责可靠地传输数据，确保报文无差错、有序、不丢失、无重复地传输。传输层对信息重新打包，将长的信息分成几个报文，并把小的信息合并成一个报文，从而使得报文在网络上有效传输。在接收端，传输层对信息解包，重新组装信息，通常还要发送、接收、确认信息。

5. 会话层（Session Layer）

在会话层及以上的高层次中，数据传送的单位不再另外命名，统称为报文。会话层不参与具体的传输，它提供包括访问验证和会话管理在内的建立和维护应用之间通信的机制，如服务器验证用户登录便是由会话层完成的。会话层，允许不同计算机上的两个应用程序建立、使用和结束会话连接，协调数据发送方、发送时间和数据包的大小等。会话层也执行名字识别以及安全性等功能，允许两个应用程序跨网络通信。会话层通过在数据流上放置检测点来保护用户任务之间的同步。这样，如果网络出现故障，只有最近检测点之后的数据才需要重传。

6. 表示层（Presentation Layer）

表示层在会话层和应用层之间，这一层主要解决拥护信息的语法表示问题。它将欲交换的数据从适合于某一用户的抽象语法，转换为适合于 OSI 系统内部使用的传送语法。即提供格式化的表示和转换数据服务。表示层负责协议转换、翻译数据、加密数据、改变或转换字符集以及扩展图形命令；负责数据压缩以便减少网上数据的传输量。

7. 应用层（Application Layer）

应用层是 OSI 模型的最高层，是应用程序访问网络服务的窗口，应用层确定进程之间通信的性质以满足用户需要以及提供网络与用户应用软件之间的接口服务。该层服务直接支持用户的应用程序，如文件传输、数据库访问和电子邮件等。应用层处理一般的网络访问、流量控制和错误恢复。在 OSI 的 7 个层次中，应用层是最复杂的，所包含的应用层协议也最多，有些还在研究和开发之中。

对于甚高频数据链 7 层 OSI 参考模型，其第 1 层到第 3 层属于 OSI 参考模型的低 3 层，负责创建网络通信连接的链路，实现通信子网的功能；第 5 层到第 7 层为 OSI 参考模型的高 3 层，实现用户的应用要求，传输层则在最低三层通信子网的基础上，为最高三层协议提供源端系统到目的端系统之间可靠的数据通信，是低层子网通信和高层用户应用之间的隔离层。

甚高频数据链的 VDL 模式 1、VDL 模式 2、 VDL 模式 3 和 VDL 模式 4 满足 7 层 OSI 参考模型。由于数据链系统属于通信子网的范畴，VDL 标准主要定义了传输层以下的物理层、链路层和网络层的相关标准。ACARS 数据链的地空数据通信满足 ARINC 618 协议，地地数据通信满足 ARINC 620 协议，它并不与 7 层开放式体系结构 VDL 标准相对应，因此不满足 VDL 标准，但它是当前广泛使用的一种甚高频地空数据链系统。VDL 数据链是面向比特的数据链系统，ACARS 数据链是面向字符的数据链系统。

3.5.2 ACARS

早在 20 世纪 70 年代初，美国 ARINC 公司即已开发了一种 VHF 空地数据链，称为飞机通信、寻址与报告系统（ACARS），该系统 1978 年投入使用。至 2005 年，美国已经建立了 754 个地面站，覆盖了美国本土所有航线；加拿大航空公司 1982 年开始在一架 B767-200 上安装了具有数据通信的航空电子设备，随后自主开发了其本国交通繁忙地区的 VHF 空地数据通信系统。国际航空电信协会(SITA)于 1984 年开始运营一个与 ACARS 类似的系统，称为 AIRCOM。SITA 在欧洲、亚洲、美洲和澳洲等地建立了 732 个地面站，构成了全球覆盖最大的甚高频地空数据通信网络 SITA 网络，西欧已基本全部覆盖，澳洲和东南亚也建立了许多远端地面站（RGS）。日本在 1989 年建立了 AVICOM JAPAN 公司，可在其海岸线 200 海里以内提供 AIRCOM/ACARS 方式的航务管理和航空行政管理数据通信。我国民航已经建立了 802 个地面站，覆盖了我国除西藏外的大部分航线；泰国无线电公司（Aerothai）在泰国、新加坡、澳门、菲律宾、台湾、韩国等地建立了 65个地面站。这些系统的功能和采用的技术大同小异，且都发源于 ACARS。

3.5.2.1　ACARS 的组成

ACARS 系统主要由机载设备、地面设备和中央交换系统（网络控制中心）组成，如图 3.3 所示。

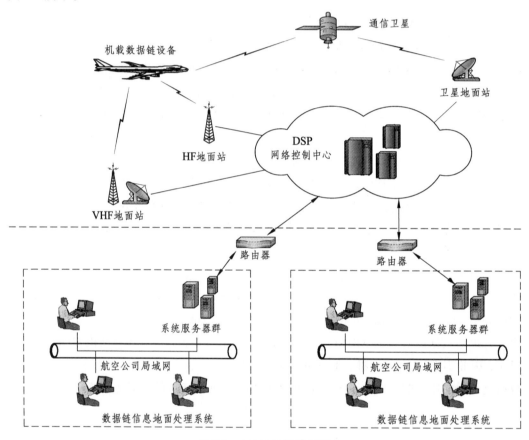

图 3.3　ACARS 组成框图

1. 机载设备

机载设备主要是增加一个 ACARS 管理单元（MU）。MU 一方面与标准机载 VHF 收、发信机相连，另一方面通过 ARINC 429 总线与其他机载数字数据终端设备相连，完成数据采集、报文形成、调制解调、模式转换、话音/数据信道切换和 VHF 频率管理等功能。

2. 地面设备

在地面设备中，首先要有与机载 ACARS 设备相应的 VHF 远端地面站（RGS）。RGS包括 VHF 天线、收发信机和一个微机化的数据控制与接口单元（DCIU）。DCIU 内包括空地链路的调制解调器（MODEM）、收发信机控制器、管理处理器和通信控制器。收发信机的射频信号调制方式是调幅（AM），而 DCIU 内 MODEM 的调制方式是最窄移频（MSK）。RGS 必须安装在所有需要 VHF 空地数据链的地方，一般是安装在装有数据链的飞机要着陆的机场内。若两个这样的机场相距很远，则沿途还要安装若干个 RGS 以实现航路覆盖。

3. 中央交换系统

在数据链系统中，多个用户要利用同一个 RGS 以共享资源。为此，所有 RGS 要与一个中央交换系统相连，即所有用户与其飞机的数据通信都要通过一个数据处理器。以此实现多个飞机和多个 RGS 机站的多用户通信，实现航空公司和 ATS 用户间的资源的共享，实现空地终端间的自动数据通信。例如中国民航的 VHF 空地数据通信处理系统的核心是网络管理数据处理系统（NMDPS），它是一个专用的，具有开放结构的计算机网络系统，可完成上行、下行等各种数据的采集、处理和转发，以及进行系统的监控和服务。

为了在 RGS 与 NMDPS 之间以及 NMDPS 与用户终端之间传送数据，中国民航由 CAAC X.25 网组成分组交换网，并与美国的 ARINC 及 SITA 的 AIRCOM 网络相联。

目前，ACARS 系统使用国际民航专用的甚高频通信频段，其通信电台采用 DSB-AM 技术，ACARS 的频率间隔为 25 kHz，数据传输速率为 2.4 kbit/s，采用单信道半双工的工作方式，即与地空无线电话通信工作方式相同。甚高频通信是视距通信，覆盖范围与飞行高度有关，如果飞机与地面 RGS 站不能及时建立联系，ACARS 将保存信息，直到再次建立通信时发送。

ACARS 采用面向字符的传输协议，每个 ACARS 信息组最大可以支持 220 个字节。对于长信息，则由 ACARS 通信处理器将其分成数段，一个数据段编成一份电文并按照次序通过无线链路发出。每份电文发出后，必须在收到收妥证实后才将下一份电文发出。

现在的 ACARS 采用面向字符的传输协议，不利于信息的数字化处理，它和航空电信网络不兼容，将来不能进入航空电信网。新的 ACARS 系统采用甚高频数据链技术，即 VDL 模式 2，它采用面向比特协议，透明传输分组数据，其调制方式为 D8PSK，速率可达 31.5 kbit/s。

当前，能提供 ACARS 服务的地空数据链包括 VHF 数据链、卫星数据链和 HF 数据链。其中，以卫星数据链以卫星为基础，利用卫星收发信机进行数据通信的方式，通信距离远，不受地理环境的影响，广泛应用于海洋通信和边远地区通信；HF 数据链利用高频收发信机进行数据通信的方式，通信距离远，主要应用于边远地区和极地区域。

3.5.2.2 ACARS 的应用

从 ACARS 最早的应用发展到现在，在航空公司 ACARS 发展了很多应用，主要包括以下几种。

1. OOOI 事件

ACARS的第一个应用是去自动检测和报告飞机在主要飞行阶段(推出登机门——Out of the gate;离地——Off the ground;着陆——On the ground;停靠登机门——Into the Gate,简称OOOI)的变化。这些OOOI事件是由ACARS管理单元通过飞机上各种传感器(如舱门、停留刹车和起落架上的开关传感器)的输出信号来确认的。在每一飞行阶段的开始时刻,ACARS将一个数字报文发送到地面,其中包括飞行阶段名称、发生时刻,以及其他诸如燃油量或始发地和目的地。

2. 飞行管理系统接口

ACARS系统还增加了支持其他机载航电设备的新接口。在20世纪80年代末至90年代初,出现了在ACARS和飞行管理系统(FMS)之间的数据链接口。这个接口可以将地面发送到机载ACARS管理单元上的飞行计划和气象信息,转发到FMS。这样,在飞行过程中航空公司就可以更新FMS中的数据,使得机组人员可以评估新的气象条件,或者变更飞行计划。

3. 下载维护数据

20世纪90年代早期,ACARS同飞行数据采集与管理(FDAMS)或飞机状态监控系统(ACMS)之间接口出现,使得数据链系统在更多的航空公司得到应用。通过使用ACAS网络,航空公司就可以在地面上实时得到FDAMS/ACMS(用以分析航空器、引擎和操作性能)上的性能数据。这样,维护人员就不用非得等到飞机回到地面后才能去飞机上获取这些数据。这些系统能够识别出不正常的飞行,并自动向航空公司发送实时报文。详细的引擎状态报告也能经ACARS发送到地面,航空公司据此来监控发动机性能并规划维修活动。

除了与FMS和FDAMS的接口,从20世纪90年代开始,通过升级机载维护计算机,使它可以通过ACARS实时传送飞机的维护信息。航空公司维修人员通过这些信息和FDAMS数据,甚至在飞行过程中就可以规划有关航空器的维修活动。

4. 人机交互

随着ACARS的发展,ACARS控制单元现在同驾驶舱内的控制显示单元(CDU)之间有了直接连接。CDU,通常也称MCDU(多功能CDU)或MIDU,让机组可以像今天收发电子邮件一样收发消息。这项功能使飞行人员能够处理更多类型的信息,包括从地面获取各种类型信息以及向地面发送各种类型报告。例如,飞行员想获得某一地点的气象信息,通过在MCDU屏幕上输入地点及气象信息类型,飞行员通过ACARS系统将此请求发送到地面站,之后地面计算机处理该请求,并将应答信息发回飞机上的ACARS管理单元显示或打印出来。为了支持更多的应用,如气象、风、放行、中转航班等,ACARS的消息类型越来越多。航空公司为了某些特定的应用和特定的地面计算机开始定制ACARS系统。这导致了每家航空公司都在自己的班机上安装了自己的ACARS应用。有些航空公司为机组安装了多达 75 个 MCDU，而少的则只有十来个。除此之外，每家航空公司的地面站以及机载 ACARS 管理单元发送和接受的消息内容及格式也各不相同。

3.5.3　VDL 模式 2

VDL 模式 2 是 ATN 地空通信的主要方式，以面向比特的方式传输，传输速率达到 31.5 kbit/s。传输效率比 ACARS 大很多，可以满足航路和终端区域日益增长的数据链路流量需求。由于 VDL 模式 2 能够很好地实现对现有航空通信网络的兼容以及对未来 ATN 网络的兼容，因而成为下一代航空通信空地数据链发展的重要选择。同时，VDL 模式 2 易于过渡，只需将 VDL 模式 2 协议栈加载到机载通信管理单元（CMU）中，而不需要安装额外的航空电子设备，我国也即将在下一代的航空通信网络中采用 VDL 模式 2。

采用 ISO8208 面向连接的方式与机载子网、地面子网一起构成了航空电信网。VDL 模式 2 采用 ISO8208 面向连接的方式，保证了数据传输的可靠性。

甚高频数据链将向上一层提供子网服务，以使子网之间保持互操作性。互操作性是指一个进程可以在如何一个子网上收发数据而不用考虑各个子网的特殊性。这些子网是 ICAO 规定的地空通信子网，包括 S 模式二次雷达数据链、高频数据链、VDL 模式 2、VDL 模式 2、AMSS。但子网的选择要根据对服务质量（QOS）的要求和子网能够提供的服务质量决定。

VDL 模式 2 作为 ATN 的一种移动子网，承载着地空移动通信中的网络层数据包。VDL 模式 2 协议符合 ISO 分层模型，但是只有底三层：物理层、链路层和子网层。其中，物理层用来定义甚高频传输特性；链路层包括媒体接入控制（MAC）子层、数据链路服务（DLS）子层和链路管理实体（LME）子层等；子网层用来提供与其他子网的连接。VDL 模式 2 规定了地空移动通信的物理层、链路层和子网层协议。链路层协议由 MAC 子层、DLS 和链路管理子层组成，其中采用的是高层数据链路控制协议（High level Data Link Control，HDLC）的子集 AVLC（Aviation VHF Link Control）。VDL 模式 2 通信子网的协议体系结构如图 3.4 所示。

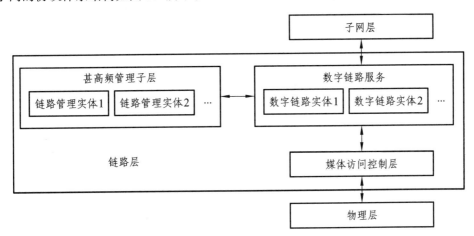

图 3.4　VDL 模式 2 协议结构

3.5.3.1　物理层

物理层为数据链路层的比特数据传送建立、维持和取消连接。数据链路层的用户数据通过服务原语传递到物理层，物理层通过其高频信道将数据送到通信另一端的物理层。物理层再通过服务原语将数据传送到数据链路层。

1. 物理层的功能

（1）收发频率控制：物理层的频率选择根据链路层的请求而定。

（2）通告功能：通过信号质量指示参数来通告信号质量。

（3）数据发射功能：指物理层将从链路层收到的数据经过适当的编码通过射频（RF）信道发送。

X_k	Y_k	Z_k		$\Delta\phi_k$
0	0	0	0	$\pi/4$
0	0	1	1	$\pi/4$
0	1	1	2	$\pi/4$
0	1	0	3	$\pi/4$
1	1	0	4	$\pi/4$
1	1	1	5	$\pi/4$
1	0	1	6	$\pi/4$
1	0	0	7	$\pi/4$

图 3.5　编码相位

（4）数据接收功能：指将接收到的数据解码，使高层应用能够准确读出。

2. VDL 模式 2 的发送特点

（1）调制方案：采用 D8PSK 调制，用 α=0.6 升余弦滤波器，将要发送的信息每三个比特组成一个符号作为相位的变化。数据流分为很多组，每组包括 3 个连续的数据比特位。

（2）编码：一个进入差分数据编码器的二进制数据流被转换为三个独立的二进制数据流 X、Y、Z，使得 $3n$ 形成 X，$3n+1$ 形成 Y，$3n+2$ 形成 Z。（XYZ）将会转换为相位的变化，如图 3.5 所示。

（3）调制速率：调制速率为 10 500 符号/秒，所以比特率 10 500×3=31.5 kbit/s。

（4）训练序列：

① 发射机功率稳定和接收机设置：该部分包括 4 个 000，即 000 000 000 000。该部分发射完后，发射机的输出波形将稳定。

② 同步和模糊分辨：同步字为 000 010 011 110 000 001 101 110 001 100 011 111 101 11! 100 010。

③ 保留符号：000。

④ 发射数据长度。

⑤ FEC 帧头：FEC 错误纠正位，共 5 位。

⑥ FEC：FEC 编码采用系统定长 RS 编码。249 字节为一帧的数据，可以纠正 3 个字节的错误。

⑦ 交织（Interleaving）：每一帧数据位包含 249 个字节，共 249×8=1 992 bit。

3. 侦听算法（CSMA）

在发送数据或语音包之前运行 CSMA 时，VDL 模式 2 接收机可以通过能量检测算法来检测信道是否空闲。

4. 物理层与链路层的接口

物理层与链路层的接口由数据原语、频率改变原语、信道侦听原语、信号质量原语、对等地址原语、信道占用原语组成。

5. 物理层与物理设备接口

物理层与物理设备接口由发射原语、接收原语组成。

3.5.3.2 链路层协议与服务

VDL 模式 2 的链路层负责将信息从一个网络实体传送到另一个网络实体，传送错误通告，以及提供如下服务：帧的组合与拆分、建立帧同步、抛弃非标准帧、帧差错的检测与控制、RF 信道的选择、地址识别、产生帧校验序列。链路层通过 RF 信道提供基本的比特传输。链路层的数据在地空收发设备中作为比特流进行传输。

1. 媒体接入控制（MAC）子层

MAC 子层对共享信道提供对 DLS 子层透明的获取功能。MAC 子层的服务主要包括两个部分：利用 P 坚持 CSMA 算法进行多路接入，以及信道拥塞通告服务。CSMA 算法让所有的地面站有平等的机会发送数据；当检测出通道拥塞时，MAC 子层将向其高频管理实体（VME）子层通告，在试图接入通道之前，MAC 子层必须保证信道是空闲的。

P 坚持 CSMA 算法允许在达到系统吞吐量最佳、传输延迟最小和冲突最少的时候，所有的基站都有机会进行传输，其参数见表 3.1，工作过程如下：

（1）发射端在试图进行传输之前首先侦听信道，等待信道的空闲。

（2）确定信道空闲的时候，试图以概率 p 进行传输，而以概率 $1-p$ 后退等待。在一个最大访问次数 M1 之后，MAC 子层将在信道空闲之后立刻传输包。

（3）如果经过计时器 TM2 时间帧仍未被传送，则 MAC 子层将检测出拥塞，并通告 VME 子层。

表 3.1 MAC 子层参数

名称	描述	单位	最小值	最大值	默认值	增量
M1	最大的访问次数	次	1	65 535	135	1
P	概率		1/256	1	13/256	1/256
TM1	访问中延迟计数器	ms	0.5	125	4.5	0.5
TM2	信号忙计数器	s	6	120	60	1

2. 数据链路服务（DLS）子层

DLS 利用 AVLC 协议支持面向比特的地空通信服务，其协议包括：

（1）帧顺序：接收端的 DLS 子层保证重复的帧被丢弃，且所有的帧出现且只出现一次。

（2）差错检测：DLS 子层保证检测并丢弃所有在传输中出现差错的帧。

（3）站识别：DLS 子层通过点到点的连接接收且只接收发向它自己的帧。

（4）广播地址：广播地址可被所有接收者识别和接收。

（5）数据传送：数据将在 VDL 信息帧（INFO）、用户接口帧（UI）、标识交换帧（XID）的信息域中被传送。

模式 2 帧结构按照 ISO3309 帧结构，如图 3.6 所示。

描述	字节号	8	7	6	5	4	3	2	1
				比特序号					传输的首比特 ↓
标志	—	0	1	1	1	1	1	1	0
目的地址域	1	22	23	24	25	26	27	A/G位	0
	2	15		目的				21	0
	3	6		数字链路服务地址				14	0
	4	1						7	0
源地址域	5	22		24	25	26	27	C/R位	0
	6	16		源				21	0
	7	8		数字链路服务地址				14	0
	8	1						7	1
链路控制域	9				P/F位				
信息域	N-2				用户数据				
帧校验序列	N-1	9		最高有效字节					16
	N	1		最低有效字节					8
标志	—	0	1	1	1	1	1	1	0

图 3.6　VDL 模式 2 帧结构

3. 链路管理实体（LME）子层

LME 用于建立和管理 DLE 之间的连接，一个 VDL 模式 2 地面系统包括其高频地面站，提供与 ATN 连接的地面网络和一个 VME，VME 管理与地面站建立连接的 VDL 模式 2 飞机。

LME 提供的服务有提供连接和改变连接通告。

提供连接：每个地面 VME 为每一架注册在该地面系统的飞机产生一个 LME，同样，每一个机载 VME 将为每个地面系统产生一个 LME。地面 LME 将通过比较地址来判断，机载 LME 是否正是与它通信的 LME；同样，机载 LME 通过 DLS 地址和 LME 提供的地面站系统掩码，来确定一个地面站的 LME 是否是与它通信的 LME。

改变连接通告：VME 将通知中间系统，即系统管理实体（SME）链路连接的变化。

3.5.3.3　网络层协议与服务

VDL 模式 2 子网层协议的功能包括对重复、丢失、无效分组的处理，以及对分组包的路由和转发功能。其子网协议被称为子网接入协议（SNACP）。当收到一个链路层帧时，VDL 模式 2 数据帧的净荷部分传送到网络层，该部分数据称为网协议数据单元（SNPDU）。

按照 ISO8208 标准，子网层提供的服务包括：

（1）子网连接管理：使用相应的分组类型、过程和设施来建立、结束和管理子网连接。其关键是连接的双方端点尽可能多地保留连接状态信息。

（2）分组的拆分和重组：允许子网用户对大的数据单元进行拆分传送，通过地空传送，在接收端将数据端重组。

（3）错误恢复：VDL 模式 2 中，采用拒绝帧分组进行通信子网级的错误恢复。这些分组将使发送端子网实体重传错误的数据包。

（4）连接流量控制：连接流量控制采用分组序列号和滑动窗口实现。

3.5.4　VDL 模式 4

3.5.4.1　VDL 模式 4 概述

VDL 模式 4 是一种基于自组织时分多址（S-TDMA）的数据链系统，既可用于广播通信，又可用于端到端通信；支持移动站间、地面站间及移动站和地面站的通信，它为将来的 CNS/ATM 技术提供系统解决方案。VDL 模式 4 的基本原理是数据链的各用户利用 GNSS 进行定位和同步，并通过数据链路将其位置报告等信息广播给数据链系统的其他用户，应用程序通过这些信息实现链路管理。

VDL 模式 4 工作在 108 ~ 137.975 MHz 的其高频通信频率上，采用标准的其高频带宽（25 kHz）信道传输数字信息。其主要的特点在于信道预约访问协议。信道被划分为若干时隙，可以为飞机、地面站和其他地面通信设备的收发信机所使用。通过信道预约访问协议的控制，各个时隙的绝对时间和使用情况对系统内的用户是透明的，因此，不同的用户会在不同的时隙上进行发送。即使发生信道占用，也可以通过相应的技术来解决。这种信道预约协议降低了信道占用冲突的概率，从而可获得高效率的其高频数据链通信，这一信道时隙使用和管理的方式称为自组织时分多址协议。

对于 S-TDMA 协议，它要求系统内的所有站点都有严格的定时同步，能满足严格的准确性、可用性、连续性和完整性的要求，以便站点在无人介入的条件下访问共享信道。VDL 模式 4 的同步时间标准是 UTC，这个时间标准主要是基于全球导航卫星系统 GNSS 或者与 UTC 相关的其他定时源。

VDL 模式 4 用户设备用来确定位置和时间，管理数据链的传输并接收发送数据，其数据链应用情况如图 3.7 所示。虽然不同的 VDL 模式 4 的用户设备可能会有差异，但通常都包括 VHF 收发机、通信处理设备和 GNSS 接收机。其中，GNSS 接收机为用户提供精确的导航信息及时间信息，时间信号是由 GNSS 收发信机中获得；VHF 收发信机用来发送自己的位置信息和其他的用户的有关信息，也用来接收其他用户发送的数据；通信处理设备是一台用来调整使用通信信道的计算机，和 VHF 收发信机、GNSS 接收机相连，在计算机内，存储有一张虚拟的时隙表，依靠时隙表中的信息为信息的发送分配时隙，并且不断地更新时隙表。

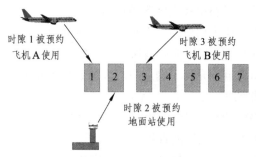

图 3.7　VDL 模式 4 数据链应用情况

3.5.4.2　VDL 模式 4 数据链的运作模式和通信结构

VDL 模式 4 数据链系统主要由以下元素组成：

（1）GNSS 接收机，用于确定用户的位置和精确的 UTC 时间。

（2）具有许多相对短的 STDMA 帧结构。

（3）无须依赖外部或主控站的自组织时隙预约协议。

（4）通信控制计算机，作为每个 STDMA 系统的一部分，可用来给所有能探测到的用户提供位置/跟踪数据，提供现行或计划的时隙安排，支持用户的要求并利用控制/仲裁对信道的访问。

（5）飞行数据信息库，用于记录用户自身（含用户的飞行状态信息和信道时隙）的状态。

（6）地面网络系统，可按信号信道互不干扰的原则为各个空中用户和地面站预约、分配信道时隙。

这些元素可以构成不同功能级别的运作模式，即受控模式和自治模式，用户可在这两种模式间实现自动切换。

在受控运作模式下，地面站按指令型预约协议为空中用户分配使用时隙，该种运作模式不适合新航行系统要求的航空运用。在自治模式下，用户实时监测记录超帧中时隙的使用情况，并按相应的协议选择并预约合适时隙来广播发送位置报告，可与其他用户自动协调地使用。自治运作模式下的 VDL 模式 4 数据链系统又可分为三种通信结构：没有地面系统的自治通信结构、单蜂窝通信结构和多蜂窝通信结构。

1. 自治通信结构

在没有地面系统情况下的自治通信结构如图 3.8 所示。用自组织协议可以实现任何具有蜂窝重叠区用户间的空-空通信，这种通信结构可应用于低密集区、海域和两极地带。

自治通信结构仅提供 VDL 模式 4 数据链特定服务，可支持广播和空-空通信，对于非危急通信，可以实现空-空通信功能。用户的信息还可通过空中用户的传递来实现信息的远距离传输。在新一代空管系统中，ADS-B 和空-空通信可利用这种通信结构，从而实现驾驶舱交通信息显示（CDTI）、空中交通警戒与防撞（TCAS）以及搜索和救援的协调等功能。

2. 单蜂窝通信结构

VDL 模式 4 数据链的单蜂窝通信结构不需要地面站，其结构如图 3.9 所示。VDL 模式 4 数据链地面站提供空-地通信服务和地面监视服务。授权的地面站可以按指令型预约协议来控制信道时隙的使用，这种通信结构地面站间无蜂窝重叠区。

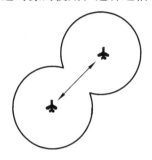
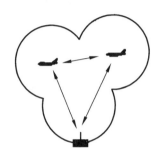

图 3.8　自治通信结构　　　　　　图 3.9　单蜂窝通信结构

由于单蜂窝通信结构的地面站间无蜂窝重叠区，其功能受地面站覆盖范围的影响，越出单蜂窝区时，其功能和运作方式与自治通信结构一样。该运作方式只能用于偏远、低密度但又需要 ATM 通信监视能力的地区，以及地面系统落后的地区，如洋区、两极地区。

VDL 模式 4 数据链系统地面站与一般地面数据网（如 ATN 网）相连，但没有自己的专用地面网。每个蜂窝区可看着独立运作的系统，空中用户可同时运作于多个单蜂窝区而互不干扰。在新一代空管系统中，基于精密进近的地基增强系统的数据链、ATIS、驾驶舱显示交通信息（CDTI）上行链路、PDC 等都可采用该结构。

3. 多蜂窝通信结构

多蜂窝通信结构与单蜂窝通信结构的区别在于地面站间存在重叠覆盖区，如图 3.10 所示为 VDL 模式 4 数据链的多蜂窝通信结构。通过该结构的 VDL 模式 4 数据链来支持地空通信，具有很好的系统容量和系统冗余度。

VDL 模式 4 数据链通过地面站与专用的 ADS-B 地面数据网络相连，VDL 模式 4 数据链特定服务信息通过 ADS-B 地面数据网分发给各地面用户。基于 ADS-B 的监视服务可通过地面数据网络扩展到更大的覆盖区。如某用户失去 GNSS 功能，地面站具有突发的二次导航功能为 GNSS 功能的备份。

多蜂窝通信结构中空中用户跨蜂窝飞行时，必须进行越区切换，其基本原则如下。

（1）工作于受控通信模式空中用户进入重叠区后，继续用指令型预约协议与原地面站通信，并按相应的协议与新地面站建立通信；工作于自治通信模式的可按新用户登录过程实现网络登录，继续保持自治式或切换到受控式。

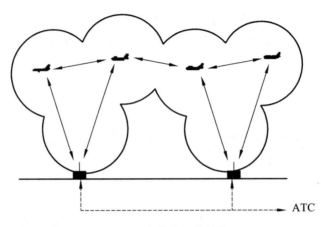

图 3.10　多蜂窝通信结构

（2）进入蜂窝重叠区的空中用户与新地面站覆盖范围内的其他用户间不存在争用信道时隙时，继续使用原信道时隙与原地面站保持通信，并在空闲的时隙中向新地面站发送预约请求。

（3）进入蜂窝重叠区的空中用户与新地面站覆盖范围内的其他用户间发生争用信道时，新地面站不能识别进入其覆盖区的新空中用户，但空中用户知道新地面站和原地面站及其覆盖区内其他地用户的时隙占用情况，从而自动选择空闲时隙给新地面站发送报文。

空中用户进入蜂窝重叠区后，如果新地面站为该用户指定了使用时隙，并且不与原信道时隙冲突，用户可使用新时隙并放弃原地面站的时隙；如新地面站未为该空中用户分配时隙，原地面站分配了新时隙，使用该新时隙；用户一直与原地面站保持通信直至飞离原地面站覆盖区进入新地面站的覆盖区，并与新地面站建立通信，实现越区切换。

在多蜂窝型模式下，ADS-B 可以覆盖更广阔的区域，相邻地面站间存在移动蜂窝的通信重叠覆盖区，可实现空—空、空—地、地—地通信。

3.5.4.3　VDL 模式 4 数据链协议

S-TDMA 协议采用典型的 TDMA 传输体制，将时间轴等分成若干信息帧，每帧又分成若干时隙供飞机等用户使用。各用户周期地发送时隙预约信息报文，并构造时隙状态表，该表包含了所有用户进行动态预约时隙的信息，用户通过时隙争用、预约、占用等过程用时隙的预约技术来实现系统的自组织进行组网。

S-TDMA 数据链采用 OSI 模型设计系统体系结构，将通信子网系统分为两层，从上到下各层依次为数据链路层和物理层。

物理层是 S-TDMA 数据链 OSI 模型中的最低层，主要完成收发信机的频率控制，数据的接收和发送，信道时序的控制，监听信道和控制收发信机，以及提供各类服务等。数据链路层是 S-TDMA 数据链 OSI 模型中最重要的一层，负责信道访问的控制并实现

S-TDMA 数据链的核心算法——自组织时分多址。链路层分为 4 个子层：媒介访问控制子层 MAC（Media Access Control），特殊服务子层 VSS（VDL MODE 4 Specific Services），数据链服务子层 DLS（Data Link Services），链接管理实体子层 LME（Link Management Entity）。每个子层接受下面的子层的服务，完成相对独立的功能，并向上面的子层提供服务。其中 MAC 子层负责时隙划分，实现 TDMA 信道接入；VSS 子层提供多种协议，使得用户可以自组织地在 TDMA 信道上进行发送；DLS 子层负责提供面向链接和面向无链接的服务；LME 子层负责链接的建立、管理、维护及终止，如图 3.11 所示。

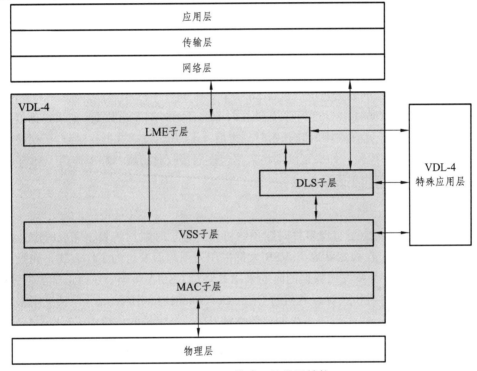

图 3.11 VD L 模式 4 的分层结构

1. MAC 子层

MAC 子层主要功能是检测时隙开始时刻的同步脉冲，划分时隙，实现 TDMA，检测信道忙闲状态，完成数据帧到数字电台的发送和接收。

其中时间同步有 3 种模式：主同步模式（primary synchronization mode）：能够通过 GNSS 接收器精确地跟踪 UTC 秒。站点正常情况下工作在主同步模式；次同步模式（secondary synchronization mode）：能够通过地面站发送的定时信息跟踪 UTC 秒，但是精度稍差；第三同步模式（tertiary synchronization mode）：能够从其他一组站点估计平均的时隙起始时刻，这种情况下已经无法跟踪 UTC 秒了。

在同步的前提下，MAC 子层将信道时分为固定长度的时隙（slot）完成 TDMA。每个 UTC 秒被划分为 75 个时隙，即每个时隙 13.33 ms。每分钟称为一个"超帧（superframe）"，每个超帧有 4 500 个时隙，如图 3.12 所示。

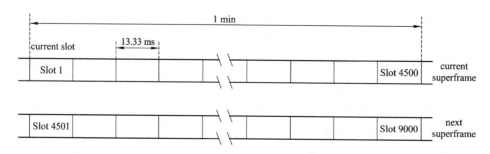

图 3.12　VDL 模式 4 超帧结构

由于信道传输的比特率为 19 200 b/s，因此每时隙可以传输 32 字节，考虑到数据到达最远站点的传播时延，最后一个时隙只允许传输 24 字节。再考虑到平均每两个时隙需要一个字节的比特填充，这样单时隙数据包可以包含 23 字节，两个时隙的数据包可以包含 54 字节，三个时隙的数据包可以包含 86 字节。

当站点要发送数据时，MAC 子层只能在时隙的开始时刻发送数据。如果是延迟数据包（delayed burst），则在空闲时隙开始时刻之后 4 ms 开始发送数据。MAC 子层接收到数据包后进行 CRC 校验，如果正确则将数据包连同接收时间戳一起上传给 VSS 子层，如果 CRC 校验错误则简单丢弃。

2. VSS 子层

VSS 子层主要功能是实现多种时隙预约协议，维护时隙预约表，完成时隙选择，从而实现 S-TDMA。在稳定状态下 VSS 大都采用先预约后发送的工作方式，在没有完全预约表（非稳态）且要发送数据的时候采用 P 坚持 CSMA 策略。在信道资源饱和时，采用 Robin Hood 准则和点对点通信的 CCI（Co-Channel Interference）保护准则来重用信道资源，保障通信，以不影响系统的整体性能（在一个繁忙的信道中，Robin Hood 准则允许一个站使用其他站预约的时隙进行广播，只要这个站距离本站最远，这样使广播的范围逐渐地、缓慢地而不是陡然地减小。点对点通信的 CCI 保护就是当接收到的两个信号的功率相差 12 dB 的时候，接收站能够捕获较强的信号，利用这一特点可以进行点对点通信的时隙复用）。VSS 子层提供短小灵活的数据包（burst）格式，可以在传输数据的同时捎带预约信息。VDL 模式 4 通过这种特有的 burst 来支持高效的短消息交换和实时应用。

3. DLS 子层

DLS 子层主要为上层用户提供点对点的用户异步数据通信服务，支持地空、空空数据通信。地空（空地）链路由 LME 子层维护管理，采用 NSCOP（Negotiated Setup Connection-Orientated Protocol）协议。空空链路使用 ZOCOP（Zero Overhead Connection-Orientated Protocol）协议，由定时器（Timer）控制链路的建立和拆除。

4. LME 子层

LME 子层主要功能是在系统初启时刻完成网络接入。在点对点通信开始时建立链路；

在通信过程中监视链路的质量，维护通信链路；当通信结束时释放链路。同时，LME 子层还负责组织"同步数据包（synchronization burst）"，它是一种支持 VDL 模式 4 特殊应用的数据结构，用来交换站点的水平位置、海拔、速度和方向等信息。

3.6　高频数据链系统

3.6.1　HFDL 概述

在 AMSS 应用之前，超视距航空通信的唯一手段是使用高频电台，现在高频仍在两极地区继续保留。许多飞机仍装备高频单边带通信系统，并用其进行话音通信并传输电报。

20 世纪 90 年代初，加拿大、冰岛、瑞典和美国研究了 HF 数据链用于海洋和边远地区空地通信。1993 年，在北大西洋空域试用 HF 数据链通信，使用地面电台包括加拿大钮芬彩虹电台、冰岛电台、瑞典斯德哥尔摩电台。试验表明，HF 和 AMSS 互补，具有双星的 AMSS 系统可用性为 98.9%，加上 HF 数据链后，可用性达 99.94%。

ICAO 对 HFDL 通信的设想是在全世界设 15 ~ 16 个 HF 地面电台，可管理 2 000 架飞机，其中太平洋区域 6 个地面台，管 800 多架飞机；大西洋区域 5 个地面台，管 650 多架飞机；印度洋和亚非地区 4 ~ 5 个地面台，管 500 多架飞机。共用 48 ~ 60 个频率组成的频率库，各地面台管理 3 ~ 6 个频率，进行适时协调，可达很好的通信效果。

1998 年初，ARINC 公司正式推出了高频数据通信服务，它目前共建有 15 个高频地面站（HGS），可以基本覆盖全球。目前其上行数据在 60 s 内的传输成功率已达到 86%，端到端的使用可靠性已接近 100%，已有多家航空公司在使用 ARINC 的高频数据链通信服务。当前，ARINC 是全球唯一的航空 HFDL 服务提供商。ARINC 的 GOLBALINK/HF 服务是基于 ACARS 的，服务范围包括南纬 60°以北的飞机通信覆盖。GOLBALINK/HF 服务是唯一支持北冰洋和远端地区操作和空管的地/空数据链路服务，支持高可靠性、高可用性数据通信的全球飞行操作。ARINC 的 HFDL 地面站执行 ATN HFDL 链路层标准与建议措施（SARPs）的底层功能，而且与其他链路层的设备完全兼容，称为可靠链路服务。

近年来，随着许多新技术应用到 HF 数据链通信系统，如双频冗余、自适应选频接收、地面台组网技术和先进的数字处理技术等，提高了通信的连通性、可靠性，克服和避免了传播的可变性，使 HFDL 成为 ATN 中地空通信子网的一种。

3.6.2　HFDL 组成

HFDL 系统由机载分系统、地面分系统、地面通信分系统和管理分系统组成，如图 3.13 所示。

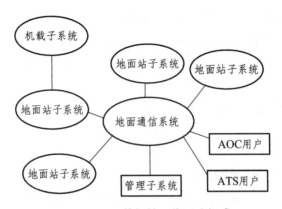

图 3.13　HF 数据链通信系统组成

机载分系统组成包括 HF 数据无线电台或 HF 无线电台加 HF 数据单元、HF 数据链控制单元、HF 天线耦合器和 HF 天线。机载分系统可对原有的 ARINC-719 HF 无线电收发信机进行改装可以与现行的 ACARS 配合，或者选用全新的机载高频无线电语音/数据收发信机和数字天线耦合器。其功能是负责在飞机上实施 HF 信号和 HFDL 协议，并给机载数据链设备提供一个接口。

地面分系统组成包括 HF 发射机、接收机和天线，HFDL 调制解调器，HFDL 地面站控制器和网络接口器件。其功能是在地面处理 HF 信号和执行 HFDL 协议，并为地面 HFDL 用户提供带 HFDL 系统的接口。

地面通信分系统的功能是使 HFDL 用户和 HFDL 地面站以及 HFDL 系统的管理分系统互连。管理分系统的功能包括频率管理、告警管理、配置管理、遥控管理和计费。

HFDL 采用面向比特的 ISO 协议，符合 ATN 要求，可作为高频子网进入 ATN。该系统采用 TDMA 方式，每个主帧为 32 s，有 13 个时隙，每个时隙根据随机访问或预约实现动态指配，减少信息碰撞，增加信息的通过量。HFDL 地面站实现了昼夜换频和一站多频的频率管理技术。机载设备采用了自适应选频技术，为使飞机能选用一个传播性能较好的频率，所有地面站在其各个在用频率上，广播相对空中用户透明的自发报告，即每 32 s 在特别呼叫分组内广播信道控制数据。机载设备根据此数据选择一个可信频率，保证了数据传输有良好的信道。在数字处理技术方面，HFDL 系统采用前向纠错编码、自动反馈纠错（ARQ）、自适应通道平衡、去交织和循环冗余校验技术。

3.7　航空移动卫星通信系统

3.7.1　航空移动卫星通信系统概述

自 1957 年苏联发射第一颗人造地球卫星以来，卫星已被广泛应用于通信、广播、电视、导航等领域。1965 年，第一颗商用国际通信卫星被送入大西洋上空同步轨道，开始了利用静止卫星的商业通信。卫星通信是指利用人造地球卫星作为中继站转发或发射无线电波，在两个或多个地球站之间进行的通信。

　　国际民航组织根据民航地空通信业务的特点，对于航路飞行通信，当 VHF 覆盖不到，HF 通信效果不好的时候，比如海洋区域和边远陆地区域，可采用航空卫星移动通信系统（AMSS）进行通信。

　　早在 20 世纪 60 年代，民航界已开始研究利用卫星进行飞机与地面通信的可行性，主要集中在利用 VHF 频谱（118～136 MHz）方面。1968 年，ICAO 研究为了满足越洋飞行时的需要，可以先建立低容量卫星系统，以后逐步随着技术的发展过渡到高容量卫星系统。1971—1973 年和 1974—1975 年，人们分别利用 ATS-5 和 ATS-6 卫星完成了几项实验，证明了用 1.5～1.6 GHz 的 L 频段提供飞机用卫星通信是可行的。1987 年，日本航空公司成功利用 INMARSAT 的太平洋卫星进行了卫星电话通信。1991 年，新加坡航空公司为旅客提供卫星电话服务。1996 年，发射 INMARSAT-Ⅲ 卫星，具有点波束功能，促进了卫星通信在民航的使用。现在，可用于民航的航空移动卫星通信系统包括 Inmarsat、铱星通信和日本的多功能通信卫星。

3.7.2　AMSS 的组成

　　AMSS 系统的主要组成部分包括空间段、机载地球站（AES）、地面地球站（GES）和网络协调站（NCS），如图 3.14 所示。

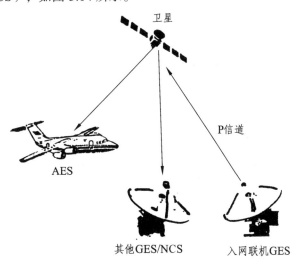

图 3.14　AMSS 的组成

1. 空间段

　　AMSS 的空间段即通信卫星，其中当前主要使用的是 INMARSAT-3 卫星，并逐渐向 INMARSAT-4 发展，3 代使用 4 颗静止卫星来实现纬度 80°以下的覆盖，3 代星的全球波束功率比 2 代星大 10 dB，还具有点波束功能。空间段组成包括平台和通信载荷，平台包括姿态和轨道控制系统，跟踪、遥测和指令系统，机械骨架及通信载荷和电源分系统。

通信载荷即通信转发器，包括正向转发器和反向转发器。正向转发器接收 GES 发来的（C 或 Ku）频段信号，变为 L 频段信号，转发至 AES；反向转发器接收 AES 发来的 L 频段信号，变为 C（或 Ku）频段信号，转发至 GES。

2. 地面地球站（GES）

地面地球站（GES）是在地面用来进行 AMSS 通信的设备，包括天线、C（或 Ku）频段收发信机、L 频段收发信机、信道单元及网络管理设备。每一卫星波束覆盖区内至少有一个 GES，也可能有几个，在多个 GES 中，可指定一个 GES 协调全网工作，称为网络协调站（NCS）。对于 C 频段，GES 天线直径一般在 9～13 m，从 GES 发往卫星用 6 GHz，从卫星发至 GES 用 4 GHz。对于 Ku 频段（12/14 GHz），天线直径可以小一些，如 7 m。

3. 机载地球站（AES）

AES 是飞机上用来进行 AMSS 通信的设备，为通信和机载电子设备提供接口。包括天线分系统和航空电子设备分系统，主要增加了卫星数据处理组件（SDU）等硬件设备和相关服务软件，其工作过程与甚高频 ACARS 类似。国际移动卫星组织航空营运至今已有 20 多年的历史，机载系统经历了 3 代的发展，分别是 Classic service、Swift64 和 Swift Broad band。其中，Classic service 包括高增益全球波束（Aero H）、高增益 I-3 点波束和 I-4 全球波束（Aero H+）、中等增益 I-3 点波束和 I-4 全球波束（Aero I）和低增益（Aero L）4 种，其最高数据速率为 9.6 kbit/s，Swift64 的数据速率可达到 64kbit/s，Swift Broad band 的最高数据速率可达 864 kbit/s。

AMSS 通数据时采用了面向比特协议，与 ATN 完全兼容，工作方式为全双工。与 VHF 空地话音通信相比，AMSS 通信延迟时间较长，当一个 AES 在与某 GES 通话时，同一卫星波束范围内其他 AES 听不到他们的对话。

3.7.3　AMSS 的信道

AMSS 与国际标准化组织（ISO）的开放系统互连参考模型相一致，其模型最低的物理层有 4 种信道，如图 3.15 所示。

1. P 信道

P 信道是时分复用分组方式数据信道，仅用于正向。即从地面到飞机，可传送信令和用户数据，从 GES 连续不断地发往 AES。用于系统管理功能的 P 信道记作 Psmc 信道，用于其他功能的 P 信道记作 P_d 信道。每一个 GES 至少有一条 Psmc 信道，但往往有多条 P_d 信道。

2. R 信道

R 信道是随机多址存取信道，仅用于反向，即从飞机到地面，可传送信令和少量用户数据，以突发方式工作，多架飞机可以共用一条 R 信道。如果不同 AES 的信号在 R 信道中发生碰撞，则各自随机延迟后重发。用于系统管理功能的 R 信道记作 Rsmc 信道，用于其他功能的 R 信道记作 R_d 信道。每一个 GES 往往有多条 R_{smc} 信道和更多的 R_d 信道。

3. T 信道

T 信道是预约时分多址信道，仅用于反向。飞机如有较大报文发向地面，可先用 R 信道为 T 信道申请预约一定数量的时隙，GES 收到申请后，为该 T 信道预留所需数量的时隙，并用 P 信道通知飞机，飞机接到通知后，在预留的时隙内按优先等级发送报文。每一个 GES 往往有多条 T 信道。

4. C 信道

C 信道是电路交换方式按需分配的单路载波信道，它用于话音通信。要通话时，先通过 P 信道和 R 信道传送信令信息，再根据申请，由 GES 分配一对信道（正、反各一条）给主、被叫用户，通话完毕后释放，将 C 信道交还给 GES。C 信道内通话用的主信道也可用于电路方式的数据业务。

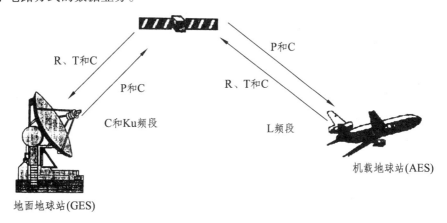

图 3.15　AMSS 的信道

3.7.4　铱星卫星（Iridium）系统

1998 年，第一代铱星系统由摩托罗拉公司设计，后被铱星公司购买资产并推出服务。铱星的卫星星座包含 66 颗工作卫星，组成 6 个轨道平面，它们分布在近地极轨道上距地球 780 km 的上空，以 27 070 km/h 的速度运行，每 100 min 围绕地球转一圈，如图 3.16 所示。星上采用先进的数据处理和交换技术，并通过星际链路在卫星间实现数据处理和交换、多波束天线。铱系统最显著的特点就是星际链路和极地轨道。星际链路从理论上保证了可以由一个地面站实现卫星通信接续的全部过程。

随着卫星通信在民航的广泛应用，铱星通信相继在空客、波音主要机型上实现应用，拥有 FAA、EASA 完整的适航证书。2005 年 8 月 20 日，铱星通信系统成功在 B777 型飞机上完成全球飞行跟踪及通话服务。2009 年 6 月，铱星设备成功在 A330 型飞机上实现飞行 FDR（黑盒子）数据的飞行实时下载。2010 年，ICAO 批准铱星成为航空卫星移动通信标准设备，并获批航空安全服务标准。

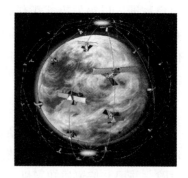

图 3.16　铱星卫星通信系统

　　铱星卫星通信系统有以下特点：系统内星与星之间可以通信，信号可实现全球无缝覆盖；由于每颗铱星都经过两极，因此两极信号强，极地通信接通率可达99.95%，是一种高效高质的极地通信；卫星是低轨道卫星，话音通信延时小，通话质量接近地面有线电话；机载设备轻巧（7 kg），改装快捷。

3.8　航空电信网

3.8.1　航空电信网概述

　　航空电信网（ATN）是新航行系统的重要组成部分，ATN 并非一种全新的底层通信网络，是一个由机载通信子网、地空通信子网和地面子网等多种网络组成的全球互联的通信网络，是全球地空一体化的航空专用通信网络，可提供安全、可靠、高效的航空通信服务。可以为航空公司、管制部门和旅客提供服务。ATN 支持所有民用航空飞行安全保证应用系统间的通信，包括空中交通管理计算机系统、航空公司飞行运行管理计算机系统和机载计算机之间和各计算机系统内部之间的通信。ATN 可以提供空中交通服务通信（ATSC）、航空运行控制（AOC）、航空管理通信（AAC）、航空旅客通信（APC）4 类服务。

　　ATN 是 ICAO 提出的适应新航行系统的航空服务和航空管制的专用网络，类似于广泛应用的互联网 Internet，但是在协议体系上并不相同。ATN 采用国际标准化组织 ISO 的协议体系，对应于 TCP/IP 网络，除了有完整的下 4 层之外，还有规范的会话层和表示层，也就是说，可以将 ATN 看作是国际互连的一种专用互联网，它将航空界的机载计算机系统与地面计算机系统连接起来，能够支持多国和多组织的运行环境，使它们之间随时互通信息。

　　ATN 在设计上有许多特殊的要求和特点：

　　（1）是为航空业提供数据通信服务的专用网络，使用者包括 ATS 的用户和航空公司的用户。

　　（2）既提供地面与机载设备的通信服务，又提供地面设备之间的通信服务。

　　（3）提供应用服务的安全和保密通信。

　　（4）支持不同应用类型的服务和报文，采用不同的传输层和优先级以及相同的网络层。

（5）充分利用现有的网络，实现已有资源的充分利用。

（6）将各种航空、商业和共用数据网络融为一体，形成全球一体化的航空通信网络。

（7）ATN 的绝大部分应用采用面向连接的传输层（COTP）作为传输层协议，数据在传输前要建立连接，完成传输后要拆除。

3.8.2　航空电信网的组成

从系统结构，ATN 是由端系统（ES）、中间系统（IS）和子网三部分组成，如图 3.17 所示。

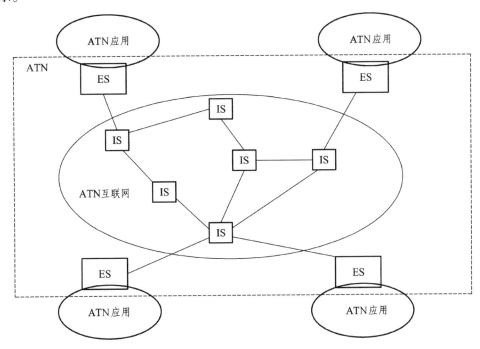

图 3.17　ATN 的组成

端系统类似于 TCP/IP 协议中的主机，中间系统类似于 TCP/IP 网络的路由器。中间系统只有下 3 层；端系统需要处理应用，有完整的 7 层。

1. 子网络

子网络是基于特殊通信技术的独立的通信网，用于 ATN 系统间的信息传输。ATN 的通信子网可以是现存的数据网络，也可以是正在发展的数据网络。按照工作属性可以分为移动数据网和固定数据网。移动数据网指的是空地数据子网，空地数据子网包括 4 种不同的数据链系统，即甚高频移动子网、卫星移动子网、S 模式二次雷达子网和高频移动子网；固定数据网指的是地地数据子网和航空电子设备子网。

子网络按工作范围可以分为局域网和广域网，局域网在局部范围内连接 ES、IS（在ATC 中心内，或在飞行器上），广域网是在不同的域中 IS 的长距离连接。

2. 端系统

ATN 终端系统可以与其他 ATN 终端系统通信，以便实现 ATN 应用中所需的端到端通信服务。终端系统包括航空公司和空管单位的应用终端以及飞机上的机载终端，以 ATN 互联网络为基础，为用户提供各种服务。

3. 中间系统

ATN 的中间系统也叫路由器，是连接 ATN 各个部分的节点，完成路由、转发和子网接入功能，是 ATN 传输网络的核心，由 OSI 参考模型的底部三层组成。ATN 路由器要完成不同网络内的数据同 ATN 数据之间的格式和地址相互转换，将不同的网络数据打包到 ATN 数据包内，并为这些数据包添加统一的 ATN 地址，在 ATN 网上进行转发和路由。由于飞机是移动的载体，通过网络到达飞机的路径是变化的，这要求 ATN 支持动态路由处理。

3.8.3　ATN 的应用

ATN 由若干应用程序和通信服务组成，是一个互联网的概念，通过尽可能整合并使用现有的通信网络资源，为航空界（包括空管、航空管理部门、航空运营商、航空器制造企业）提供统一的通信服务，并根据不同组织的要求，提供不同质量的通信服务。ATN 提供的应用程序包括系统应用、地空应用和地地应用。

1. 系统应用

系统应用包括内容管理（CM）和目录服务。CM 的作用类似于域名解析系统，提供机载系统和地面系统，或两个地面系统之间交互、更新数据链路应用信息，包括应用的名称、地址、版本号等。目录服务的实质就是通过网络查询所需名字和内容。

2. 地空应用

地空应用包括自动相关监视（ADS）、管制员驾驶员数据链通信（CPDLC）和航行信息服务（FIS）等。

1）自动相关监视（ADS）

ADS 应用自动向用户提供来自于机载导航定位系统的报告，包括飞机标识、四维坐标和附加数据。ADS 系统提供自身位置与其他信息报告，可用于空中交通管理和飞机位置的监控。

2）管制员与机组人员之间数据链通信（CPDLC）

CPDLC 应用的主要功能是提供管制员与机组人员之间的信息交换，与管制人员和机组人员的对话通过 CPDLC 来维护。它提供 4 个功能：管制员机组人员之间信息交换功能、数据当局之间的移交、许可的下行移交、地面前向移交。

3）飞行情报服务（FIS）

FIS 应用允许机组人员通过数据链向地面航行情报信息系统请求和接收数字化自动航站情报。FIS 数据链服务可以提供给空中和地面用户，是现存的语音通播方式的补充。

3. 地地应用

地地应用包括 ATSMHS 和 AIDC

1）ATS（空中交通服务）信息处理服务（ATSMHS）

AMHS 是代替现有自动转报系统 AFTN 的 ATN 应用，提供更可靠、更安全、功能更强大的信息传输服务。AMHS 定义了两种应用：一类是 ATS 信息服务，采用存储转发方式进行信息处理；另一类是透传方式，AFTN（航空固定电信网）信息的传输方式。

2）ATS（空中交通服务）设备间数据通信（AIDC）

AIDC 用于在 ATS 单位间交换数据以支持空中交通管制移交。支持的服务包括航班通知、航班协调、管制移交、通信移交、监视数据的传输等。AIDC 是严格地用于 ATS 单位之间交换控制信息的 ATC 应用，不支持其他机构间的信息交换。

3.8.4 ATN 的应用进展

1. ATN 地地应用

作为第一个 ATN 地地应用，航空信息处理系统 AMHS（ATS Message Handling System）是代替现有自动转报系统 AFTN 的 ATN 应用，可以提供更可靠、更安全、功能更强大的信息传输服务。美日间于 2005 年投入运行开通了的 AMHS 线路。西班牙于 1998 年年底，AMHS 系统投入运行。2006 年 2 月，法兰克福—马德里 AMHS 线路投入运行。2005 年，阿根廷国内的 AMHS 系统投入实际运行。2006 年 2 月，科威特安装部署了 AMHS 产品。2006 年 10 月，牙买加在国内安装了 AMHS 系统。

中国北京作为亚太地区的主干节点，将连通区内 11 个国家和地区，并连接中东和欧洲地区。中国香港作为亚太地区的主干节点，连通区内 7 个国家和地区。澳大利亚、泰国、新加坡、印度尼西亚、蒙古、中国香港、中国澳门、孟加拉国等国家和地区正进行内部 ATN 实施与部署工作。日本、泰国、中国香港、澳大利亚建立了 ATN 技术实验平台开展相关测试工作。目前，中国内地、泰国、中国香港已完成第一、第二、第三阶段 ATN 技术测试工作。

2. ATN 地空应用

ATN 地空应用部分主要内容是由 ACARS 向 ATN 地空通信过渡。现有的 ACARS 与 ATN 是不兼容的，需过渡到甚高频数据链中的 VDLMode2，过渡到 VDLMode2 的规划和建议需采用 AOA（ACARS OVER AVLC）的方式实现。过渡计划利用原有设施，特别是在底层完全兼容的情况下（采用的频段、机载设备和天线兼容）。过渡采用的实际措施是先建立能传输 ATN 报文的地空网络，并在其基础上实验 ACARS 的应用，待技术完全成熟，转换成 ATN 的 VDLMode2。

目前，地空应用的发展为，2001 年中期，SITA 已计划升级并使用 VDLMode2 服务，并在欧洲中部逐步将原有的 ACARS 地面站改造成为兼容 ACARS 和 VDLMode2 两种协议的地面站。2004 年以来，已有超过 100 个 VDLMode2 地面站在北美投入使用（全球超过 200 个），拉丁美洲及加勒比海地区的发展也很迅速。ARINC 也在致力于发展 VDLMode2 网络，其开发的 AOA 和 ATN 网络已经投入了应用，网络覆盖北美、欧洲和日本。在欧洲，2003 年年底，ARINC 建设的 12 个地面站投入运行，以支持 Link2000+ 项目。Eurocontrol 支持基于 VDLMode2 进行的空中交通服务与控制，在其 Link2000+ 战略中，Eurocontrol 向航空公司提供经费支持，鼓励其加装 VDL 机载设备。根据巴黎监视站统计的数据，截至 2006 年 1 月，已经有 20 家航空公司的 155 架飞机装备了 VDLMode2 设备，包括 7 种不同类型的飞机，VDLMode2 已应用于超过 20 条航路。俄罗斯、西班牙、法国、意大利、美国、英国、奥地利、德国、卢森堡、匈牙利、丹麦、荷兰、埃及、摩洛哥、阿尔及利亚等国家已将 VDLMode2 技术投入到民航商业应用中。

3. 我国的 ATN 应用发展

国内的应用分两个阶段：第一阶段为 2001—2005 年，主要的工作为编制《空管航空电信网技术政策、应用和发展技术白皮书》；ATN 实验室建立和技术准备；研究与开发工作；国际 ATN/AMHS 技术测试工作。第二阶段为 2006—2010 年，主要的工作为 ATN/AMHS 过渡与实施；ACARS 向 VDLMode2 过渡。

2002 年，民航总局空管局根据国内民航通信网络的状况以及国外的 ATN 实施状况，编制了《空管航空电信网技术政策、应用和发展白皮书》，2006 年进行了修订，作为民航通信发展和相关方面的技术依据。地面传输网络逐步由 AFTN 向 ATN/AMHS 网络过渡。地空传输网络建成以其高频地空数据链为主要传输手段的地空数据通信网络，在必要的环境下以高频地空数据链为辅助传输手段，逐步由 ACARS 网络向 ATN/VDLM2 过渡。

目前，在北京部署已建设 ATN 骨干节点，并部署 ATN 路由器和 AFTN/AMHS 网关系统，进行与国际民航组织计划的与周边国家和地区的技术测试工作；下一步的工作是建设 ATN 骨干网络，与 AFTN 并行，逐步向 ATN 过渡。

3.9　数据链通信的应用

数据链通信当前在民航发展了具体的应用，主要包括飞行员、签派员、机务维护人员和管制员的应用。

3.9.1　飞行员应用

3.9.1.1　飞行下行地空数据通信电报内容、种类和功能

飞机产生下传电报的方式分为事件触发、时间触发、手动触发等。事件触发与时间触发方式产生的报文为自动触发报文，手动触发方式产生的报文为人工触发报文。

1. 自动触发报文

自动触发报文主要为飞机下传的飞行状态报告，通信链路使用状况报告等。这些报告均通过机务人员对报告触发条件的设置，以及是否要求该报告通过机载数据链设备下传等设置决定是否可通过地空数据通信的方式获取。

自动触发报文主要包括：

（1）飞机滑出停机位（OUT）、起飞（OFF）、着陆（ON）、滑入停机位（IN），二次开舱门（RETURN IN）报告。

（2）（航路）位置报告。

（3）飞行主要阶段发动机状态报告。

（4）主要事件报告，如颠簸、重着陆、发动机参数超限。

（5）高空气象报告。

（6）机载设备异常情况报告。

（7）响应地面请求的应答报告。

2. 人工触发报文

人工触发报文由机组通过对机载数据链设备操作界面的操作而产生。人工触发的报文可分为两类：一类为机组下传的自由信息，该类报文的内容完全由机组输入；第二类为具备一定编写要求的报文，如各种申请电报、空中交通管制与服务电报、飞机状态报告等。

人工触发报文主要包括：

（1）气象、NOTAM、配载、计算机飞行计划等申请电报。

（2）飞机、发动机状态报告。

（3）飞机各阶段延误情况报告。

（4）飞行总结报告。

（5）起飞前放行（PDC），数字式自动化信息服务（D-ATIS）电报，飞行员-管制员数据链通信（CPDLC）电报。

3.9.1.2 机载数据链设备的操作方法

1. 相关通信设备的正确设置

在数据链选择上，缺省情况下，根据各种传输链路的数据传输成本高低，飞机下传电报使用的传输链路优先级由高到低依次为 VHF、HF、卫星通信。要保持飞机在正常情况下优先使用 VHF 通信链路。通常情况下，第三部 VHF 电台必须处于数据（DATA）状态。否则飞机将不能使用 VHF 作为数据传输的手段，对于未加装 HF 或卫星数据通信设备的飞机，将直接导致其无法使用地空数据通信。

2. 飞机通信寻址与报告系统（ACARS）页面的使用

以 ROCK WELL COLLINS 公司生产的 DLM-900 CMU 为例说明飞机飞行管理系统的控制显示组件（CDU）相关页面的使用方法。当进行飞行前数据初始化时，其操作方法如下。

1）进入 AOC 主页面（ACARS APPLICATION MENU）

在 ACARS APPLICATION MENU 页面（见图 3.18），按<AOC STD>右侧的行选键，即可进入如图 3.19 所示的 AOC 主页面，即"ACARS-AOC MENU"。

图 3.18 ACARS 应用菜单页面

图 3.19 ACARS-AOC 主页面

2）进行飞行前数据初始化

（1）按"ACARS AOC MENU"页面<PREFLIGHT>左侧的行选键，进入"ACARS-PREFLIGHT"页面，如图 3.20 所示。

（2）按"ACARS PREFLIGHT"页面<INIT DATA>左侧的行选键，进入"ACARS-INIT DATA"页面，如图 3.21 所示。该页面即为进行航前数据初始化的操作页面，该操作页面分为两页，按 MCDU 显示区域下方的"NEXT PAGE"按钮，可出现图 3.22 所示的第二页"ACARS-INIT DATA"页面。

图 3.20 ACARS-PREFLIGHT 页面

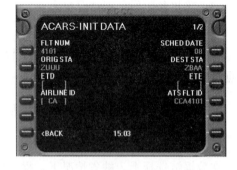

图 3.21 ACARS-INIT DATA 页面

（3）进行航前数据初始化操作时，执行航班的航班号，起飞机场四字代码，目的机场四字代码为必须填写的内容，其他内容，如第二页"ACARS-INIT DATA"页面中的飞机当前油量（FOB）、油量计量单位（UNITS）、燃油类型（TYPE）等根据航空公司的运行要求填写。

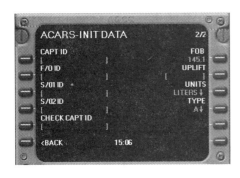 

图 3.22 ACARS-INIT DATA 第二页面   图 3.23 ACARS-REQUESTS 页面

3）进行航路气象数据申请

（1）在 AOC 主页面（ACARS AOC MENU）中，按<REQUESTS>左侧的行选键，出现如图 3.23 所示的"ACARS-REQUESTS"页面。

（2）在"ACARS-REQUESTS"页面中，按<WEATHER REQ>左侧的行选键，出现图 3.24 所示的"ACARS-WEATHER REQ"页面。

（3）在"ACARS-WEATHER REQ"页面中，可输入机场的四字代码，同时选择需要取得的气象回复类型。

（4）在"ACARS-WEATHER REQ"页面中，按<WEATHER TYPE>左侧的行选键，出现图 3.25 所示的页面，按相应类型左侧或右侧的行选键后，将返回"ACARS-WEATHER REQ"页面，并在<WEATHER TYPE>上方显示选择的气象数据类型，如要求气象实况，则显示"HOURLY WXR"。

（5）键入显示设备字符输入区中的字符，即可在显示设备左下角显示键入的字符（见图 3.24），输入完毕后，按对应的行选键，即可将输入的内容填写到相应的位置。出现<SEND>后，表示申请内容已可下传，按<SEND>右侧的行选键，即可将需要的气象申请报告下传至地面。

 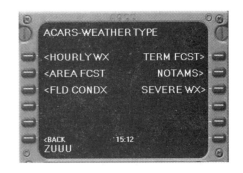

图 3.24 ACARS-WEATHER REQ 页面   图 3.25 ACARS-WEATHER TYPE 页面

3.9.2　飞行签派员应用

3.9.2.1　飞行签派应用中地空数据通信电报内容、种类和功能

地空数据通信电报的主要内容为通过地空数据通信网络，飞机、飞行机组与地面人员进行实时的数据通信，向对方报告自身的情况，或要求对方给予相应的服务或支持。

1. 地空数据通信电报的种类

（1）飞机运行动态报告：飞机的滑出机位（OUT）、起飞（OFF）、着陆（ON）、滑入机位（IN）、二次开舱门（RETURN IN）、飞行位置报告（POSITION REPORT）、航路飞越位置报告（WAY POINT）、预计到达时间报告（ETA）等。

（2）发动机状态报告：爬升报告（TAKE OFF）、巡航报告（CRUISE）等。

（3）重要事件报告：颠簸（TURBLENCE）、超重着陆（OVER WEIGHT LANDING）、重着陆（HARD LANDING）等。

（4）服务申请电报：气象申请（WEATHER REQUEST）、NOTAM申请电报、话音通话申请（VOICE REQUEST）、舱单申请（LOAD SHEET REQUEST）、飞行计划申请（FLIGHT PLAN REQUEST）、航班信息初始化申请（INIT REQUEST）、停机位申请（GATE REQUEST）等。

（5）自由电报：飞行机组与地面人员间自由编写内容的电报。

2. 飞机下传电报实现的主要功能

向地面相关部门报告飞机当前的飞行动态：位置（含经纬度、高度、速度、时间），当前气象状况（含风速、风向、总温、静温等），该类电报主要为自动产生；向地面相关单位报告飞机发动机的运行状况，即将发动机运行参数中地面人员关心的内容发送至地面，该类电报主要为自动产生；地面人员与飞行人员间的实时通信电报，这些电报包括飞行机组与飞行签派员间的数据通信，飞行机组与地面管制人员进行的数据通信，飞行人员与地面管制与服务系统间的数据通信。

3.9.2.2　飞行签派使用的各类电报

1. 各类下行报文

下行电报指飞机向地面传输的各类电报。包括机载系统向地面自动发送的电报，这些电报主要包括：

（1）飞机滑出机位报告（OUT）、起飞报告（OFF）、着陆报告（ON）、滑入机位报告（IN）、二次开舱门报告（RETURN IN）、飞行位置报告（POSITION REPORT）、航路飞越位置报告（WAY POINT）、爬升报告（TAKE OFF）、巡航报告（CRUISE）、颠簸报告（TURBLENCE）、超重着陆报告（OVER WEIGHT LANDING）、重着陆报告（HARD LANDING）、预计到达时间报告（ETA）。

（2）同时，下行电报包括机组人员手动触发的报告，主要包括各类信息申请电报，如气

象申请（WEATHER REQUEST）、NOTAM 申请电报、话音通话申请（VOICE REQUEST）、舱单申请（LOAD SHEET REQUEST）、飞行计划申请（FLIGHT PLAN REQUEST）、航班信息初始化申请（INIT REQUEST）、停机位申请（GATE REQUEST）等。

（3）与地面人员进行的自由编写内容的自由格式电报。

（4）与地面服务人员（或系统）按既定流程进行的数据通信。

2. 各类上行报文

上行报文是指地面人员或系统向飞机发送的电报，主要包括以下一些类型：

（1）航空公司地面人员或系统向飞机发送的，与飞机机组进行信息交互的电报。

（2）航空公司地面人员或系统向飞机发送的，与飞机机载设备进行信息交互的电报。

（3）数据链公共服务单位（系统）向飞机发送的服务信息。

3. 各类服务电报

服务电报可为上行电报，同时也可为下行电报，发送该类电报的主要目的是向对方人员或系统提供必要的信息，以支持对方人员或系统的运行。

（1）对飞行机组或乘务人员而言，服务电报主要包括：气象信息服务电报；舱单数据电报；旅客名单（含姓名、座位号、餐食要求等内容）；飞行计划信息；飞机爬升、降落数据电报；飞行机组下阶段飞行任务电报；飞机落地前信息申请的回复电报，如停机位指派，要求地面设备、人员的准备情况，旅客转机信息等；空中校验管制与服务单位或系统发布的管制指令，机场（含跑道等）设置、气象的实际情况等。

（2）对地面系统或人员而言，服务电报主要包括：飞机的各种位置报告，如当前位置报告、航路飞越报告等；飞机下传的各飞行阶段油量报告；飞机采集的高空气象数据报告；飞机的预计到达时间电报。

3.9.2.3　地面应用系统的操作方法

对于飞行签派人员而言，进行地面应用系统操作的主要目的是，通过地面应用系统的使用，一方面及时了解飞机当前的运行状况，对飞机的运行进行实时监控；另一方面通过地面系统提供的功能，与飞行机组或飞机进行实时的数据通信，及时了解飞行机组的运行要求，进行及时的信息服务与支持。

以 SKYLINK V2.5 系统为例简要说明飞行签派人员的地面应用系统操作方法。

进行地面应用系统的操作时，首先要确定希望了解的内容，如按照飞机下传报文的类型进行飞机下传信息的筛选，实现信息的分类阅读；将不希望看到的飞机（或航班）信息予以滤除，不进行显示；仅显示一段时间范围内的飞机下传数据等。

如图 3.26 所示，可进行飞机下传报文的分类显示以及筛选显示。飞行签派员做出如下的报文阅读设置：

（1）滤除飞机机尾号为 B-18612、B-2156、B-2157、B-2158、B-2159 的数据。

（2）不进行航班号信息过滤。

（3）滤除飞机下传类型为 MED、POS、SUM 的报文。

（4）对于 ECM、RTN、ETA、LND、REQ、TUR、WRN、FTR 类型的报文，作为重要报文显示（注：系统收到重要报文时，将主动弹出消息框对飞行签派员进行信息提示）。

（5）仅显示当天接收到的报文。

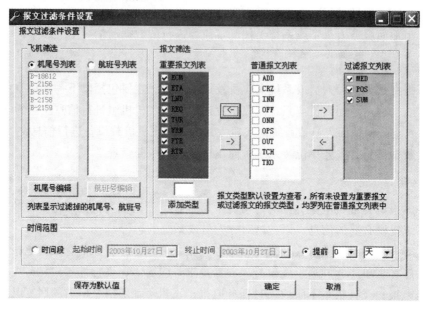

图 3.26　飞机下传报文筛选设置

报文筛选设置完成后，系统将按照图 3.27 所示的样式进行飞机下传报文显示。除下传报文筛选显示外，飞行签派员需要与飞机进行数据通信，即向飞机、飞行机组上传信息，以了解更多、更准确的飞机运行信息，同时向飞机提供数据支持。

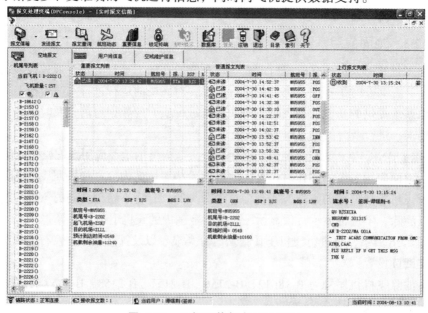

图 3.27　飞机下传报文显示界面

3.9.2.4　与飞机、飞行员信息交互

1. 与飞机的信息交互

飞行签派人员与飞机机载设备的通信主要为向飞机索取当前位置，更改飞机下传位置报告的时间间隔等。

与机载设备通信时，需要完成下面的工作：

（1）确定飞机的飞机注册号（机尾号），如 B-2496。

（2）需要明确与机组进行通过时，是否需要数据通信服务提供商（DSP）进行数据传输的确认，即向地面报告飞机机载设备是否接收到地面上传的信息（注意此时指机载设备是否收到信息，而不是飞行机组）。需要 DSP 进行信息传输确认时，在报文的对应位置需要添加"/MA NNNA"标志（NNN 为三位的十进制数字）。

（3）是否需要制定信息传输的具体位置，如明确制订通过北京首都机场的 VHF 地面站向飞机发送信息。需要时，在报文的指定位置添加"/GL AAA"标志（AAA 为指定机场 VHF 地面站的三字代码）。

（4）希望对机载设备进行何种类型的操作，如对飞机下传位置报告的时间间隔进行修改（注：机载设备必须设置为支持地面上传的电报指令）。

当上述内容确定后，发送上传报文使用的模板就确定了。此时，飞行签派人员只需在上行报文模板的相应位置填写可指定的内容即可。图 3.28 给出了向 B-2496 飞机发送一份修改飞机下传当前位置电报时间间隔的电报，要求 DSP 进行信息传输确认，同时向飞机 B-2470、B-2471、B-2472 发送同样内容的报文样例。要求将 B-2496、B-2470、B-2471、B-2472 飞机下传位置报告的时间间隔更改为 5 min。

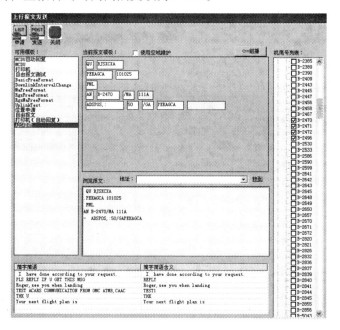

图 3.28　上行修改飞机下传当前位置电报时间间隔的发送模板

2. 与飞行员的信息交互

与飞行机组进行数据通信时，需要完成下面的工作：

（1）确定飞机的飞机注册号（机尾号），如 B-2496。

（2）需要确定与飞行机组通信的内容是否需要在飞机上直接打印，以确定与飞机进行通信使用的上传报文模板基本类型（报文发送至机载打印机或机载显示设备）。

（3）需要明确与机组进行通过时，是否需要数据通信服务提供商（DSP）进行数据传输的确认，即向地面报告飞机机载设备是否接收到地面上传的信息（注意此时指机载设备是否收到信息，而不是飞行机组）。需要 DSP 进行信息传输确认时，在报文的对应位置需要添加"/MA NNNA"标志（NNN 为三位的十进制数字）。

（4）是否需要制定信息传输的具体位置，如明确制定通过北京首都机场的 VHF 地面站向飞机发送信息。需要时，需要在报文的指定位置添加"/GL AAA"标志（AAA 为指定机场 VHF 地面站的三字代码）。

当上述内容确定后，发送上传报文使用的模板就确定了。此时，飞行签派人员只需在上行报文模板的相应位置填写希望与飞行机组通信的内容即可。图 3.29 给出了向 B-2496 飞机发送一份至机载显示设备，并要求 DSP 进行信息传输确认，同时向飞机 B-2470、B-2471、B-2472 发送同样内容的报文样例。

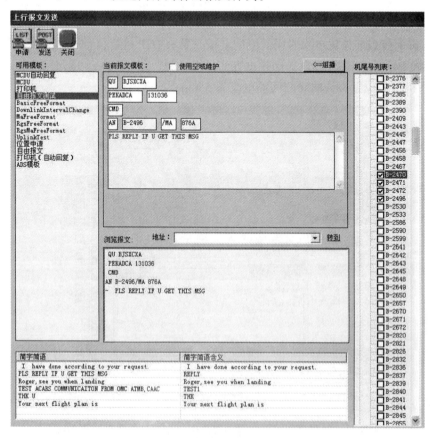

图 3.29　上行自由格式电报发送模板

3.9.2.5　常见问题处理

飞行签派员在使用地空数据链通信系统的时候，比较常见的问题主要有以下几种。

1. 长时间无法收到某架/某些飞机的报文

产生该问题的原因主要有：

（1）飞行签派员使用的终端系统与相关的服务器系统连接故障，该故障需要寻求公司相应系统管理或维护人员的帮助。

（2）公司的数据通信网关系统与数据通信网络的连接出现异常，该故障需要寻求公司相应系统管理或维护人员的帮助。

（3）飞机地空数据通信设备异常，该异常需要公司机务相关人员予以解决。

（4）飞机地空数据通信数据收发电台未处于当地空域数据通信服务提供商的有效通信频段内，该异常需要公司机务相关人员予以解决，飞行人员通过合理选择飞机地空数据通信频率表也可解决该问题。

（5）飞机地空数据通信收发电台未处于数据通信状态，解决该问题需要飞行员将地空数据通信用电台的状态调整为数据通信（DATA）状态。

2. 发送的报文出现很多超时情况

产生该问题的原因主要有，公司的数据通信网关系统与数据通信网络的连接出现异常，该故障需要寻求公司相应系统管理或维护人员的帮助。

3. 发送的报文出现"发送失败"情况

产生该问题的原因主要有：

（1）飞机地空数据通信设备异常，该异常需要公司机务相关人员予以解决。

（2）飞机地空数据通信数据收发电台未处于当地空域数据通信服务提供商的有效通信频段内，该异常需要公司机务相关人员予以解决，飞行人员通过合理选择飞机地空数据通信频率表也可解决该问题。

（3）飞机地空数据通信收发电台未处于数据通信状态，解决该问题需要飞行员将地空数据通信用电台的状态调整为数据通信（DATA）状态。

3.9.3　管制员应用

3.9.3.1　空中交通管制电报内容、种类和功能

进行空中交通管制与服务时生成的电报分为自动生成与手动触发两种。

在空中交通管制与服务应用中出现的自动生成报文，包括地空数据通信服务提供商产生的报文转发确认报告，以及地面管制与服务系统自动生成的应答飞行人员的报文。

管制员、飞行员之间通过机载设备页面操作，以及地面应用系统操作生成的报告为人工触发的报文，包括起飞前放行系统中的 RCD、CLD、CDA 报文。

3.9.3.2　常见问题处理

管制员在与飞机、飞行员信息交互时，比较常见的问题是，出现无法通过数据通信网络发送报文。产生该问题的原因和解决方法主要有：

（1）飞机地空数据通信设备异常，该异常需要航空公司机务相关人员予以解决。

（2）飞机地空数据通信数据收发电台未处于当地空域数据通信服务提供商的有效通信频段内，该异常需要公司机务相关人员予以解决，飞行人员通过合理选择飞机地空数据通信频率表也可解决该问题。

（3）飞机地空数据通信收发电台未处于数据通信状态，解决该问题需要飞行员将地空数据通信用电台的状态调整为数据通信（DATA）状态。

3.9.3.3　地面应用系统的操作方法

数据链在空管的应用包括数字式飞行放行许可（PDC）、数字化自动终端区信息服务（D-ATIS）和管制员-飞行员数据链通信（CPDLC）等。下面以数字式飞行放行许可（PDC）为例介绍地面应用系统的操作方法。其操作步骤如下。

1. 初始设置

（1）启动 PDC 系统，其页面如图 3.30 所示。可查看激活的飞行计划。

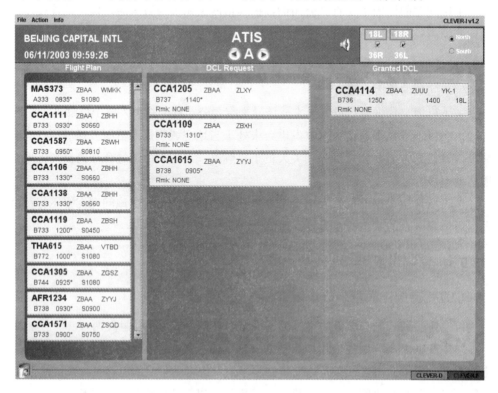

图 3.30　PDC 系统界面

（2）设置当前的 ATIS 标识和使用的跑道.

可通过 ATIS 的左右箭头来选择当前的 ATIS 标识；利用图中右上角的跑道选择界面来对跑道信息进行设置。设置完成后，PDC 系统会在起飞放行电子进程单中自动帮助管制员填写相应内容。

2. 放行请求

起飞前 10 min，飞行员会通过机载设备发送 PDC 放行请求；PDC 地面系统检查请求内容无误后，会自动处理并显示在 PDC 管制员终端上的[DCL Request]栏目中。当管制员发现此栏目中出现飞行进程单时，需要及时进行放行操作。

3. 放行准备

（1）管制员点击放行请求电子进程单，会弹出对应的放行信息对话框，在此进行放行信息的输入，如图 3.31 所示。PDC 系统会依据飞行员提出的请求信息和领航报（FPL）的信息进行预填写，并依据管制员预填写的跑道信息，约束离场程序规则（SID）、批准巡航高度等信息的选择范围。

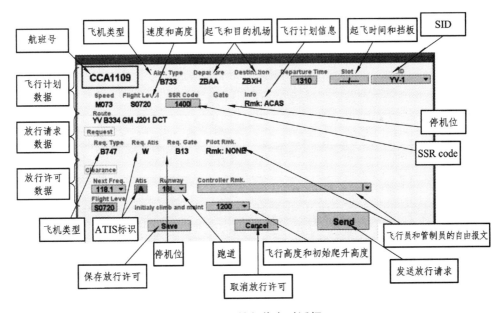

图 3.31　放行信息对话框

（2）管制员需要检查放行请求数据并填写 SSR code。

（3）管制员发送放行请求（点击[Send]按钮）。

4. 放行许可回复

（1）已发送放行请求的航班信息显示在[Granted DCL]窗口中，使用不同的颜色向管制员清晰的表明目前各航班的放行状态，如图 3.32 所示，不同的颜色的含义见表 3.2。

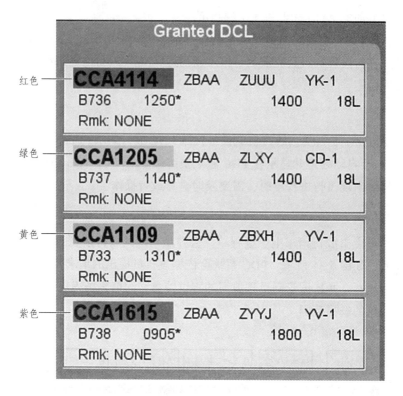

图 3.32　不同颜色表示的航班状态

表 3.2　不同颜色的含义

颜　色	含　义
紫色	收到逻辑确认报 （MAS）
绿色	按时收到正确的放行许可回复报文（CDA）
黄色	在规定的时间内没有收到放行许可回复报文（CDA），放行过程被取消
红色	收到的放行许可回复报文（CDA）不正确（不符合规定的格式， CRC 验证错误， 与发送的放行许可内容不符等），放行过程被取消
蓝色	放行许可过程已经通过语音方式完成

（2）当飞行员点击[Send]按钮后，飞行进程单会自动跳至[Granted DCL]栏目中，此时并没有任何颜色标识。

（3）当 PDC 系统在收到航班的逻辑确认后，会将对应的电子进程单显示为紫色，此时表明放行报文已经传送到飞行员端。

（4）当 PDC 系统收到飞行员对放行信息进行回复报文后，会自动进行放行校验，如果正确无误，会将对应的电子进程单显示为绿色，表明此航班放行工作已经成功完成。

如果检验失败，会将对应的电子进程单显示为红色，表明此航班放行失败，当管制员看到红色标记时，需要通过话音方式呼叫飞行员重新进行话音放行服务，如图 3.33 所示。

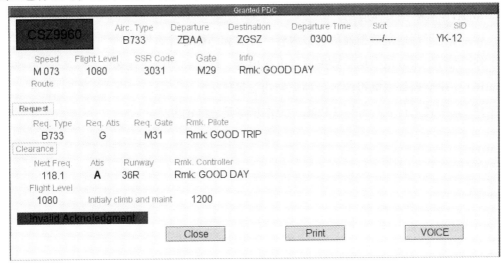

图 3.33　航班放行失败的显示

（5）PDC 系统中设定了相关的超时警告提示，如果在放行过程中某一步骤的操作时间超过了系统设定的警告时间，会将对应的电子进程单显示为黄色，此时表明此航班放行超时失败，当管制员看到黄色标记时，需要通过话音方式呼叫飞行员重新进行话音放行服务。

（6）当管制员通过话音方式将 PDC 放行失败的航班放行完毕后，可以通过点击 [Voice] 按钮手动改变颜色为蓝色，表明此航班已通过话音方式得到正确放行，用于帮助管制员标记航班放行状态。

思考题

1. 为什么要发展数据链通信？地空数据链通信提供的服务包括哪些？

2. 地空数据通信系统的组成？

3. 地空数据通信系统的时间流程是怎样的？

4. 当前的地空数据链包括哪些？ICAO 推荐使用的地空数据链有哪些？

5. 地空数据链在 ATC 和航空公司的应用具体有哪些？

6. ACARS 的组成和应用有哪些？

7. 简述 VDL 2 的分层结构。

8. VDL 4 的组成包括哪些？其分层结构是怎样的？

9. VDL 模式 4 数据链系统的三种通信结构的特点是什么？

10. 简述不同的数据链的应用区域。

11. AMSS 的组成包括哪些？ AMSS 有哪些信道？

12. 简述 ATN 是组成和各部分的作用。

13. ATN 有哪些具体应用？

14. 飞行下行地空数据通信电报内容、种类和功能是什么？

15. 飞行签派应用中地空数据通信电报内容、种类和功能是什么？

16. 空中交通管制电报内容、种类和功能是什么？

17. 数字式飞行放行许可（PDC）操作步骤是怎样的？

第 4 章　民航导航系统

4.1　全球卫星导航系统概况

GNSS 是 Global Navigation Satellite System 的缩写，译为"全球导航卫星系统"。全球导航是相对于陆基区域性导航而言，以此体现卫星导航的优越性。

在卫星导航系统发展的 20 世纪 90 年度后期，虽然 GPS、GLONASS 已经存在，并且 GPS 性能很好，但是国际民间普遍认为单个军用系统不论 GPS 或 GLONASS 虽然具有短时可用性，但缺乏长期可用性，航空应用上更是如此。早在 20 世纪 90 年代中期开始，欧盟一直在致力于一个雄心勃勃的民用全球导航卫星系统计划，称之为 Global Navigation Satellite System。该计划分两步实施：第一步是建立一个综合利用美国 GPS 系统和俄罗斯 GLONASS 系统的第一代全球导航卫星系统（当时称为 GNSS-1）；第二步是建立一个完全独立于美国 GPS 系统和俄罗斯 GLONASS 系统之外的第二代全球导航卫星系统，即正在建设中的 Galileo 卫星导航定位系统。

目前，按照 ICAO 对 GNSS 的定义，GNSS 是所有在轨工作的卫星导航系统的总称，主要包括 GPS 卫星全球定位系统、GLONASS 全球导航卫星系统、Galileo 卫星导航定位系统、北斗卫星导航定位系统、WAAS 广域增强系统、EGNOS 欧洲静地卫星导航重叠系统、GAGAN GPS 静地卫星增强系统，以及印度区域导航卫星系统等。

GNSS 连续的全球覆盖能力使得飞机能直接从一个地方飞到另一个地方。在 GNSS 接收机中包含有数据链功能，可将飞机位置实时发送到相关飞机和 ATC，实现对飞机飞行的自动监视，提供防撞信息；可使用最佳航路以降低航行时间和油耗，这些将形成 ICAO 未来空中航行系统的重要组成部分。

4.1.1　全球定位系统

定时与测距的导航卫星系统（Global Positioning System，GPS）的含义是利用导航卫星进行测时和测距，使在地球上任何地方的用户，都能计算出他们所处的方位，以构成全球定位系统。

20 世纪 70 年代，随着美苏军备竞赛的升级，美国的军事领域迫切需要能够在世界范围内应用的精确定位系统，因此不惜斥资 120 亿美元研制了 GPS 系统。1978 年，美国成功发射了第一颗用于 GPS 系统的卫星，经过 20 余年的研究实验，耗资 300 亿美元，到

1994 年，全球覆盖率高达 98%的 24 颗 GPS 卫星星座已布设完成，1995 年美国宣布达到全运行能力。

4.1.2 "格洛纳斯"全球导航卫星系统

GPS 系统的广泛应用，引起了世界各国的关注。苏联在全面总结 CICADA 第一代卫星导航系统优劣的基础上，认真吸收了美国 GPS 系统的成功经验，自 1982 年 10 月开始研制发射第二代导航卫星——格洛纳斯系统（GLObal NAvigation Satellite System，GLONASS），至 1996 年 1 月 18 日系统正式运行，主要为军用，也可供民用。苏联的解体让格洛纳斯受到很大影响，正常运行卫星数量大减，甚至无法为俄罗斯本土提供全面导航服务。到 21 世纪初，随着俄罗斯经济的好转，格洛纳斯也开始恢复元气，推出了格洛纳斯-M 和更现代化的格洛纳斯-K 卫星更新星座，已经于 2011 年 1 月 1 日在全球正式运行。根据俄罗斯联邦太空署信息中心提供的数据（2012 年 10 月 10 日），目前有 24 颗卫星正常工作、3 颗维修中、3 颗备用、1 颗测试中。

GLONASS 系统由空间卫星、地面控制、用户接收机三部分组成。

GLONASS 空间卫星由 21 颗工作卫星和 3 颗备用卫星组成，星座的轨道为 3 个等间隔圆轨道，卫星离地高度为 19 100 km，轨道倾角 64.8°，每条轨道上等间隔分布 8 颗卫星，如图 4.1 所示。该系统在高纬度地区可视性较好，卫星采用频分多址方式分辨 24 颗卫星。

GLONASS 卫星向空间辐射两种载波信号，$L_1 =$ 1.6 GHz，$L_2 = 1.2$ GHz，L_2 为民用，L_1 和 L_2 为军用。每颗 GLONASS 卫星上装有铯原子钟和星载计算机，以便产生高稳定的时间标准，并且能从地面控制系统接收专用信息进行处理，以生成导航电文向用户广播。

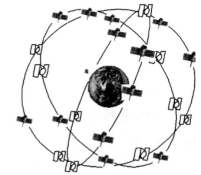

地面控制部分包括一个系统控制中心、一个指令跟踪站，都分布在俄罗斯境内。指令跟踪站跟踪可视卫星，它遥测所有卫星，进行测距数据的采集和处理，并向各卫星发送控制指令和导航信息。

图 4.1　GLONASS 星座

GLONASS 接收机自动接收导航信号，进行测距和测速，同时从卫星信号中选出并处理导航电文。GLONASS 接收机中的计算机对所有输入数据处理并算出位置坐标的 3 个分量、速度矢量的三个分量和精密时间。

4.1.3 伽利略卫星导航系统

伽利略卫星导航系统（Galileo satellite navigation system），是由欧盟研制和建立的全球卫星导航定位系统。该计划于 1999 年 2 月系统由欧洲委员会公布，欧洲委员会和欧空局共同负责。2012 年 10 月，伽利略全球卫星导航系统第二批 2 颗卫星成功发射升空，太空中已有的 4 颗正式的伽利略系统卫星，叵以组成网络，初步发挥地面精确定位的功能。

伽利略卫星导航系统由空间段、地面段和用户组成。

空间段由分布在三个轨道上的 30 颗中等高度轨道卫星（MEO）构成，30 颗卫星均匀分布在 3 个中高度圆形地球轨道上，如图 4.2 所示。轨道高度为 23 616 km，轨道倾角 56°，轨道升交点在赤道上相隔 120°，卫星运行周期为 14 h，每个轨道面上有 1 颗备用卫星。某颗工作星失效后，备份星可迅速进入工作位置，替代其工作，而失效星将被转移到高于正常轨道 300 km 的轨道上。这样的星座可为全球提供足够的覆盖范围。

地面段包括两个位于欧洲的 Galileo 控制中心和 20 个分布在全球的 Galileo 传感站。除此之外还有若干个实现卫星和控制中心进行数据交换的工作站。Galileo 控制中心主要负责控制卫星的运转和导航任务的管理。20 个传感站通过通信网络向控制中心发传送数据。

用户端主要就是用户接收机及其等同产品，伽利略系统考虑将与 GPS、GLONASS 的导航信号一起组成复合型卫星导航系统，因此用户接收机将是多用途、兼容性接收机。Galileo 系统为地面用户提供 3 种信号：免费使用的信号、加密且需付费使用

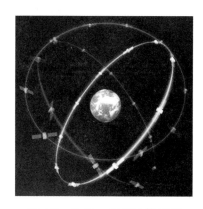

图 4.2　Galileo 卫星导航星座

的信号、加密且能满足更高要求的信号，其精度依次提高，免费使用的信号精度预计为 10 m。

4.1.4　我国的"北斗"导航卫星定位系统

北斗卫星导航系统（以下简称北斗系统）是中国着眼于国家安全和经济社会发展需要，自主建设运行的全球卫星导航系统，是为全球用户提供全天候、全天时、高精度的定位、导航和授时服务的国家重要时空基础设施。

4.1.4.1　北斗卫星导航系统概况

中国北斗卫星导航系统（BeiDou Navigation Satellite System，BDS）是中国自行研制的全球卫星导航系统。是继美国全球定位系统、俄罗斯格洛纳斯卫星导航系统之后第三个成熟的卫星导航系统。北斗卫星导航系统和美国 GPS、俄罗斯 GLONASS、欧盟 Galileo，是联合国卫星导航委员会已认定的供应商。

北斗系统提供服务以来，已在交通运输、农林渔业、气象测报、通信授时、救灾减灾、公共安全等领域得到广泛应用，服务国家重要基础设施，产生了显著的经济效益和

社会效益。基于北斗系统的导航服务已被电子商务、移动智能终端制造、位置服务等厂商采用，广泛进入中国大众消费、共享经济和民生领域，应用的新模式、新业态、新经济不断涌现，深刻改变着人们的生产生活方式。

北斗系统秉承"中国的北斗、世界的北斗、一流的北斗"发展理念，愿与世界各国共享北斗系统建设发展成果，促进全球卫星导航事业蓬勃发展，为服务全球、造福人类贡献中国智慧和力量。北斗系统为经济社会发展提供重要时空信息保障，是中国实施改革开放 40 余年来取得的重要成就之一，是中国贡献给世界的全球公共服务产品。

建设世界一流的卫星导航系统，满足国家安全与经济社会发展需求，为全球用户提供连续、稳定、可靠的服务；发展北斗产业，服务经济社会发展和民生改善；深化国际合作，共享卫星导航发展成果，提高全球卫星导航系统的综合应用效益。

4.1.4.2　北斗卫星导航系统发展历程

2020 年 7 月 31 日，习近平总书记向世界宣布北斗三号全球卫星导航系统正式开通，北斗迈进全球服务新时代，民航的北斗应用也逐步开展起来。

从技术角度来看，20 世纪后期，中国开始探索适合国情的卫星导航系统发展道路，逐步形成了三步走发展战略：

第一步，即区域性导航系统，2000 年年底，建成北斗一号系统，向中国提供服务。

第二步，2012 年年底，发射 12 颗到 14 颗卫星任务，组成区域性、可以自主导航的定位系统，建成北斗二号系统，向亚太地区提供服务。

第三步，2020 年，建成北斗三号系统，向全球提供服务。

其中，我国自行研制的第一颗导航定位卫星——"北斗导航试验卫星"，于 2000 年 11 月 1 日凌晨 0 时 02 分在西昌卫星发射中心发射升空，并准确进入预定轨道。2000 年 12 月 22 日凌晨 0 时 20 分第二颗"北斗导航试验卫星"发射成功，这两颗试验卫星构成了我国"北斗双星导航定位系统"。2003 年 5 月 25 日又发射了导航定位系统的备份卫星，它与前两颗卫星组成了完整的卫星导航定位系统，确保全天候、全天时提供卫星导航信息。

双星导航定位系统定位的基本原理为空间球面交会测量原理。如图 4.3 所示，地面中心站通过两颗卫星向用户询问，用户应答后测量并计算出用户到两颗卫星的距离；然后根据地面中心站的数字地图，由地面中心站算出用户到地心的距离，再根据两颗卫星和地面中心站的已知地心坐标计算出用户的三维位置，由卫星发给用户。北斗一号服务区域主要是在东经 70°～145°，北纬 5°～55°区域，定位精度达到水平 20 m，垂直 10 m，短报文每次最多可传送 120 个汉字，授时精度单向 100 ns，双向 20 ns。

2004 年，中国启动了具有全球导航能力的北斗卫星导航系统的建设（北斗二号），并在 2007 年发射一颗中地球轨道卫星，进行了大量试验。2009 年起，后续卫星持续发射，并在 2011 年开始对中国和周边地区提供测试服务，2012 年完成了对亚太大部分地区的覆盖并正式提供卫星导航服务。北斗二号提供两种服务方式，即开放服务和授权服务（属于第二代系统）。开放服务是在服务区免费提供定位、测速和授时服务，授权服务是向授权用户提供更安全的定位、测速、授时和通信服务以及系统完好性信息。北斗二号服务区域主要是在东经 55°～180°，南纬 55°～北纬 55°区域，定位精度达到水平 10 m，垂直 10 m，短报文每次最多可传送 120 个汉字，授时精度单向 50 ns，双向 20 ns。

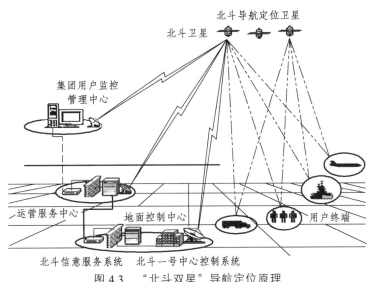

图 4.3　"北斗双星"导航定位原理

北斗三号具备导航定位和通信数传两大功能，可提供定位导航授时、全球短报文通信、区域短报文通信、国际搜救、星基增强、地基增强和精密单点定位共七类服务，是功能强大的全球卫星导航系统。我国在 2009 年启动北斗三号工程建设，2018 年 12 月 26 日，北斗三号基本系统开始提供全球服务，可为"一带一路"国家和地区提供基本服务。2019 年 9 月，北斗系统正式向全球提供服务，在轨 39 颗卫星中包括 21 颗北斗三号卫星，有 18 颗运行于中圆轨道、1 颗运行于地球静止轨道、2 颗运行于倾斜地球同步轨道。2019 年 9 月 23 日，在西昌卫星发射中心用长征三号乙运载火箭，成功发射第 47、48 颗北斗导航卫星。2019 年 11 月，成功发射第 49 颗北斗导航卫星，北斗三号系统最后一颗倾斜地球同步轨道（IGSO）卫星全部发射完毕。12 月 16 日，在西昌卫星发射中心以"一箭双星"方式成功发射第 52、53 颗北斗导航卫星。至此，所有中圆地球轨道卫星全部发射完毕。北斗三号服务区域主要是全球范围内，定位精度优于水平 2.5 m，垂直 5 m，测速精度优于 0.2 m/s，短报文最高每次 1 000 汉字，可传输语音和图片，授时精度优于 20 ns，系统连续性提升至 99.998%。

4.1.4.2　北斗卫星导航系统组成

北斗卫星导航系统由空间段、地面控制段和用户段三部分组成。

1. 空间段

空间段包括 5 颗静止轨道卫星（GEO）和 30 颗非静止轨道卫星，如图 4.4 所示。其中非静止卫星包括倾斜地球同步轨道卫星（IGSO）和中圆地球轨道卫星（MEO）。北斗系统首创了由 GEO 卫星、IGSO 卫星和 MEO 卫星三种卫星组成的混合星座，提升了卫星服务的精度、连续性、可用性，功能丰富、性能优异。

2. 地面控制段

地面控制段包括主控站、注入站和监测站等若干个地面站。

主控站用于系统运行管理与控制等。主控站从监测站接收数据并进行处理，生成卫星导航电文和差分完好性信息，而后交由注入站执行信息的发送。

注入站用于向卫星发送信号，对卫星进行控制管理，在接受主控站的调度后，将卫星导航电文和差分完好性信息向卫星发送。

监测站用于接收卫星的信号，并发送给主控站，可实现对卫星的监测，以确定卫星轨道，并为时间同步提供观测资料。

用户端由北斗用户终端以及与美国 GPS、俄罗斯格洛纳斯、欧洲伽利略等其他卫星导航系统兼容的终端组成。

北斗导航终端与 GPS、伽利略和格洛纳斯相比，优势在于短信服务和导航结合，增加了通信功能；全天候快速定位，极少的通信盲区，精度与 GPS 相当，而在增强区域也就是亚太地区，甚至会超过 GPS；向全世界提供的服务都是免费的，在提供无源定位导航和授时等服务时，用户数量没有限制，且与 GPS 兼容；特别适合集团用户大范围监控与管理，以及无依托地区数据采集用户数据传输应用；独特的中心节点式定位处理和指挥型用户机设计，可同时解决"我在哪？"和"你在哪？"；自主系统，高强度加密设计，安全、可靠、稳定，适合关键部门应用。

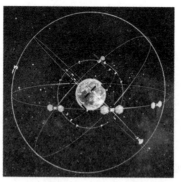

图 4.4　北斗三号星座

4.1.4.2　北斗卫星导航系统的时间系统和坐标系统

北斗卫星导航系统采用的时间基准为北斗时（BDT），它是一种原子时，以国际单位制秒为基本单位而连续累计，不用调秒的形式，起始历元为协调世界时（UTC）2006 年 1 月 1 日 0 时 0 分 0 秒，采用周和周内秒的计数形式。北斗时（BDT）溯源到协调世界时 UTC（NTSC），与 UTC 的时间偏差小于 100 ns。BDT 与 GPS 时和 Galileo 时的互操作在北斗设计时间系统时已经考虑，BDT 与 GPS 时和 Galileo 时的时差将会被监测和发播。

北斗系统采用中国 2000 大地坐标系（CGS2000）。2000 国家大地坐标系是全球地心坐标系在我国的具体体现，其原点为包括海洋和大气的整个地球的质量中心，z 轴指向 BIH1984.0 定义的协议极地方向（BIH 国际时间局），x 轴指向 BIH1984.0 定义的零子午面与协议赤道的交点，y 轴按右手坐标系确定。

2000 国家大地坐标系采用的地球椭球参数：长半轴 a=6 378 137 m，扁率 f=1/298.257 222 101，短半轴 b=6 356 752.3141 4 m。

4.2　全球定位系统

1958 年 12 月，美国海军武器实验室和詹斯·霍普金斯（Johns Hopkins）大学物理实验室为了给美国海军"北极星"核潜艇提供全球性导航，开始研制一种卫星导航系统，称之为美国海军导航卫星系统（Navy Navigation Satellite System，NNSS）。1973 年 12 月，美国国防部在总结了 NNSS 系统的优劣之后，批准美国海陆空三军联合研制新一代卫星导航系统——NAVSTAR GPS，即目前的"授时与测距导航系统/全球定位系统"（Navigation Satellite Timing And Ranging / Global Positioning System）通常称之为全球定位系统，简称为 GPS 系统。GPS 系统是继阿波罗计划、航天飞机计划之后的又一个庞大的空间计划。

4.2.1　GPS 系统的组成

GPS 系统主要由空间卫星部分、地面控制站组和用户设备三大部分组成。

4.2.1.1　GPS 空间卫星部分

GPS 空间卫星部分是由 24 颗卫星所组成，21 颗工作卫星和 3 颗在轨备用卫星共同组成了 GPS 卫星星座，如图 4.5 所示。这 24 颗卫星分布在 6 个倾角为 55°的轨道上绕地球运行，各个轨道平面之间相距 60°，轨道平均高度 20 200 km，运行速度为 3 800 m/s，卫星的运行周期约为 12 恒星时（11 h 58 min）。这样，对于地面观测者来说，每天将提前 4 min 见到同一颗 GPS 卫星。位于地平线以上的卫星颗数随着时间和地点的不同而不同，最少可见到 4 颗，最多可以见到 11 颗。

GPS 卫星分为 Block-Ⅰ 和 Block-Ⅱ 两类。1978—1985 年总共发射了 11 颗 Block-Ⅰ 卫星，轨道倾角为 63°，卫星高度 20 183 km；1989—1990

图 4.5　GPS 星座

年共发射了 9 颗 Block-Ⅱ卫星，轨道倾角为 55°，发射信号加密，星上存储数据及自制工作能力为两星期；1990—1994 年，共发射了 15 颗 Block-ⅡA 卫星，离地高度调整为 20 230 km；1997—2004 年共发射了 13 颗 Block-ⅡR 卫星，其中 12 颗发射成功；2005—2009 年，共发射了 8 颗 Block-ⅡR-M 卫星，首次运用了 L2C；计划在 2010 年后发射 12 颗 Block-ⅡF。第一颗 Block-ⅡF 于 2010 年 5 月 28 日发射，8 月 27 日正式投入运行，该卫星第一次运行民用 L5 频段信号。

GPS 卫星由无线电收发机、天线、原子钟、计算机、太阳能电池等组成，其中原子钟是卫星的核心设备，每颗卫星配置有多台高精度原子钟，不同的卫星配置有铷原子钟、铯原子钟或氢原子钟，其中氢原子钟的相对频率稳定达 10^{-14}/s，误差只有 1 m。

在 GPS 系统中，CPS 卫星星座的功能如下：

（1）用 L 波段的两个无线载波（L_1 = 1 575.42 MHz，L_2 = 1 227.60 MHz）向广大用户连续不断地发送导航定位信号。包括提供精密时间标准、粗捕获码 C/A 码、精密测距 P 码和反映卫星当前空间位置和卫星工作状态的导航电文。

（2）在卫星飞越注入站上空时，接收由地面注入站用 S 波段（10 cm 波段）发送到卫星的导航电文和其他有关信息，并适时发送给广大用户。

（3）接收地面主控站通过注入站发送到卫星的调度命令，适时地调整卫星的姿态，改正卫星运行轨道偏差，启用备用卫星。

4.2.1.2　地面控制站组

GPS 的地面控制站组由分布在全球的若干个跟踪站所组成的监控系统所构成，根据其作用的不同，这些跟踪站又被分为主控站、监控站和注入站，如图 4.6 所示。

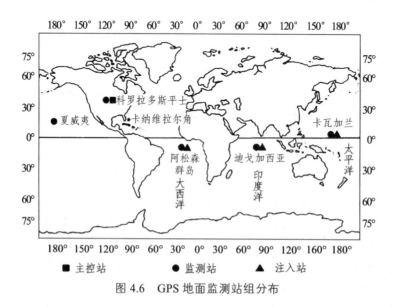

图 4.6　GPS 地面监测站组分布

1. 主控站

主控站只有一个，设在美国本土科罗拉多斯平士（Colorado Springs）的联合空间执行中心。它有如下作用。

（1）根据各监控站对 GPS 的观测数据，计算出卫星的星历、卫星钟的改正参数和大气层的修正参数等，并把这些数据传送到注入站，并通过注入站注入到卫星。

（2）提供全球定位系统的时间基准。各测站和 GPS 卫星的原子钟，均应与主控站的原子钟同步，或测出其间的钟差，并把这些钟差信息编入导航电文，送到注入站。

（3）对卫星进行控制。当工作卫星出现故障时，向卫星发布指令，调度备用卫星，替代失效的卫星。另外，主控站也具有监控站的功能。

（4）调整偏离轨道的卫星，使之沿预定的轨道运行。

2. 监控站

地面监控站有 5 个，除了主控站外，其他 4 个分别位于夏威夷（Hawaii）、阿松森群岛（Ascencion）、迪戈加西亚（Diego Garcia）、卡瓦加兰（Kwajalein），监控站的作用是接收卫星信号，监测卫星的工作状态。

监控站是在主控站直接控制下的数据自动采集中心。站内设有双频 GPS 接收机、高精度原子钟、计算机各一台和若干台环境数据传感器。接收机对 GPS 卫星进行连续观测，以采集数据和监测卫星的工作状况。原子钟提供时间标准，而环境传感器收集有关当地的气象数据。所有观测资料由计算机进行初步处理，并储存和传送到主控站，用以确定卫星的轨道。

3. 注入站

注入站的作用是将主控站计算出的卫星星历和卫星钟的改正数等信息注入到卫星中去。注入站现有 3 个，分别设在印度洋的迪戈加西亚（Diego Garcia）、南大西洋阿松森群岛（Ascencion）和南太平洋的卡瓦加兰（Kwajalein）。注入站的主要设备包括一台直径为 3.6 m 的天线，一台 C 波段发射机和一台计算机。其主要任务是在主控站的控制下将主控站推算和编制的卫星星历、钟差、导航电文和其他控制指令等，注入到相应卫星的存储系统，并检测注入星系的正确性。整个 GPS 的地面监控部分，除主控站外均无人值守。各站间用现代化的通信网络联系起来，在原子钟和计算机的驱动和精确控制下，各项工作实现了高度的自动化和标准化。

4.2.1.3　用户设备

GPS 的用户设备由 GPS 接收机、数据处理软件及相应的用户设备如计算机及其终端设备等组成。

GPS 接收机一般包括主机、天线、控制器和电源，主要功能是接收 GPS 卫星发射的信号，能够捕获到按一定卫星高度截止角所选择的待测卫星的信号，并跟踪这些卫星的运行，获得必要的导航和定位信息及观测量；对所接收到的 GPS 信号进行变换、放大和处理，以便测量出 GPS 信号从卫星到接收机天线的传播时间，解译出 GPS 卫星所发送的导航电文，实时地计算出用户的三维位置、三维速度和时间，并经简单数据处理而实现实时导航和定位。GPS 软件部分是指各种数据处理软件包，其主要作用是对观测数据进行精加工，以便获得精密定位结果。

GPS 导航仪可按照载体、用途、通道数量、静动态码来进行分类。其中，用于飞机使用的是机载高动态多通道 C/A 码接收机。飞机上的 GPS 接收机天线在跟踪 GPS 卫星的过程中相对地球运动，接收机用 GPS 信号实时地测得飞机的状态参数（瞬间三维位置和三维速度），从而可测定一架飞机的运行轨迹。

GPS 接收机的结构分为天线单元和接收单元两大部分。天线单元包括由天线和前置放大器组成，天线有定向天线、偶极子天线、微带天线、螺旋天线等。接收单元包括信号通道、存储器、处理器、显示控制单元等。

根据 GPS 用户的不同要求，所需的接收设备各异。随着 GPS 定位技术的迅速发展和应用领域的日益扩大，许多国家都在积极研制、开发适用于不同要求的 GPS 接收机及相应的数据处理软件。

4.2.2　GPS 卫星信号

GPS 卫星发射的信号由载波、测距码和导航电文三部分组成，如图 4.7 所示。每个卫星都发射两个频率的载波信号，一个 $L_1 = 1\ 575.42$ MHz，另一个 $L_2 = 1\ 227.6$ MHz，是基准频率 1.023 MHz 的 154 倍和 120 倍，它们的波长分别为 19.03 cm 和 24.42 cm。在两个载波上调制导航信息和伪随机码。为了保密、抗干扰、精确测距和卫星信号的识别，GPS 系统采用伪码扩频调制技术，把窄频带的导航数据码（基带信号）用伪随机码扩频，再调制到载波上，并通过天线发射出去。

$$
\left.
\begin{aligned}
&L_1\text{：} A_c C(t) D(t) \sin\left(2 f_1 t + \phi_c\right) + A_p P(t) D(t) \cos\left(2 f_1 t + \phi_{p1}\right) \\
&L_2\text{：} A_p P(t) D(t) \cos\left(2 f_2 t + \phi_{p2}\right)
\end{aligned}
\right\}
\tag{4.1}
$$

式中　$P(t)$，$C(t)$——P 码和 C/A 码；

　　　A_c，A_p——振幅；

　　　$D(t)$——导航数据码。

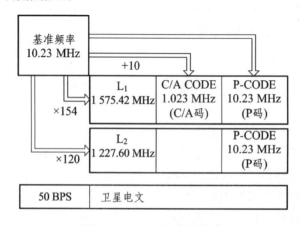

图 4.7　GPS 卫星信号构成

4.2.2.1　测距码

测距码包括 C/A 码和 P 码。C/A 码又称为粗捕获码，它被调制在 L_1 载波上，是 1.023 MHz 的伪随机噪声码（PRN 码）。由于每颗卫星的 C/A 码都不一样，因此，我们用它们的 PRN 号来区分不同的卫星，即采用码分多址（CDMA）技术。C/A 码是普通用户用以测定用户到卫星之间距离的一种主要的信号。

1. C/A 码

C/A 码的特征数据是：码长 $N_u = 2^{10} - 1 = 1023$ bit；码元宽度 $t_0 = 1/f \approx 0.977\ 52$ μs；相应长度 $L = 293.1$ m；周期 $T_u = N_u \cdot t_0 = 1$ ms；数码率 BPS = 1.023 Mbit/s。

根据 C/A 码的特征数据，C/A 码具有项目的特性：

（1）由于 C/A 码的码长较短（周期小于 1 ms），在 GPS 导航和定位中，为了捕获 C/A 码以测定卫星信号传播的时间延迟，通常对 C/A 码进行逐个搜索，而 C/A 码总共只有 1 023 个码元，若以每秒 50 码元的速度搜索，仅需约 20.5 s 便可完成，易于捕获。

（2）C/A 码的码元宽度 0.977 52 μs，对应的空间矢距 $L = 293.1$ m 较大。若两个序列的码元相关误差为码元宽度的 1/10 ～ 1/100，则此时所对应的测距误差可达 29.3 ～ 2.9 m。故其精度较低，所以称 C/A 码为粗捕获码。

2. P 码

P 码又被称为精码，它被调制在 L_1 和 L_2 载波上，是 10.23 MHz 的伪随机噪声码，直接使用由卫星上的原子钟所产生的基准频率，即 $f_p = f_0 = 1.023$ MHz。该测距码同时调制在 L_1 和 L_2 两个载波上，可较完善地消除电离层延迟，故用它来测距可获得较精确的结果。P 码在实施 AS 时，P 码与 W 码进行模二相加生成保密的 Y 码，此时，一般用户无法利用 P 码来进行导航定位。

P 码的特征数据：码长 $N_u = 2.35 \times 1\ 014$ bit；码元宽度 $t_u = 0.097\ 752$ μs；相应长度 $L = 29.3$ m；数码率 BPS = 10.23 Mbit/s；如图 4.7 所示，周期 $T_u = N_u \cdot t_u = 267$ 天，一个周期中约含 6.2 万亿个码元。实际上 P 码的一个整周期被分为 38 部分，每一部分周期为 7 天，码长约 6.19×10^{12} bit。其中有 5 部分由地面监控站使用，其他 32 部分分配给不同的卫星，1 个部分闲置。这样，每颗卫星所使用 P 码便具有不同的结构，易于区分，但码长和周期相同。

P 码具有的特性：

（1）因为 P 码的码长较长（6.19×10^{12} bit），在 GPS 导航和定位中，如果采用搜索 C/A 码的办法来捕获 P 码，即逐个码元依次进行搜索，当搜索的速度仍为每秒 50 码元时，约需 14×15^5 天，那将是无法实现的，不易捕获。因此，一般都是先捕获 C/A 码，然后根据导航电文中给出的有关信息，便可捕获 P 码。

（2）P 码的码元宽度 0.097 752 μs，每个码元所持续的时间为 C/A 码的 1/10，对应的空间矢距为 $L = 29.3$ m 较大。若两个序列的码元相关误差仍为码元宽度的 1/10 ～ 1/100，则此时所引起的测距误差仅有 2.93 ～ 0.293 m，为 C/A 码的 1/10。所以 P 码可用于较精密的导航和定位，称为精码。

3. L2C 码

L2C 码称为城市码，它被调制在 L₂ 载波上，L2C 信号包括 2 个 PRN 码，即 CM 码和 CL 码。2005 年 9 月 23 日第一颗具有广播 L2C 信号功能的 GPS 卫星。L2C 码同样可以提供高质量（低相噪，高灵敏度）的数据来进行导航定位。

4.2.2.2　导航电文

导航信息被调制在 L_1 载波上，其信号频率为 50 Hz，包含有 GPS 卫星的轨道参数、卫星钟改正数和其他一些系统参数。用户一般需要利用此导航信息来计算某一时刻 GPS 卫星在地球轨道上的位置，导航信息也被称为广播星历。

导航电文的传输速率为 50 bit/s，以"帧"为单位向外发送。每帧的长度为 1 500 bit，播发完一个主帧需 30 s。一个主帧包括 5 个子帧。每个子帧均包含 300 bit，播发时间为 6 s。每个子帧又可分为 10 个字，每个字都由 30 bit 组成。其中第四、五两个子帧各有 25 个页面，需要 750 s 才能将 25 个页面全部播发完，如图 4.8 所示。第一、 二、三子帧每 30 s 重复一次，其内容每隔 2 h 更新一次。第四、五子帧每 30 s 翻转一页，12.5 min 完整地播发一次，然后再重复。其内容仅在卫星注入新的导航数据后才得以更新。

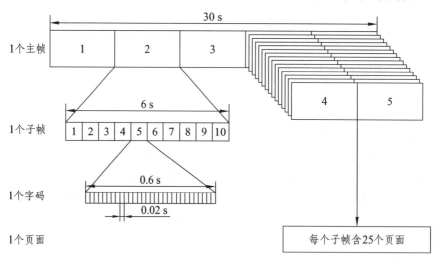

图 4.8　导航电文结构

一个主帧包括三个数据块：

第一数据块是位于第 1 子帧的第 3～10 字码，包括时延差改正、数据龄期和星期序号、卫星时钟改正。

第二数据块由导航电文的第 2 和第 3 子帧组成，其内容为 GPS 卫星星历，即描述卫星运行及其轨道参数的信息，提供有关计算卫星运行位置的数据，它是 GPS 卫星向导航、定位用户播发的主要电文。

　　第三数据块包括第 4 和第 5 两个子帧，其内容包括了所有 GPS 卫星的历书数据。当接收机捕获到某颗 GPS 卫星信号后，根据第三数据块提供的其他卫星的概略星历、时钟改正、卫星工作状态等数据，用户可以选择工作正常、位置适当的卫星，并较快地捕获所选择的卫星。

4.2.3　GPS 定位原理

4.2.3.1　卫星导航使用的坐标系

　　为建立卫星导航的数学公式，必须选定参考坐标系，以便表示卫星和接收机的状态。在建立公式时，使用的几个典型坐标系是地心惯性（ECI）坐标系、地心地球固连（ECEF）坐标系、世界测地坐标系（WGS-84）、地理坐标系等。

　　1. 地心惯性（ECI）坐标系

　　ECI 的原点在地球的质心，xy 平面与地球的赤道面重合，x 轴相对于地球来说永远指向特定的方向，z 轴与 xy 平面垂直而指向北极方向，x 轴、y 轴、z 轴形成右手坐标系。

　　ECI 是一种惯性坐标系。在 ECI 中，GPS 卫星服从牛顿运动定律和重力定律。由于地球是非规则球体，并存在非规则运动，所以，上面定义的坐标系并非真正惯性的。解决这个问题的办法是，在特定的时间瞬间规定各轴的指向。GPS ECI 坐标系用 2000 年 1 月 1 日 UTC 12:00 的赤道面取向作为基础。x 轴的方向从地球质心指向春分点，y 和 z 轴的规定如上所述。

　　2. 地心地球固连（ECEF）坐标系

　　为了计算 GPS 接收机的位置，使用叫作地心地球固连（ECEF）的随地球而旋转的坐标系更为方便。在这一坐标系中，更容易计算出接收机的纬度、经度和高度参数，并将其显示出来。和 ECI 坐标系一样，GPS 所用的 ECEF 坐标系其 xy 平面与地球赤道平面重合。然而在 ECEF 中，x 轴指向 0° 经度方向，Y 轴指向东经 90° 的方向。因此，x 轴和 y 轴随着地球一起旋转，在惯性空间中不再是固定的方向。在这种 ECEF 系中，将 z 轴选择为与赤道平面正交而指向地理北极，这样便形成了右手坐标系。

　　在计算 GPS 接收机的位置之前，必须将卫星星历信息从 ECI 变换到 ECEF 坐标系。完成这种变换是将旋转矩阵用到 ECI 坐标系中的卫星位置和速度矢量上。

　　GPS 导航计算处理的结果是在笛卡尔坐标系中，需要将笛卡尔坐标系变换为接收机的纬度、经度和高度，为完成这一变换，必须有描述地球的物理模型。

　　3. 世界测地坐标系（WGS-84）

　　在 GPS 中所使用的标准地球模型是美国国防部的世界测地坐标系（WGS-84）。WGS-84 的一部分是地球重力不规则性的详细模型。这种信息对于导出精确的卫星星历信息是必要的。WGS-84 提供的地球形状为椭球模型。地球的赤道横截面半径为

6 378.137 km，这是地球的平均赤道半径。在 WGS-84 中，垂直于赤道平面的地球横截面是椭圆。在包含有 z 轴的椭圆横截面中，长轴与地球赤道的直径相重合。因此长半轴 a 的值与上面给出的平均赤道半径相同。在 WGS-84 中短半轴 b 取为 6 356.752 314 2 km。其中，地球椭球的偏心率和扁平率计算为

$$e=\sqrt{1-\frac{b^2}{a^2}}\ ,\quad f=1-\frac{b}{a}$$

4. 用户测地坐标的确定

用户的地理坐标就是利用纬度、经度和高度来表示用户在地球表面上的位置。ECEF 坐标系是固定在 WGS-84 基准椭球上的，我们可以对应于基准椭球来定义纬度、经度和高度参数了，即根据在 ECEF 坐标系中的接收机位置，可以计算用户的测地坐标（纬、经度和高度）。

5. 卫星的轨道参数

在 GPS 系统中，卫星星历是描述不同时刻卫星在太空中的位置和速度的，而卫星在空间的位置则由描述卫星位置的轨道参数确定。

GPS 用户通过卫星广播星历，可以获得的有关卫星星历参数共有 17 个，其中包括 2 个参考时刻、6 个相应参考时刻的开普勒轨道参数和 9 个反映摄动力影响的参数。根据这些数据，便可外推出观测时刻 t 的轨道参数，以计算卫星在不同参考系中的相应坐标卫星的在空间的开普勒轨道参数有 6 个：Ω 为升交点赤道，ω 为近地点角，i 为轨道倾角，f 为真近点角，a 为长半轴，e 为轨道偏心率，如图 4.9 所示。轨道参数 Ω 和 i 定义了静止的轨道平面在空间的位置；ω 定义了近地点在轨道上的位置；a、e 则定义了轨道的大小和形状。

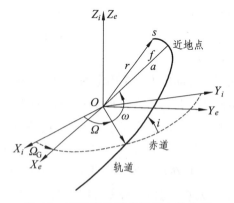

图 4.9　卫星在地球坐标系中的位置

在用 GPS 信号进行导航定位以及制定观测计划时，都必须已知 GPS 卫星在空间的瞬时位置。卫星位置的计算是根据卫星电文所提供的轨道参数按一定的公式计算的。

其中，卫星在地球坐标系中的位置，按图 4.9 可以直接写成如下公式：

$$\left.\begin{array}{l} x_s = r\cos(f+\omega)\cos(\Omega-\Omega_G) - r\sin(f+\omega)\sin(\Omega-\Omega_G)\cos i \\ y_s = r\cos(f+\omega)\sin(\Omega-\Omega_G) + r\sin(f+\omega)\cos(\Omega-\Omega_G)\cos i \\ z_s = r\sin(f+\omega)\sin i \end{array}\right\} \quad (4.2)$$

4.2.3.2　GPS 空间定位原理

GPS 是利用到达时间（TOA）测距的原理来确定用户的位置的。需要测量从已知位置的辐射源发出至到达用户所经历的时间，再乘以信号传播的光速，便得到从辐射源到用户的距离。接收机通过测量多个已知位置的辐射源所发射的信号到用户的时间，便能确定用户的位置。

假设只有一颗卫星发射信号，接收机接收到卫星信号，根据信号的传播时间和传播光速，可计算卫星和接收机的距离 R，其中用户在以卫星为中心，距离 R 为半径的球面上的某个地方，如图 4.10（a）所示。如果同时用第二颗卫星的测距信号进行测距，又将用户定位在以第二颗卫星为中心的第二个球面上。因此，用户将同时在两个球面上的某个位置，它可能在图 4.10（b）中两个球面的相交平面，即阴影圆的圆周上，或者在两个球相切的某一点上。

利用第三颗卫星进行测距，便将用户定位在第三个球面上和上述圆周上，第三个球面和圆周相交于 2 个点，如图 4.10（d）和（e）上，其中只有一个点是用户的正确位置。消除其中的一个模糊点，即可获得用户的位置。

（a）用户位置在球面上

（c）相交平面

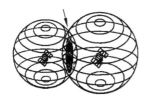

（b）用户位于阴影圆的圆周上

（d）用户位于阴影圆的两点之一上

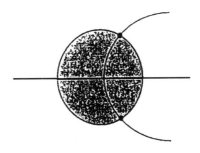

（e）用户位于圆周的两点之一上

图 4.10　用户在空间的位置

GPS 定位是三维空间的单程测距定位，要实现精确定位，需要解决的两个问题：

一是观测瞬间 GPS 卫星的位置。其中 GPS 卫星发射的导航电文中含有 GPS 卫星星历，可以实时地确定卫星的位置信息。

二是观测瞬间接收机至 GPS 卫星之间的距离。站星之间的距离是通过测定 GPS 卫星信号在卫星和测站点之间的传播时间来确定的。

从图 4.11 空间定位图知，要确定用户的位置，用户需要接收三颗卫星 S^1、S^2、S^3 的信号，对三颗卫星进行测距 $R_j = ct_r^j$，$j=1,2,3$，而根据 GPS 导航电文解译出的三颗 GPS 卫星的三维坐标 (X^j, Y^j, Z^j)，$j=1,2,3$ 和用户的位置 (X,Y,Z)，距离为

$$R_j^2 = (X - X^j)^2 + (Y - Y^j)^2 + (Z - Z^j)^2 \qquad (4.3)$$

由 R_1、R_2、R_3 得到三个位置面方程，其方程组为

$$\left. \begin{array}{l} R_1^2 = (X - X^1)^2 + (Y - Y^1)^2 + (Z - Z^1)^2 \\ R_2^2 = (X - X^2)^2 + (Y - Y^2)^2 + (Z - Z^2)^2 \\ R_3^2 = (X - X^3)^2 + (Y - Y^3)^2 + (Z - Z^3)^2 \end{array} \right\} \qquad (4.4)$$

对方程组求解，可得到用户的位置 (X,Y,Z)。但这种单程测距，需要卫星和用户的时钟采用一个标准时间。但 GPS 卫星使用稳定度极高的原子钟，卫星时间和标准时间差异很小，但在 GPS 接收机上都安装原子钟是不现实的，用户只能使用石英钟，这样用户时间和正确标准时间之间就存在钟差。为解决这一问题的办法，就是把接收机钟差 δt 看着一个未知数，所以测量的距离是伪距 R_j'

$$R_j' = R_j + c \cdot \delta t \qquad (4.5)$$

这样，用户位置 (X,Y,Z) 和钟差 δt 都是未知数，需要接收 4 颗卫星的信号来求解。如图 4.11 所示，设时刻 t_i 接收机在点 P 同时测得 P 点至 4 颗 GPS 卫星 S_j，$j=1,2,3,4$ 的距离 R_j，$j=1,2,3,4$，根据 4 颗 GPS 卫星的三维坐标 (X^j, Y^j, Z^j)，$j=1,2,3,4$，用距离交会的方法求解 P 点的三维坐标 (X,Y,Z) 的观测方程为

$$\left. \begin{array}{l} R_1 = \sqrt{(X - X^1)^2 + (Y - Y^1)^2 + (Z - Z^1)^2} + c\delta t \\ R_2 = \sqrt{(X - X^2)^2 + (Y - Y^2)^2 + (Z - Z^2)^2} + c\delta t \\ R_3 = \sqrt{(X - X^3)^2 + (Y - Y^3)^2 + (Z - Z^3)^2} + c\delta t \\ R_4 = \sqrt{(X - X^4)^2 + (Y - Y^4)^2 + (Z - Z^4)^2} + c\delta t \end{array} \right\} \qquad (4.6)$$

对方程组求解，可得到用户的位置 (X,Y,Z) 和钟差 δt。

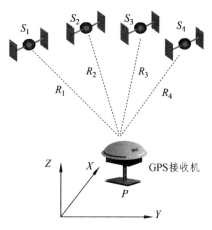

图 4.11　GPS 定位原理

4.2.3.3　GPS 的定位方法

利用 GPS 进行定位的方法有很多种。若按照参考点的位置不同，则定位方法可分为绝对定位和相对定位。

绝对定位是指在协议地球坐标系中，利用一台接收机来测定该点相对于协议地球质心的位置，也叫单点定位。这里可认为参考点与协议地球质心相重合。GPS 定位所采用的协议地球坐标系为 WGS-84 坐标系。

相对定位是在协议地球坐标系中，利用两台以上的接收机测定观测点至某一地面参考点（已知点）之间的相对位置。也就是测定地面参考点到未知点的坐标增量。由于星历误差和大气折射误差有相关性，所以通过观测量求差可消除这些误差，因此相对定位的精度远高于绝对定位的精度

按用户接收机在作业中的运动状态的不同，定位方法可分为静态定位和动态定位。静态定位是在定位过程中，将接收机安置在测站点上并固定不动。严格说来，这种静止状态只是相对的，通常指接收机相对于其周围点位没有发生变化。动态定位是在定位过程中，接收机处于运动状态。

若依照测距的原理不同，又可分为测码伪距法定位、测相伪距法定位、差分定位等。根据民航飞行定位的特点，在此将论述测码伪距和测相伪距进行的方法。

4.2.3.4　测码伪距法定位原理

测码伪距测量是通过测量 GPS 卫星发射的测距码信号到达用户接收机的传播时间，从而计算出接收机至卫星的距离，即

$$\rho = \Delta t \cdot c \tag{4.7}$$

式中　Δt ——传播时间；

　　　c ——光速。

为了测量上述测距码信号的传播时间，GPS 卫星在卫星钟的某一时刻 t_1 发射出某一

测距码信号，用户接收机依照接收机时钟在同一时刻也产生一个与发射码完全相同的编码（称为复制码）。卫星发射的测距码信号经过 Δt 时间在接收机时钟的 t_2 时刻被接收机收到（称为接收码），接收机通过时间延迟器将复制码向后平移若干码元，使复制码信号与接收码信号达到最大相关，并记录平移的码元数。平移的码元数与码元宽度的乘积，就是卫星发射的码信号到达接收机天线的传播时间 Δt，又称时间延迟。测量过程如图4.12 所示。

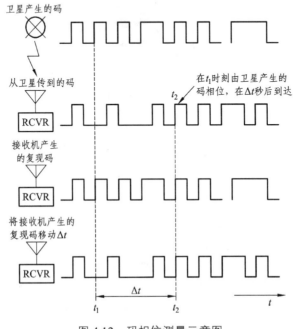

图 4.12　码相位测量示意图

GPS 采用单程测距原理，要准确地测定接收机和卫星之间的距离，必须使卫星钟与用户接收机钟保持严格同步，同时考虑大气层对卫星信号的影响。但是，实践中由于卫星钟、接收机钟的误差以及无线电信号经过电离层和对流层中的延迟误差，导致实际测出的伪距 ρ' 与卫星到接收机的几何距离 ρ 有一定差值。二者之间存在的关系可用下式表示：

$$\rho_i'^{\,j}(t) = \rho_i^{\,j}(t) + c\delta t_i(t) - c\delta t^{\,j}(t) + \Delta_{i,ion}^{\,j}(t) + \Delta_{i,trop}^{\,j}(t) + \varepsilon_{i,mult}^{\,j} + \varepsilon_{i,rn} \qquad (4.8)$$

式中　$\rho_i'^{\,j}(t)$ ——观测历元 t 的测码伪距；

　　　$\rho_i^{\,j}(t)$ ——观测历元 t 的站星几何距离，$\rho = \Delta t \cdot c = c\big(t_i(GPS) - t^{\,j}(GPS)\big)$；

　　　$\delta t_i(t)$ ——观测历元 t 的接收机（T_i）钟时间相对于 GPS 标准时的钟差，

　　　　　$t_i = t_i(GPS) + \delta t_i$；

　　　$\delta t^{\,j}(t)$ ——观测历元 t 的卫星（S^j）钟时间相对于 GPS 标准时的钟差，

　　　　　$t^{\,j} = t^{\,j}(GPS) + \delta t^{\,j}$；

$\Delta_{i,Ion}^{j}(t)$ ——观测历元 t 的电离层延迟；

$\Delta_{i,trop}^{j}(t)$ ——观测历元 t 的对流层延迟；

$\varepsilon_{i,mult}^{j}$ ——多路径误差；

$\varepsilon_{i,rn}$ ——接收机随机噪声误差。

GPS 卫星上设有高精度的原子钟，与理想的 GPS 时之间的钟差，通常可从卫星播发的导航电文中获得，经钟差改正后各卫星钟的同步差可保持在 20 ns 以内，由此所导致的测距误差可忽略，则由（4.8）式可得测码伪距方程的常用形式：

$$\rho_i'^{j}(t) = \rho_i^{j}(t) + c\delta t_i(t) + \Delta_{i,ion}^{j}(t) + \Delta_{i,trop}^{j}(t) + \varepsilon_{i,mult}^{j} + \varepsilon_{i,rn} \qquad （4.9）$$

卫星至接收机天线的几何距离 $\rho_i^{j}(t)$ 为

$$\rho_i^{j}(t) = \left\{ \left[x^{j}(t) - x_i(t) \right]^2 + \left[y^{j}(t) - y_i(t) \right]^2 + \left[z^{j}(t) - z_i(t) \right]^2 \right\}^{\frac{1}{2}} \qquad （4.10）$$

其中，$X^{j} = \left[x^{j}, y^{j}, z^{j} \right]^{\mathrm{T}}$ 是根据广播星历计算的 j 卫星在 ECEF 坐标系中的坐标向量，$X_i = \left[x_i, y_i, z_i \right]^{\mathrm{T}}$ 是接收机在 ECEF 坐标系中的坐标向量。卫星钟差可以从广播星历中计算得到。

式（4.9）表明，测码伪距观测值，是卫星到接收机的真实几何距离与各项误差之和，误差主要包括电离层误差、对流层误差延迟、接收机码噪声和多径效应误差等（在实施 SA 干扰还包括 SA 误差）。对于这些误差，如果采用差分技术，可减小时钟、对流层和电离层所带来的误差影响，但对于系统造成的误差，如接收机噪声和多径干扰误差，则没有作用。

利用测距码进行伪距测量是全球定位系统的基本测距方法。GPS 信号中测距码的码元宽度较大，其中码相位相关精度约为码元宽度的 1%。则对于 P 码来讲，其码元宽度约为 29.3 m，所以量测精度为 0.29 m。而对 C/A 码来讲，其码元宽度约为 293 m，所以量测精度为 2.9 m。可见，采用测距码进行站星距离测量的测距精度不高。

4.2.3.5　测相伪距测量

测相伪距测量，是一种获取精确观测的技术方法。由于 GPS 信号载波频率高，波长短，如果能精确获取卫星到接收机之间载波信号与本振参考信号的相位差，就可以精确进行测量，其精度可以达到厘米，甚至毫米级的测量精度。

在测相伪距观测中，把 GPS 信号中的载波作为量测信号，由于载波的波长短，$\lambda_{L_1} = 19\ \mathrm{cm}$，$\lambda_{L_2} = 24\ \mathrm{cm}$，所以对于载波 L_1 而言，相应的测距误差约为 1.9 mm，而对于载波 L_2 而言，相应的测距误差约为 2.4 mm，故测距精度很高。

载波相位测量是通过测量 GPS 卫星发射的载波信号从 GPS 卫星发射到 GPS 接收机的传播路程上的相位变化，从而确定传播距离。因而又称为测相伪距测量。

载波信号的相位变化可以通过如下方法测得：

某一卫星钟时刻 t^j 卫星发射载波信号 $\varphi^j(t^j)$，与此同时接收机内振荡器复制一个与发射载波的初相和频率完全相同的参考载波 $\varphi_i(t^j)$，在接收机钟时刻 t_i 被接收机收到的卫星载波信号 $\varphi_i(t_i)$ 与此时的接收机参考载波信号的相位差，就是载波信号从卫星传播到接收机的相位延迟（载波相位观测量）。测量过程如图 4.13 所示。

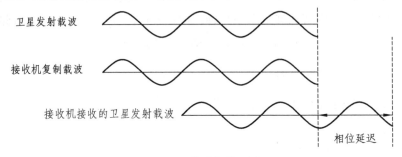

图 4.13　载波相位测量

因此，接收机 T_i 在接收机钟时刻 t_i 观测卫星 S^j 的相位观测量可写为

$$\Phi_i^j(t_i) = \varphi_i(t_i) - \varphi^j(t^j) = \varphi_i(t_i) - \varphi_i(t^j) \tag{4.11}$$

根据简谐波的物理特性，上述的载波相位观测量 $\Phi_i^j(t_i)$ 可以看成整周部分 $N_i^j(t_i)$ 和不足一周的小数部分 $\delta\varphi_i^j(t_i)$ 之和，即有

$$\Phi_i^j(t_i) = N_i^j(t_i) + \delta\varphi_i^j(t_i) \tag{4.12}$$

实际上，在进行载波相位测量时，接收机只能测定不足一周的小数部分 $\delta\varphi_i^j(t_i)$。因为载波信号是一单纯的正弦波，不带有任何标志，所以我们无法确定正在量测的是第几个整周的小数部分，于是便出现了一个整周未知数 $N_i^j(t_i)$，或称整周模糊度。另外，在载波相位的测量中，由于接收机或外界干扰（如由于卫星几何位置的变化引起的 PLL 载波信号失锁，或城市中高建筑物将卫星信号遮挡引起信号失锁）等因素的影响，要破坏跟踪载波的连续性，经常引起跟踪卫星的暂时中断，产生周跳。整周模糊度和周跳是载波相位测量的两个主要问题。

如果在初始观测历元 t_0 锁定（跟踪）到卫星信号后，有

$$\Phi_i^j(t_0) = N_i^j(t_0) + \delta\varphi_i^j(t_0) \tag{4.13}$$

卫星信号在历元 t_0 被跟踪后，载波相位变化的整周数便被接收机自动计数。所以对其后的任一历元的总相位变化，可表达为

$$\Phi_i^j(t_i) = N_i^j(t_0) + N_i^j(t_i - t_0) + \delta\varphi_i^j(t_i) \tag{4.14}$$

式中　$N_i^j(t_0)$ ——初始历元的整周未知数，在卫星信号被锁定后就确定不变，是一个未知常数，是通常意义上所说的整周未知数；

$N_i^j(t_i - t_0)$——从初始历元 t_0 到观测历元 t_i 之间载波相位变化的整周数，可由接收机自动连续计数来确定，是一个已知量，又叫整周计数；

$\delta\varphi_i^j(t_i)$——后续观测历元 t_i 时刻不足一周的小数部分相位，可测定，是观测量。

其载波相位观测量的几何意义，如图 4.14 所示。

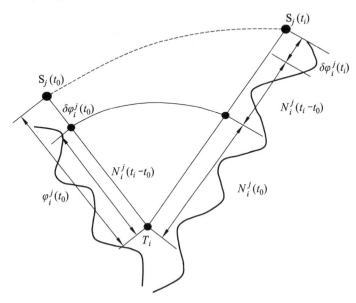

图 4.14　载波相位观测量

图中 $\varphi_i^j(t_i)$ 是载波相位的实际观测量，即用户 GPS 接收机相位观测输出值：

$$\varphi_i^j(t_i) = N_i^j(t_i - t_0) + \delta\varphi_i^j(t_i) \tag{4.15}$$

因此，（4.14）式可写为

$$\Phi_i^j(t_i) = N_i^j(t_0) + \varphi_i^j(t_i) \tag{4.16}$$

其中载波信号的频率是已知的，波长为 λ，则卫星到接收机的几何距离为

$$\rho_i^j(t_i) = \lambda\Phi_i^j(t_i) \tag{4.17}$$

载波相位的观测方程可以用下式表达：

$$\Phi_A^j = \rho_A^j + c(\mathrm{d}t^j - \mathrm{d}T_A) + \lambda \cdot N_A^j + (d_{ion} + d_{trop} + \varepsilon)_A^j \tag{4.18}$$

$$\rho_i'^j(t) = \rho_i^j(t) + c\delta t_i(t) - c\delta t^j(t) + \Delta_{i,ion}^j(t) + \Delta_{i,trop}^j(t) + \varepsilon_{i,mult}^j + \varepsilon_{i,rn} \tag{4.19}$$

与测码伪距测量相比而言，测相伪距测量的主要好处在于接收机误差较小，在静态相对定位时，经过长时间的观测和数据后处理，定位误差一般小于 1～10 mm。而且在多径影响较小的环境下，多径造成的误差通常小于 0.25λ，载波相位测量的误差明显要比伪距小许多。

4.2.4　GPS 的误差

GPS 误差来源于 GPS 卫星、卫星信号传播过程和地面接收设备。GPS 误差按性质可分为系统误差与偶然误差两类。偶然误差主要包括信号的多路径效应、天线姿态误差等，系统误差主要包括卫星的星历误差、卫星钟差、接收机钟差以及大气折射的误差等。其中，系统误差无论从误差的大小还是对定位结果的危害性讲都比偶然误差要大得多，它是 GPS 测量的主要误差源。同时，系统误差有一定的规律可循，可采取一定的措施加以消除。

为分析各种误差对精度的影响，往往将各种误差源归属到各颗卫星的伪距中，即换算为卫星至接收机的距离，以相应的距离误差表示，称为用户等效距离误差（UERE）。对于某给定的卫星，其 UERE 是与该卫星相关联的每个误差源所产生的误差的统计和，通常认为这些误差分量是独立的，并且某颗卫星的 UERE 可近似表示为零均值的高斯随机分布，其方差由每个方差分量和来确定。各颗卫星之间，通常假定 UERE 是独立的，并且分布是相同的。表 4.1 是 GPS 不同的用户等效距离误差。

表 4.1　用户等效距离误差

项目	误差源	GPS 1σ 误差 JPO/m	GPS 1σ 误差 有 SA/m	GPS 1σ 误差 无 SA/m
空间部分	卫星时钟稳定性	3.0	3.0	3.0
	卫星扰动可确定	1.0	1.0	1.0
	选择可用性（SA）	—	32.3	—
	其他	0.5	0.5	0.5
控制部分	星历预计误差	4.2	4.2	4.2
	其他（推力性能等）	0.9	0.9	0.9
用户部分	电离层延迟	2.3	5.0	5.0
	对流层延迟	2.0	1.5	1.5
	接收机噪声	1.5	1.5	1.5
	多路径误差	1.2	2.5	2.5
	其他	0.5	0.5	0.5
系统 UERE	总的误差（均方根）	6.6	33.3	8.0

4.2.4.1　卫星星历误差

GPS 卫星星历误差是指卫星星历所提供的卫星空间位置与实际位置的偏差。由于卫星的空间位置是由地面监测系统根据卫星测轨结果计算而得，因此也被称为卫星轨道误差。卫星星历是 GPS 卫星定位中的重要数据，卫星星历误差将严重影响单点定位的精度，也是精密相对定位中的主要误差来源之一。

GPS 卫星星历的数据有广播星历（预报星历）和精密星历（实测星历）两种。在进行 GPS 定位时，计算在某时刻 GPS 卫星位置所需的卫星轨道参数都是通过这两类星历提供的，但不论采用哪种类型的星历，所计算出的卫星位置都会与其真实位置有所差异，这就是所谓的星历误差。

广播星历是卫星导航电文中所携带的卫星空间位置信息。它是根据美国 GPS 控制中心跟踪站的观测数据进行外推预算，由地面注入站发送给 GPS 卫星，再通过 GPS 卫星向地面发播的一种预报星历。由于卫星在运行中受到多种摄动力的影响，目前单靠地面监测站尚不能精确可靠地测定作用在卫星上的各种摄动力因素的大小及变化规律，所以预报数据中存在较大的误差。

精密星历是根据实测资料进行拟合处理而直接得出的星历。它需要在一些已知精确位置的参考站点上跟踪卫星来计算观测瞬间的卫星真实位置，从而获得精确可靠的精密卫星轨道参数。由于精密卫星星历是由跟踪实测 GPS 卫星求定的，所以精密星历误差来源于不可避免的实测误差。这种星历需要在观测后 $1 \sim 2$ 周才可以向美国国家大地测量局（NGS）购买到，这对导航和动态定位无任何意义，但在静态精密定位中具有重要作用。

4.2.4.2　卫星钟误差

卫星钟差是 GPS 卫星上所安装的原子钟的钟面时间与 GPS 标准时间之间的误差。由于卫星的位置是随时间变化的，所以 GPS 测量是以精密测时为基础的。当测定了卫星信号由卫星传播到观测站的时间，即可得到站星间的距离。由此可见，GPS 测量精度与时钟误差有着密切的关系。

在 GPS 卫星上配备有高精度的原子钟（铯钟和铷钟），在 GPS 测量中，无论是码相位观测或载波相位观测，均要求卫星钟和接收机钟保持与 GPS 时间系统严格同步。尽管 GPS 卫星均设有高精度的原子钟，但与理想的 GPS 时之间仍存在着偏差或飘移。

在一个观测时间段内，卫星钟误差属于系统性误差，在 GPS 卫星上配备的高精度原子钟（铯钟和铷钟），其稳定度为 10^{-13}；12 h 的运行误差为 4.3 m，相当距离误差 ± 1.3 m。卫星钟的钟差包括钟差、频偏、频飘等产生的误差，也包含钟的随机误差。这些偏差的总量在 1 ms 以内，由此引起的等效距离误差约达 300 km，显然无法满足定位精度的要求。

4.2.4.3　与卫星信号传播有关的误差

离地面 20 230 km 的卫星发射的电波，必须穿过电离层和对流层才能到达接收天线。所以与卫星信号传播有关的误差包括信号穿越电离层和对流层时所产生的误差，以及信号反射产生的多路径效应误差。

1. 电离层延迟误差

电离层是高度为 $50 \sim 1\,000$ km 的大气层，当 GPS 信号通过电离层时，信号的路径会发生弯曲，传播速度也会发生变化，这种变化称为电离层延迟。所以用信号的传播时间乘上真空中光速而得到的距离就会不等于卫星至接收机间的几何距离，从而产生电离层延迟误差。对于电离层折射常常采用双频校正法来对电离层的延迟误差进行校正。电离层产生的附加时延为

$$\Delta \tau = -\frac{1}{2} \cdot \frac{e^2}{\pi mc} \cdot \frac{TEC}{f_t^2} \tag{4.20}$$

式中　e——电子电荷；

　　　m——电子质量；

　　　TEC——积分电子浓度；

　　　f_t——电波频率。

$\Delta \tau$ 为负值，说明等效传播路径比实际的短。对 L 波段的电波，当垂直穿过电离层时，夜间附加延时约为 10 ns，白天可增加到 50 ns。在低仰角时，附加延时可比垂直穿越时的延时增加 3 倍。不同的传播路径，附加时延也不同。

对于双频接收机，可分别测量 f_1、f_2 电波的传播时延 τ_1 和 τ_2

$$\tau_1 = \frac{r(t)}{c} + \frac{\alpha}{f_1^2} \tag{4.21}$$

$$\tau_2 = \frac{r(t)}{c} + \frac{\alpha}{f_2^2} \tag{4.22}$$

其中 $\alpha = -\frac{1}{2} \cdot \frac{e^2}{\pi mc} \cdot TEC$

由式（4.21）和式（4.22），有

$$\tau_2 - \tau_1 = \alpha \left(\frac{f_1^2 - f_2^2}{f_1^2 f_2^2} \right) = \frac{\alpha}{f_1^2} \left(\frac{f_1^2 - f_2^2}{f_2^2} \right)$$

考虑到 $\Delta \tau_1 = \alpha / f_1^2$，从上面式子可得

$$\Delta \tau_1 = (\tau_2 - \tau_1) \frac{f_2^2}{f_1^2 - f_2^2} \tag{4.23}$$

计算得到 $\Delta \tau_1$，可用来修正 f_1 电波在电离层中产生的附加时延。类似地，可求得 $\Delta \tau_2$。

通过双频校正法可以完全消除电离层的附加时延误差，但对民用 C/A 码接收机来说，由于只能接收单频率，不能采用双频校正法来校正电离层延迟误差。

2. 对流层折射误差

由于地球周围的对流层对电磁波的折射效应，使得 GPS 信号的传播速度发生变化，这种变化称为对流层延迟。从而导致卫星至接收机间的几何距离偏差，这种偏差叫对流层折射误差。

对流层是高度为 40 km 以下的大气底层，其大气密度比电离层更大，大气状态也更

复杂。对流层与地面接触并从地面得到辐射热能，其温度随高度的上升而降低，GPS 信号通过对流层时，也使传播的路径发生折射弯曲，从而使测量距离产生偏差。减弱对流层折射的影响主要有 3 种措施：① 采用对流层模型加以改正，其气象参数在测站直接测定；② 引入描述对流层影响的附加待估参数，在数据处理中一并求得；③ 利用同步观测量求差。

　　3. 多路径误差

接收机周围的反射物所反射的卫星信号（反射波）进入接收机天线，将和直接来自卫星的信号（直接波）产生干涉，从而使观测值偏离，产生所谓的"多路径误差"。这种由于多路径的信号传播所引起的干涉时延效应被称作多路径效应。可通过选择较好的接收机天线和接收机位置来减小多路径效应。

4.2.4.4　几何位置误差

GPS 导航定位时，用户接收机可接收多颗卫星的信号，但只接收 4 颗卫星信号就可以定位了，其中有多种星的组合方法，用户选用的 4 颗星与用户的位置几何关系不同，产生的定位误差也不同，可见可视卫星在空间的几何结构对定位精度有着重要的影响。所以选择最佳几何关系的 4 颗卫星，可以使定位误差最小，获得高质量的测量结果。

　　另外，影响 GPS 误差还包括接收机的设备误差，在高精度的 GPS 测量中，还应考虑与地球整体运动有关的地球潮汐、相对论效应引起的误差等。表 4.2 是 GPS 不同的误差源对距离测量的影响。

表 4.2　GPS 定位误差分类

误差来源	误差分类	对距离测量的影响/m
GPS卫星	1. 卫星星历误差； 2. 卫星误差； 3. 相对论效应	1.5～15
信号传播	1. 电离层折射误差； 2. 对流层折射误差； 3. 多路径效应	1.5～15
接收设备	1. 接收机钟误差； 2. 位置误差； 3. 天线相位中心变化	1.5～5
其他影响	地球潮汐	1.0

4.2.5　GPS 的精度因子

　　在伪距法定位中，根据公式（4.6）可计算用户的位置和接收机钟差，但该方程组是非线性方程组，要求解用户位置 (x, y, z) 和接收机钟差 δt，需采用的方法闭合形式方法、线性化的迭代方法和卡尔曼滤波方法来求解。在此叙述线性化方法。

如果我们近似知道接收机位置，那么可以将真实位置 $\boldsymbol{X}=(x,y,z)^{\mathrm{T}}$ 与近似位置 $\hat{\boldsymbol{X}}=(\hat{x},\hat{y},\hat{z})^{\mathrm{T}}$ 之间的偏差用 $\Delta\boldsymbol{X}=(\Delta x,\Delta y,\Delta z)^{\mathrm{T}}$ 表示。

伪距表示为

$$
\begin{aligned}
R_j &= \sqrt{\left(x-x^j\right)^2+\left(y-y^j\right)^2+\left(z-z^j\right)^2}+c\delta t \\
&= f(x,y,z,\delta t)
\end{aligned}
\tag{4.24}
$$

利用估计位置和偏差估计值计算的近似伪距为

$$
\begin{aligned}
\hat{R}_j &= \sqrt{\left(\hat{x}-x^j\right)^2+\left(\hat{y}-y^j\right)^2+\left(\hat{z}-z^j\right)^2}+c\delta\hat{t} \\
&= f(\hat{x},\hat{y},\hat{z},\delta\hat{t})
\end{aligned}
\tag{4.25}
$$

其中，伪距方程可表示为

$$
f(x,y,z,\delta t)=f(\hat{x}+\Delta x,\hat{y}+\Delta y,\hat{z}+\Delta z,\delta\hat{t}+\Delta\delta t)
\tag{4.26}
$$

在围绕近似点和相关联的接收机时钟偏差的预测值 $(\hat{x},\hat{y},\hat{z},\delta\hat{t})$ 用泰勒级数展开：

$$
\begin{aligned}
f(\hat{x}+\Delta x,\hat{y}+\Delta y,\hat{z}+\Delta z,\delta\hat{t}+\Delta\delta t)= & f(\hat{x},\hat{y},\hat{z},\delta\hat{t})+\frac{\partial f(\hat{x},\hat{y},\hat{z},\delta\hat{t})}{\partial\hat{x}}\Delta x+ \\
& \frac{\partial f(\hat{x},\hat{y},\hat{z},\delta\hat{t})}{\partial\hat{y}}\Delta y+\frac{\partial f(\hat{x},\hat{y},\hat{z},\delta\hat{t})}{\partial\hat{z}}\Delta z+ \\
& \frac{\partial f(\hat{x},\hat{y},\hat{z},\delta\hat{t})}{\partial\delta\hat{t}}\Delta\delta t
\end{aligned}
\tag{4.27}
$$

其中，各偏导数计算为

$$
\frac{\partial f(\hat{x},\hat{y},\hat{z},\delta\hat{t})}{\partial\hat{x}}=\frac{x^j-\hat{x}}{\hat{r}_j} \qquad \frac{\partial f(\hat{x},\hat{y},\hat{z},\delta\hat{t})}{\partial\hat{y}}=\frac{x^j-\hat{y}}{\hat{r}_j}
$$

$$
\frac{\partial f(\hat{x},\hat{y},\hat{z},\delta\hat{t})}{\partial\hat{z}}=\frac{x^j-\hat{z}}{\hat{r}_j} \qquad \frac{\partial f(\hat{x},\hat{y},\hat{z},\delta\hat{t})}{\partial\delta\hat{t}}=c
$$

式中，$\hat{r}_j=\sqrt{\left(\hat{x}-x^j\right)^2+\left(\hat{y}-y^j\right)^2+\left(\hat{z}-z^j\right)^2}$

对式（4.27）进行整理：

$$
\hat{R}_j-R_j=\frac{x^j-\hat{x}}{\hat{r}_j}\Delta x+\frac{x^j-\hat{y}}{\hat{r}_j}\Delta y+\frac{x^j-\hat{z}}{\hat{r}_j}\Delta z-c\Delta\delta t
\tag{4.28}
$$

令 $\Delta R=\hat{R}_j-R_j$，$a_{xj}=\dfrac{x^j-\hat{x}}{\hat{r}_j}$　$a_{yj}=\dfrac{x^j-\hat{y}}{\hat{r}_j}$　$a_{zj}=\dfrac{x^j-\hat{z}}{\hat{r}_j}$，其中，$a_{xj}$、$a_{yj}$ 和 a_{zj} 各项表示近似用户位置指向第 j 颗卫星的单位矢量的方向余弦。对第 j 颗卫星，单位矢量的定义为 $a_j=(a_{xj},a_{yj},a_{zj})$，方程表示为

$$\Delta R_j = a_{xj}\Delta x + a_{yj}\Delta y + u_{zj}\Delta z - c\Delta t \tag{4.29}$$

对于式（4.29）中的 4 个未知数，可以对 4 颗卫星进行距离测量而将 4 个未知数求解。4 颗卫星的线性方程组矩阵表达式为：

$$\Delta R = H\Delta X \tag{4.30}$$

其中，$\Delta \boldsymbol{R} = \begin{bmatrix} \Delta R_1 \\ \Delta R_2 \\ \Delta R_3 \\ \Delta R_4 \end{bmatrix}$，$\quad \boldsymbol{H} = \begin{bmatrix} a_{x1} & a_{y1} & a_{z1} & 1 \\ a_{x2} & a_{y2} & a_{z2} & 1 \\ a_{x3} & a_{y3} & a_{z3} & 1 \\ a_{x4} & a_{y4} & a_{z4} & 1 \end{bmatrix}$，$\quad \Delta \boldsymbol{X} = \begin{bmatrix} \Delta x \\ \Delta y \\ \Delta z \\ -c\Delta \delta t \end{bmatrix}$

如果卫星数量为 4 颗，方程（4.30）解为

$$\Delta X = H^{-1} \cdot \Delta R \tag{4.31}$$

如果卫星数量多于 4 颗，则解为

$$\Delta X = (H^{\mathrm{T}} \cdot H)^{-1} H^{\mathrm{T}} \cdot \Delta R \tag{4.32}$$

因此，在实际应用中，根据测量值与估计值的差，采用迭代的算法，当 ΔR 达到要求的最小值时，停止迭代，可得到最佳的目标位置。

根据最小均方误差算法（LMSE）的方法对 GPS 接收机的位置求解，可得到目标的最佳位置，其中式（4.32）中的 ΔR 和 ΔX 对是有误差的，故可表示为

$$\mathrm{d}\boldsymbol{R} \approx \Delta \boldsymbol{R} = (H^{\mathrm{T}} \cdot H)^{-1} H^{\mathrm{T}} \cdot \Delta \boldsymbol{X} \approx (H^{\mathrm{T}} \cdot H)^{-1} H^{\mathrm{T}} \cdot \mathrm{d}\boldsymbol{X}$$

$$\mathrm{d}\boldsymbol{X} = (H^{\mathrm{T}} \cdot H)^{-1} H^{\mathrm{T}} \cdot \mathrm{d}\boldsymbol{R} \tag{4.33}$$

式（4.33）表示了伪距值的误差与在计算所得的位置和时间偏差中造成的误差之间的函数关系。矩阵 $(H^{\mathrm{T}} \cdot H)^{-1} H^{\mathrm{T}}$ 叫最小二乘法解矩阵，取决于用户与参与最小二乘法解计算的卫星之间的相对几何布局。伪距误差被认为是随机变量，假定误差矢量 $\mathrm{d}R$ 具有一些分量，这些分量是均值为零且符合高斯分布。在认为几何布局固定的情况下，可得 $\mathrm{d}X$ 也是高斯的，且均值为零。所以 $\mathrm{d}X$ 的协方差为

$$\begin{aligned} \mathrm{cov}(\mathrm{d}\boldsymbol{X}) &= E(\mathrm{d}\boldsymbol{X} \cdot \mathrm{d}\boldsymbol{X}^T) \\ &= (H^{\mathrm{T}} \cdot H)^{-1} H^{\mathrm{T}} \mathrm{cov}(\mathrm{d}\boldsymbol{R}) H (H^{\mathrm{T}} \cdot H)^{-1} \end{aligned} \tag{4.34}$$

一般情况下假定的各分量分布相同且相互独立，其方差等于 UERE 的平方，即

$$\mathrm{cov}(\mathrm{d}\boldsymbol{R}) = \boldsymbol{I}_{n\times n}\sigma_{UERE}^2 \tag{4.35}$$

其中，$\boldsymbol{I}_{n\times n}$ 是 $n \times n$ 单位矩阵，所以

$$\text{cov}(\mathrm{d}\boldsymbol{X})=(\boldsymbol{H}^{\mathrm{T}}\cdot\boldsymbol{H})^{-1}\sigma_{UERE}^2 \tag{4.36}$$

可见，计算出的位置和时间偏差的协方差正好是矩阵 $(\boldsymbol{H}^{\mathrm{T}}\cdot\boldsymbol{H})^{-1}$ 的标量乘积，矢量 $\mathrm{d}\boldsymbol{X}$ 有 4 个分量，它们代表对应于矢量计算值的误差。$\mathrm{d}\boldsymbol{X}$ 的协方差是 4×4 矩阵：

$$\text{cov}(\mathrm{d}\boldsymbol{X})=\begin{bmatrix} \sigma_x^2 & \sigma_{xy}^2 & \sigma_{xz}^2 & \sigma_{xc\delta t}^2 \\ \sigma_{xy}^2 & \sigma_y^2 & \sigma_{yz}^2 & \sigma_{yc\delta t}^2 \\ \sigma_{xz}^2 & \sigma_{yz}^2 & \sigma_z^2 & \sigma_{zc\delta t}^2 \\ \sigma_{xc\delta t}^2 & \sigma_{yc\delta t}^2 & \sigma_{zc\delta t}^2 & \sigma_{c\delta t}^2 \end{bmatrix} \tag{4.37}$$

在 GPS 中，精度因子参数是用 $\text{cov}(\mathrm{d}\boldsymbol{X})$ 各分量之合并与 σ_{UERE} 之比来定义的，则几何精度因子为

$$GDOP=\frac{\sqrt{\sigma_x^2+\sigma_y^2+\sigma_z^2+\sigma_{c\delta t}^2}}{\sigma_{UERE}} \tag{4.38}$$

用 $(\boldsymbol{H}^{\mathrm{T}}\cdot\boldsymbol{H})^{-1}$ 分量的形式给出，其中 $(\boldsymbol{H}^{\mathrm{T}}\cdot\boldsymbol{H})^{-1}$ 分量形式表示为

$$(\boldsymbol{H}^{\mathrm{T}}\cdot\boldsymbol{H})^{-1}=\begin{bmatrix} D_{11} & D_{12} & D_{13} & D_{14} \\ D_{21} & D_{22} & D_{23} & D_{24} \\ D_{31} & D_{32} & D_{33} & D_{34} \\ D_{41} & D_{42} & D_{43} & D_{44} \end{bmatrix} \tag{4.39}$$

对式（4.36）进行迹运算然后取平方根，表明 $GDOP$ 能够根据 $(\boldsymbol{H}^{\mathrm{T}}\cdot\boldsymbol{H})^{-1}$ 矩阵迹的平方根计算：

$$GDOP=\sqrt{D_{11}+D_{22}+D_{33}+D_{44}} \tag{4.40}$$

对式（4.38）整理为

$$\sqrt{\sigma_x^2+\sigma_y^2+\sigma_z^2+\sigma_{c\delta t}^2}=GDOP\cdot\sigma_{UERE} \tag{4.41}$$

式（4.40）表明 $GDOP$ 仅仅是卫星/用户几何布局的函数；式（4.41）左侧是 GPS 解中误差的总特征，右侧表明 GPS 总的误差由几何精度因子和等效距离误差确定。当 σ_{UERE} 确定，GPS 误差随卫星/用户的几何布局改变而改变。

另外，其他的几种精度因子为垂直精度因子（VDOP）、水平精度因子（HDOP）、位置精度因子（PDOP）、时间精度因子（TDOP），这些参数用卫星 UERE 和位置/时间解的协方差矩阵元素定义为

$$\sqrt{\sigma_x^2+\sigma_y^2+\sigma_z^2}=PDOP\cdot\sigma_{UERE}$$

$$\sqrt{\sigma_x^2+\sigma_y^2}=HDOP\cdot\sigma_{UERE}$$

$$\sigma_z=VDOP\cdot\sigma_{UERE}$$

$$\sigma_{c\delta t}=TDOP\cdot\sigma_{UERE}$$

每种 DOP 都可以作为用户选星的依据，根据不同的需要，可以采用不同 DOP 的最优结构。将被观测的 4 颗卫星与用户构建成不同的可视卫星四面体，如图 4.15 所示。

其中，接收机在对 GPS 信号进行相关处理时，根据可视卫星的在轨位置，相互构成不同的四面体，四面体体积可按下式计算：

$$V=\frac{1}{6}\mid(S_1S_2\times S_1S_3)\cdot S_1S_4\mid \tag{4.42}$$

式中　S_1S_2，S_1S_3，S_1S_4——用户指向卫星 1、2、3、4 的单位矢量末端的连线矢量，如图 4.15 所示。

对于普通用户来说，最优的 GDOP 便能满足对测量误差的要求。根据大量的统计数据表明，GDOP 值与接收机到所测卫星的单位矢量端点所形成的四面体体积 V 成反比，即

$$GDOP\propto\frac{1}{V}$$

所以选取使 V 最大的一组 4 颗星，则 GDOP 必定最小。

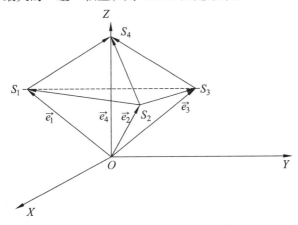

图 4.15　用户及 4 颗卫星四面体

从上面的分析可以总结出，如果要获得最优的 GDOP，一般必须遵循以下两条原则：① 卫星仰角不小于 5°～10°，以减小大气折射的影响；② GDOP 最小原则。一般认为，当 1 颗卫星处于用户正上方，其余 3 颗卫星相距约 120°时，所构成的四面体体积接近最大，GDOP 最小。

4.2.6　差分 GPS

影响 GPS 定位精度的误差包括卫星的星历误差、卫星钟差、接收机钟差、大气折射传播延迟误差和接收机噪声误差等，这些误差导致 GPS 导航精度不能满足国际民航组织

（ICAO）对不同飞行阶段精度的要求。在航路飞行阶段，要求水平精度为 3.7 km（95%），对垂直精密没有要求，故一般的卫星导航系统都可以满足航路上的定位要求。但在飞机进近阶段尤其在最后进近阶段，对定位精度的要求大幅提高，表 4.3 是不同等级的精密进近对精度的要求，可见 GPS 无法满足 ICAO 规定的精密进近的要求。

表 4.3　ICAO 的精密进近的定位精度标准

进近等级	精度要求/m	
	水平	垂直
CAT Ⅰ	±18.7	±4.5
CAT Ⅱ	±5.6	±1.9
CAT Ⅲ	±4.4	±0.6

从表 4.3 中可看出，精密进近对精度要求很高，尤其对垂直定位精度的要求很高。对于飞机这个高动态用户，在机场区域需要很高的动态位置精度，单点动态定位或单一的 C/A 码测量不能满足精度的要求，而应当采用差分动态定位和 C/A 码和载波相位测量相结合的办法。

差分技术一开始是针对美国 GPS 卫星的 SA 政策提出的，但采用了差分技术的用户不但避免了 SA 的人为干扰，而且消除了在 GPS 定位中的大部分公共误差，使定位精度得到很大提高，满足了用户更高层次的需求。

4.2.6.1　差分 GPS 的原理

差分是指在一个测量站对两个目标的观测量，两个测量站对一个目标的观测量或一个测站对一个目标的两次观测量之间进行求差，目的在于消除公共项，包括公共误差和公共参数，以便提供观测精度。

差分 GPS（Differential GPS-DGPS）就是在地面已知地点设置一个或多个基准站，通过实时观测卫星数据，计算出卫星定位中的公共误差，再通过一定的通信链路，发送给该区域内的用户，用户用此公共误差修正定位结果，实现高精度的区域差分定位，如图 4.16 所示。

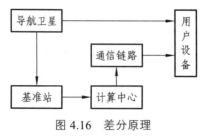

图 4.16　差分原理

利用一组卫星的伪距、星历、卫星发射时间等观测量来实现 GPS 定位，必须知道用户钟差。在这一定位过程中，存在着三部分误差。一部分是对每一个用户接收机所公有的，如卫星钟误差、星历误差、电离层误差、对流层误差等；第二部分为不能由用户测量或由校正模型来计算的传播延迟误差；第三部分为各用户接收机所固有的误差，如内部噪声、通道延迟、多径效应等。利用差分技术，第一部分误差完全可以消除，第二部分误差大部分可以消除，其主要取决于基准接收机和用户接收机的距离，第三部分误差则无法消除。除此以外，美国政府在关闭 SA 政策前，实施的 SA 政策使卫星钟差和星历误差显著增加，使原来的实时定位精度从 15 m 降至 100 m。利用差分技术也能消除这一部分误差。表 4.4 为 DGPS 和 GPS 定位误差估计的对比。

表 4.4　DGPS 和 GPS 定位误差估计的对比　　　　　　　　单位：m

误差类型	GPS	DGPS
星历误差	2.62	0
星钟误差	3.05	0
电离层和对流层延迟	6.41/0.40	0.15
接收机噪声/量化	2.44	0.61
接收机通道	0.61	0.61
多径效应	3.05	3.05

根据差分 GPS 基准站发送的信息方式可将差分 GPS 定位分为三类，即位置差分、伪距差分和载波相位差分。这三类差分方式的工作原理是相同的，即都是由基准站发送改正数，由用户站接收并对其测量结果进行改正，以获得精确的定位结果。所不同的是，发送改正数的具体内容不一样，其差分定位精度也不同。

1. 位置差分

位置差分是一种最简单的差分方法，任何一种 GPS 接收机均可改装和组成这种差分系统。安装在基准站上的 GPS 接收机观测 4 颗卫星后便可进行三维定位，解算出基准站的坐标。由于存在着轨道误差、时钟误差、SA 影响、大气影响、多径效应以及其他误差，解算出的坐标与基准站的已知坐标是不一样的，存在误差。

如采用其他定位方法得到的基准站精确位置为 (X_0, Y_0, Z_0)，GPS 接收机测量的基准站位置是 (X^*, Y^*, Z^*)，则坐标修正值 $(\Delta X, \Delta Y, \Delta Z)$ 为

$$\Delta X = X^* - X_0$$
$$\Delta Y = Y^* - Y_0$$
$$\Delta Z = Z^* - Z_0$$

基准站利用数据链将此改正数发送出去，由用户 u 接收，并且对其解算的用户站坐标进行改正，其位置 (X_u, Y_u, Z_u) 为

$$X_u = X_u^* + \Delta X$$
$$Y_u = Y_u^* + \Delta Y$$
$$Z_u = Z_u^* + \Delta Z$$

如考虑到用户站的位置改正值瞬间变化，则：

$$X_u = X_u^* + \Delta X + \frac{\mathrm{d}(\Delta X - X_u^*)}{\mathrm{d}t}(t - t_0)$$

$$Y_u = Y_u^* + \Delta Y + \frac{\mathrm{d}(\Delta Y - Y_u^*)}{\mathrm{d}t}(t - t_0)$$ （4.43）

$$Z_u = Z_u^* + \Delta Z + \frac{\mathrm{d}(\Delta Z - Z_u^*)}{\mathrm{d}t}(t - t_0)$$

式中　t_0——校正的有效时刻。

最后得到的改正后的用户坐标已消去了基准站和用户站的共同误差，提高了定位精度。以上先决条件是基准站和用户站观测同一组卫星的情况。这种差分方式计算方法简单，只需要对解算的坐标加以改正即可，适用于一切 GPS 接收机，包括最简单的接收机。缺点是必须严格保持基准站与用户站观测同一组卫星。所以位置差分法适用于用户与基准站间距离在 100 km 以内的情况。

2. 伪距差分

伪距差分是目前用途最广的一种技术，几乎所有的商用差分 GPS 接收机均采用这种技术。用户利用修正后的伪距来解出本身的位置，就可消去公共误差，提高定位精度。

伪距差分的基本原理是，在基准站上的 GPS 接收机测量出至全部卫星的伪距和采集全部卫星的星历参数（a、e、ω、Ω、i、f）等，首先利用已采集的轨道参数计算出各卫星的地心坐标 (X_i, Y_i, Z_i)，同时利用精确的基准站地心坐标 (X_b, Y_b, Z_b)，计算基准站到卫星 i 的几何距离，计算基准站到各卫星的伪距改正数和伪距改正数的变化率，然后计算流动站上的改正伪距观测值，最后利用改正后的伪距计算流动站坐标。

GPS 伪距差分解算的步骤如下。

（1）计算基准站到卫星 i 的真实距离。

$$R_i = \sqrt{(X_i - X_b)^2 + (Y_i - Y_b)^2 + (Z_i - Z_b)^2}$$

（2）伪距修正值为 $\Delta\rho_i = R_i - \rho_i$，其中 ρ_i 是基准站到卫星 i 的伪距。

（3）计算基准站伪距修正数的变化率：$\Delta\dot{\rho}_i = \dfrac{\Delta\rho_i}{\Delta t}$。

（4）计算流动站上的修正伪距观测值。

将基准站的 $\Delta\rho_i$ 和 $\Delta\dot{\rho}_i$ 通过数据链传送给移动用户，对移动站测量出的伪距进行修正，得到修正后的伪距：

$$\hat{\rho}_i(u) = \rho_i(u) + \Delta\rho_i + \Delta\dot{\rho}_i(t - t_0)$$ （4.44）

其中 $\rho_i(u)$ 是用户到卫星的测量伪距。

（5）利用改正后的伪距计算移动用户的位置坐标。

伪距差分的优点是计算的伪距修正值是 WGS-84 坐标系的直接修正值，不用先变换为当地坐标，因此能达到很高的精度；基准站能提供所有卫星的伪距修正值，而用户可接收任意 4 颗卫星进行改正，不必强求两者接收同一组卫星，因此用户可采用具有差分功能的简易接收机。缺点是用户和基准站之间的距离对精度有决定性影响，随着用户到基准站距离的增加又出现了新的系统误差，且无法用差分方法消除。

3. 载波相位差分原理

测地型接收机利用 GPS 卫星载波相位进行的静态基线测量获得了很高的精度，但为了可靠地求解出相位模糊度，要求静止观测一两个小时或更长时间。这样就限制了在工程作业中的应用，于是探求快速测量的方法应运而生。采用整周模糊度快速逼近技术（FARA）使基线观测时间缩短到 5 min，采用准动态（stop and go），往返重复设站（re-occupation）和动态（kinematics）来提高 GPS 作业效率。这些技术的应用对推动精密 GPS 测量起了促进作用。但是，上述这些作业方式都是事后进行数据处理，不能实时提交成果和实时评定成果质量，很难避免出现事后检查不合格造成的返工现象。

差分 GPS 的出现，能实时给定载体的位置，精度为米级，满足了引航、水下测量等工程的要求。位置差分、伪距差分、伪距差分相位平滑等技术已成功地用于各种作业中。随之而来的是更加精密的测量技术——载波相位差分技术。

载波相位差分技术又称为 RTK（Real Time Kinematic）技术， 是建立在实时处理两个测站的载波相位基础上的，它能实时提供载体的三维坐标，并能够达到厘米级的定位精度。

与伪距差分原理相同，RTK 由基准站通过数据链实时将其载波观测量及基准站坐标信息一同传送给用户站，用户站接收 GPS 卫星的载波相位与来自基准站的载波相位，并组成相位差分观测值进行实时定位。而且，RTK 测量、导航和定位技术被认为是 GPS 发展过程中一个新的突破。

实现载波相位差分 GPS 的方法分为两类：修正法和差分法。前者与伪距差分相同，基准站将载波相位修正量发送给用户站，以改正其载波相位，然后求解坐标。后者将基准站采集的载波相位发送给用户台进行求差解算坐标。前者为准 RTK 技术，后者为真正的 RTK 技术。

差分 GPS 技术的出现，为卫星导航在现代空中交通管制中的应用带来了实现的可能性。GPS 的位置差分、伪距差分、载波相位差分等技术已基本成熟，它能实时给出高速运载体的精确位置。目前利用差分技术实施飞机精密着陆的实验已取得较大进展，正在取得 ICAO 等部门的批准和认证。

4.2.6.2　DGPS 的形式

为了更好地利用 DGPS 的导航定位性能，根据提供差分的区域，分为广域差分 GPS 系统和局域差分 GPS 系统和本地差分 GPS 系统，在航海上还有无线电信标差分 GPS 系统。在美国，广域差分 GPS 系统称为 WAAS 系统，本地差分称为 LAAS 系统。

1. WAAS 系统

WAAS 全称为 Wide Area Augmentation System，即广域增强系统。WAAS 是美国联邦航空局（FAA）及美国交通部为提升飞行精确度而发展出来的，因为目前单独使用 GPS 并无法达到联邦航空局针对精确飞行导航所设定的要求。

WAAS 系统主要由 4 部分组成：地面广域监测基站、WAAS 主控站、WAAS 上传站和地球同步通信卫星，如图 4.17 所示。WAAS 包含了约 25 个地面监测站，位置散布于美国境内，负责监控 GPS 卫星的资料。其中，两个分别位于美国东西岸的主站台搜集其他站台传来的资料，并据此计算出 GPS 卫星的轨道偏移量、电子钟误差，以及由大气层及电离层所造成的讯息延迟时间，汇整后经由两颗位在赤道上空之同步卫星的其中之一传播出去。此 WAAS 信号的发送频率与 GPS 信号的频率相同，因此任何具备 WAAS 功能的 GPS 接收机都可接收此信号，并修正定位信息。

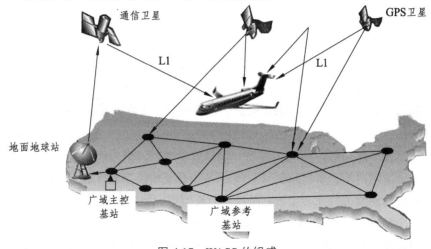

图 4.17　WASS 的组成

1）WAAS 的工作过程

（1）基站接收 GPS 信号。

在美国境内，广泛地分布着广域参考基站（Wide Area Reference Station，WRS），每个基站都已知其准确的地理位置，通过接收 GPS 信号，探测出 GPS 信号中的误差。

（2）基站向主控站传输 GPS 误差数据。

广域参考基站（WRS）收集的 GPS 信息，通过地面的通信网络传输到 WAAS 主控站（WMS），主控站生成 WAAS 增强信息，这些信息包含了 GPS 接收机中消除 GPS 信号误差的信息，使 GPS 接收机大大改善了定位精度和可靠性。

（3）WAAS 增强信息上传。

增强信息由 WASS 主控站（WMS）传输到 WAAS 上传站，上传站调制成导航数据，并上传到地球同步通信卫星。

（4）增强信息的传播。

地球同步通信卫星以 GPS 信号频率向地面广播有增强信息的导航数据，地面接收机接收 WASS 增强信号，得到 GPS 误差数据补偿定位，得到更加精确的定位。WAAS 也能给 GPS 接收机提供 GPS 系统误差或其他不良影响的信息，其也有严格的安全标准，当存在危险的误导信息时，WAAS 能在 6 s 内发布给用户。

WAAS 可以校正由电离层干扰、时序控制不正确以及卫星轨道错误等因素造成的 GPS 信号误差，也能提供各卫星是否正常运转之信息。其功能是为了提高整个覆盖范围的定位精度、提高 GPS 的完好性和可用性；提高航路导航阶段的完好性，并支持从越洋飞行到非精密进场的所有导航阶段，其目的是满足 I 类精密进场的导航要求。

2）WAAS 的特点

（1）服务区内用户不受时空限制。广域差分的技术特点是将 GPS 定位中主要的误差源分别加以计算，并分别向用户提供这些差分信息，它作用的范围比较大，只要数据通信链有足够能力，基准站和用户站间的距离原则上是没有限制的，在实际应用中，应用范围往往在 1 000 km 以上。

（2）提高了卫星导航系统的定位精度，增强了地基完好性监测能力。WAAS 系统通过中心站对已知站址参考站的观测数据进行综合处理，实现了对导航定位误差的差分改正，提高了卫星导航定位精度；通过中心站对参考站观测数据的综合处理，实现了对系统完好性的监测，并可在较短时间（一般为 6 s）内实现完好性告警。

（3）相同服务区域，硬件投入相对较小。WAAS 系统采用广域布设参考站模式，一般间距 250 km 布站即可满足 5 s 的改正精度要求，尤其服务区域较大时，硬件投入相对较小，可降低投入成本。

（4）定位精度改正效果相对较差。WAAS 系统采用各种误差的"模型化"改正，虽然可以达到较高的改正精度，但与 LAAS 系统直接相关改正比较，无法达到更好的改正效果，但可以满足大部分用户的高精度导航需要。

（5）WAAS 系统技术复杂，投资较大。WAAS 系统由于要求有较好的硬软件和高效率的强大通信设备，因此投资、运行和维护费用相对来说就比较高，对操作和维持这一系统的技术要求也较复杂。

2. LAAS 系统

建设 LAAS 系统的目的是提高 GPS 信号的定位精度，以满足精密所需导航性能的要求。使区域内用户的导航精度都得到提高，水平定位精度达到米级；用于飞机的精密进近和着陆。

LAAS 主要由地面 GPS 基准站、差分时间处理中心和数据链发送设备组成，如图 4.18 所示。地面 GPS 基准站主要接收卫星信号，进行基准站位置计算，并把测量位置送往差分数据处理中心，处理中心完成测量位置和实际位置的求差，并把差分信息送往数据链发送设备，发送设备把差分修正信息通过数据链向周围的飞机广播。LAAS 主要设在机场区域，用于飞机的精密进近和着陆，最终可望达到仪表着陆的 II、III 类的着陆标准。

与仪表着陆系统相比，LAAS 具有明显的优点：LAAS 可以使一个区域内用户的导航精度都得到提高，水平精度可到达米级；用于飞机着陆时明显的好处是节省费用，在相距不远的几个机场或一个机场的几条跑道，可以共用一个 LAAS 地面台，显著提高跑道的利用率；还能得到精密的进近轨迹，这是仪表着陆系统无法做到的。另外，在机场表面能见度较差的情况下，LAAS 也能提供良好的导航信号，增强地面航行的安全性；LAAS 所采用的单站差分方式对系统要求不高，目前大部分已商品化，维护费用也较小。

所以 LAAS 辅助 GPS 可以改善航空器在机场进近和着陆期间的安全，能够提供Ⅰ/Ⅱ/Ⅲ类精密进近所要求的高精度、高可用性和完好性信号，并使服务灵活性和用户运营成本极大改善。

LAAS 的缺陷是只能为个别机场或不大的区域服务，对于大区域的应用，就需要采用 WAAS 系统。

图 4.18　LAAS 的组成

4.3　GNSS 增强系统

卫星导航系统的性能主要从如下 4 个方面进行衡量：定位精度、完好性、连续性及可用性。

定位精度是指在无故障条件下，利用导航系统确定的用户位置与真实位置的偏离程度，分为水平定位精度和垂直定位精度；完好性是指卫星信号故障或引起误差的事件能及时检测出来并及时报警的能力；连续性是指系统在给定的使用条件下在规定的时间内以规定的性能完成其功能的概率；可用性是指系统能为运载体提供可用的导航服务的时间的百分比。指在卫星的全球覆盖、连续工作下使所有区域的飞机在各飞行阶段一开始就能收到 4 颗以上的卫星信号，能求出定位解概率，一般要求大于 0.999 99。

飞机在航路、终端区、非精密进近和精密进近的不同飞行阶段，对定位精度、完善性、连续性及可用性有不同的需求，即对导航系统的性能要求不同，见表 4.5。

表 4.5　不同飞行阶段对导航参数的要求

项目	水平精度（95%）	垂直精度（95%）	完好性	告警时间	连续性	可用性
航路	3.7 km（2.0 nm）	N/A	$1\text{-}1\times10^{-7}$/h	5 min	$1\text{-}1\times10^{-4}$/h $\sim 1\text{-}1\times10^{-8}$/h	0.99 ~ 0.999 99
终端区域	0.75 km（0.4 nm）	N/A	$1\text{-}1\times10^{-7}$/h	15 s	$1\text{-}1\times10^{-4}$/h $\sim 1\text{-}1\times10^{-8}$/h	0.99 ~ 0.999 99
NPA	220 m（720 ft）	N/A	$1\text{-}1\times10^{-7}$/h	10 s	$1\text{-}1\times10^{-4}$/h $\sim 1\text{-}1\times10^{-8}$/h	0.99 ~ 0.999 99
APV-1	16 m（52 ft）	20 m（66 ft）	$1\text{-}2\times10^{-7}$/h	10 s	$(1\text{-}1\times10^{-6})$/h 15 s	0.99 ~ 0.999 99
APV-2	16 m（52 ft）	8 m（26 ft）	$1\text{-}2\times10^{-7}$/h	6 s	$(1\text{-}1\times10^{-6}$/h) /15 s	0.99 ~ 0.999 99
PA（CAT Ⅰ）	16 m（52 ft）	6 ~ 4 m（20 ~ 13 ft）	$1\text{-}2\times10^{-7}$/h	6 s	$(1\text{-}1\times10^{-6}$/h) /15 s	0.99 ~ 0.999 99

GPS 系统自运行以来，在全球大范围内得到了广泛的应用，然而长期以来，其完好性、可靠性、导航精度等一直难以满足航空用户将其作为主用导航系统性能的要求，卫星导航增强系统的建立和使用，正是针对这一问题对 GPS 系统进行的改进措施。卫星增强系统除了提供对伪距和电离层广域差分的校正之外，同时提供了 GPS 系统的完好性信息，比普通的广域差分系统具有更好的实用价值。增强系统网络的建设，不仅可为航空等领域通过高质量的导航服务，提供全球范围的无缝导航服务，同时各参考站数据还可作为数据资源用于科学研究、大地测量、工程建设等诸多方面，提高了其附加价值。

当前，美国、欧洲都非常重视 GPS 增强系统的建设，美国的 WAAS 和 LAAS、欧洲的 EGNOS（European Geostationary Navigation Overlay Service）、日本的 MSAS 均为各种发展的增强系统。这些系统在系统设计、信号标准等方面逐渐趋于一致，从而符合未来 GNSS 发展的要求。所以，GNSS 比现有的传统导航系统能够提供更为精确的导航引导，它通过数据链发给用户改进的导航性能的信息，可用于改善其精度、完好性、连续性和可用性。

卫星定位信号的增强将改善地面导航信息的不足，使形式复杂、多点分散的地面辅助导航信号改变成单一类型的辅助导航信号，如星基增强系统（SBAS）与地基增强系统（GBAS）的综合应用，就可以让飞机从起飞到降落都使用单一系统来操作，形成一个无缝隙的飞行服务系统。

为提高卫星导航的完好性、精确性、可用性和服务连续性，通过一些地面、空中或卫星设施，使用差分技术，伪卫星技术、监测手段等，使卫星导航系统总体性能得以提高，由此形成了卫星导航的增强系统。各种增强系统提高性能的措施不尽相同，根据 ICAO 国际民航公约附件十中 GNSS SARPs 的规定，GNSS 增强系统的组成可划分为 GBAS、SBAS、空基增强系统（ABAS）。

4.3.1　空基增强系统

ABAS 综合了 GNSS 信息和机载设备信息,从而确保导航信号完好性的要求。它的应用包括接收机自主完好性监测(RAIM)、飞机自主完好性监测(AAIM)等。宗旨是保证定位精度,实现对卫星工作状态的监控,确保使用健康的卫星进行定位,该内容在卫星完好性监测部分介绍。

4.3.2　地基增强系统

在 GBAS 中,用户接收到的增强信号来自地基发射机。GBAS 由 GNSS 卫星子系统、地面子系统和机载子系统组成,如图 4.19 所示。

GBAS 通过为 GNSS 测距信号提供本地信息和修正信息,来提高导航定位的精确度。修正信息的精度、完好性、连续性满足所需服务等级的要求。

设置在地面的多个监测站跟踪 GPS 卫星,提供本地的伪距测量值;地面中心站将这些伪距值合并,计算出单一的差分校正值,该值包含了所有的公共误差源。

地面站还要进行完好性监测,包括多接收机连续性监测(MRCC)、卫星信号失真监测、周期滑动监测等,并给每个伪距产生附加的完好性参数。

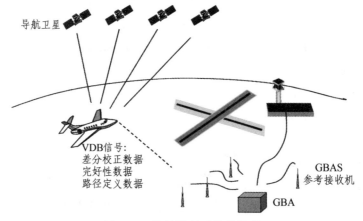

图 4.19　地基增强系统的组成

增强信息通过通信数据链以数字格式广播给用户,使用频段可选择 C 波段或 VHF 波段,调制方式为 D8PSK 或者 GFSK。这些信息包括差分校正值、完好性信息、基本地面站信息和状态信息等,用于机场飞机着陆的还包括最终进近段定义数据。修正信息的精度、完好性和连续性要满足所需服务等级的要求,最终目标是可用于Ⅲ类精密进近和地面导航。另外,GBAS 还能对没有被星基增强系统覆盖的偏远地区提供导航服务。

GBAS 用于空中交通管制,除能向视线范围内的飞机提供差分修正信号外,其空间信号还可提供机场场面活动的监视服务,能有效缩短系统完好性告警时间,其服务空间可包括在本区域内的所有机场。

当地基增强系统能够通过增加辅助的差分修正信息提供精确的进场定位信号时,可用于发展 GLS,以取代传统的 ILS 和 MLS。GBAS 的国际标准正在逐渐成熟,地面站的

发展也接近完善，目前已可实现精密二类进场着陆的能力。GBAS 的典型应用为美国的
LAAS 系统。

4.3.3 星基增强系统

在 SBAS 中，用户接收的增强信息来自星基发射机。SBAS 由地面监测站、主控站、
地面地球站（GES）及同步轨道通信卫星组成，如图 4.20 所示。系统以辅助的同步轨道
通信卫星，向 GNSS 用户广播导航卫星的完好性和差分修正信息。

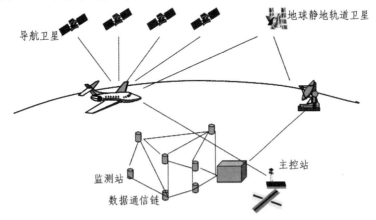

图 4.20 星基增强系统的组成

监测站测量所有可见卫星的伪距值，并完成部分完好性监测；测量数据经由数据网
络传送到主控站。主控站对观测数据进行处理，产生三种对伪距的校正数据：快速校正、
慢校正（卫星钟差和轨道误差）、电离层延迟校正；同时主控站也要进行完好性监测。
包括校正和完好性信息的数据通过地空数据链发到同步卫星，再由该卫星转发到用户接
收机，这时采用的信号频段和数据格式与导航卫星一致，这样可保证用户接收机的最大
兼容和最小改动。

SBAS 服务的覆盖范围与同步卫星相同，增强信号以 GPS 的 L1 频率 1 575.42 MHz
发送，使用 CDMA 编码，码速率 1.023 kbit/s，带宽 2.048 MHz，信号强度为 – 160 dbW，
链路的终结数据率是 250 bit/s。系统使用 PRN 编码，以便使下行链路不造成干扰。

SBAS 用于空中交通管制，可以提升机场跑道容量和空域隔离标准，可靠地增加指定
空域的容量；可以给出更多的直飞路径，满足精密进近的服务要求；可以减少及简化机
载设备，降低传统的陆基导航设施的维护费用，节省开支。当前，星基增强系统的进展
已可提供飞机精密 I 类进场着陆的能力。现有的 SBAS 的应用主要是美国广域增强系统
WAAS、欧洲静地重叠导航卫星系统 EGNOS、日本的 MSAS、印度的 GAGAN 和俄罗斯
的 SDCM 等。

EGNOS 是欧洲地球同步卫星导航重叠服务的简称，它是由欧盟、欧空局和欧洲航
空安全组织合作建设的 GPS 星基增强系统。EGNOS 从 20 世纪 90 年代开始建设，曾被
称为 GNSS-1 计划，主要目的是为 Galileo 计划奠定基础。

EGNOS 地面部分由 34 个测距与完好性监测站，4 个控制中心组成，6 个导航地面站组成。空间部分包括 3 个 GEO 卫星有效载荷，3 颗 GEO 卫星分别是 INMARSAT AOR-E（15.5°W）、ARTEMIS（21.3°E）和 INMARSAT IOR-W （65.5°E），PRN 编号为 120、124 和 126。

2003 年开始 EGNOS 进入试运行状态，并在全球进行了测试，2009 年 9 月，宣布欧洲 EGNOS 系统正式启用。EGNOS 公开服务的定位精度在欧洲中心地区其水平和垂直方向分别可达 1 m，个别地区水平为 3 m 和垂直为 4 m。

MSAS 是日本运输部建立的基于日本多功能卫星（MSAT）的星基增强系统，其设计思想、采用的技术方法与 WAAS 相同。MAAS 的地面部分有 4 个参考站（GMS）2 个监测与测距站（MCS）2 个主控站（MCS）。2 个 MCS 分别位于澳大利亚的堪培拉和美国的夏威夷。MSAS 从 2007 年 9 月开始运行。

印度正在建设一个广域增强系统（GPS and Geo-Augmented Navigation，GAGAN）。GAGAN 的技术体制与美国的 WAAS 相同，空间部分依赖印度的 GSAT-4 卫星，地面部分有 18 个参考站。

俄罗斯建设了一个 SDCM 系统用于监测 GNSS（GPS+GLONASS）并提供差分服务，于 2007 年开始试运行。SDCM 地面参考站计划建设 19 个，空间部分由两颗 GEO 组成。SDCM 提供的水平定位精度为 1～1.5 m，垂直定位精度 2～3 m。

4.4 卫星导航的完好性监测

4.4.1 卫星导航的完好性概述

ICAO 在 CNS/ATM 中对导航系统的发展规划是 GNSS 将成为主要的导航系统，当卫星导航系统作为主用导航系统或单一的导航手段时，对导航完好性的要求非常高。完好性是指卫星信号故障或引起误差的事件能及时检测出来并及时报警的能力。而卫星导航系统在使用中，将受到很多因素的影响，导致性能恶化。

卫星导航的定位精度受几何精度因子的影响，当系统在卫星数目不多且定位几何分布不好的地区，性能将会变差；卫星导航系统庞大而复杂，系统的软、硬件故障也会使卫星导航定位误差增大，以致影响飞行安全；外界环境中的电磁波、电离层变化及以自然干扰、人为干扰，特别是敌意干扰也会影响卫星导航的可用性；系统的拥有国为了自己的国家安全利益，曾经采取一些限制定位精度的措施，如 GPS 和 GLONASS 都是为军事目的建立起来的，在使用它们进行导航时，对其运行状况必须时刻密切关注，才能保证对它们的正确利用。

为使卫星导航系统满足全球航空导航的要求，使之成为整个飞行阶段唯一的或主要的导航手段，RTCA-159SC（航空无线电技术委员会 159 专门委员会）于 1986 年成立了完善性工作组，并从告警极限、允许最大告警率、告警时间和最小检测概率几个方面对 GPS 在不同飞行阶段的最低性能标准进行了规定，表 4.6 是 GPS 作为辅助导航时的完好性要求。其中，告警极限是指导航定位所允许的水平径向定位误差的最大极限，当用户定位误差超过系统规定的某一限值时，系统向用户发出警报。告警限值分水平告警限值（HAL）和垂直告警限值（VAL），表 4.7 是 ICAO 规定的 HAL 和 HVL 在不同的飞行阶段的告警限值，表示航空器位置不确定性概率为 10^{-7} 时的包容度。允许最大告警率（虚警）是指系统不存在超差卫星且设备工作正常的情况下所允许的告警率。告警时间是指从卫星出现故障开始到用户监测设备发出完善性告警所允许的时间延迟。漏检概率是指卫星发生故障，即实际误差超过告警极限时，系统认为没有故障的概率，而最小检测概率 = 1 - 漏检概率。

表 4.6　不同飞行阶段的完好性要求

要　求	航　路	终　端　区	非　精　密　进　近
告警极限/m	3 704	1 852	556
允许最大告警率	0.002/h	0.002/h	0.002/h
最小检测概率	0.999	0.999	0.999
告警时间/s	30	10	10

表 4.7　HAL 和 HVL 在不同的飞行阶段的告警限值

项目	HAL	VAL
洋区、低密度陆地航路	7.4 km（4.0 nm）	N/A
陆地航路	3.7 km（2.0 nm）	N/A
终端区域	1.85 km（1 nm）	N/A
NPA	556 m（0.3 nm）	N/A
APV-1	40 m（130 ft）	50 m（164 ft）
APV-2	40 m（130 ft）	20 m（66 ft）
PA（CAT 1）	40m（130 ft）	35～10 m（115～33 ft）

虽然在 GPS 卫星本身发出的导航电文中已向用户提供了完好性信息，但有些故障或漂移要经过几个小时才能发现，对高速、高动态飞机的飞行安全势必造成威胁。因此，GPS 系统在航路、终端区和非精密进近时作辅助导航系统，必须进行必要的完好性增强。

所有完好性增强都包含故障检测（FD）或者故障检测和排除（FDE）功能。FD 能确保异常信号的监测，即确保使用信号的完好性；在异常信号监测后，FDE 能保证导航的连续性。FD 的性能通过计算水平定位误差保护等级（HPL）和垂直定位误差保护等级（VPL）来测量，每当 H（V）PL < H（V）AL，说明 GNSS 导航是有效的，ICAO 要求的

导航精度和完好性能得到满足，如图 4.21 所示；当 H（V）PL > H（V）AL，说明 GNSS 不能满足 ICAO 要求的导航精度和完好性要求，如图 4.22 所示。FDE 的性能通过计算水平排除等级（HEL）和垂直保护等级（VEL）来测量。所以，针对当时的观测卫星几何和观测伪距误差，并根据漏警率和误警率等的要求，计算 H（V）PL 或 H（V）EL，利用故障检测（FD）或者故障检测和排除（FDE）功能，以保证当时观测情况下在对应飞行阶段的各种概率要求下相应的定位误差未超出告警限值。

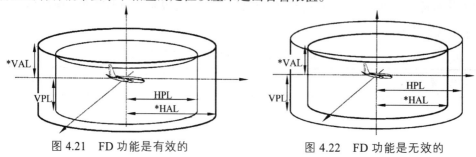

图 4.21　FD 功能是有效的　　　　图 4.22　FD 功能是无效的

4.4.2　完好性增强的分类

使用健康的卫星就是要增强卫星导航系统的完好性，而完好性监测系统的核心，是将该系统监测到的卫星完好性信息通过通信链路送到飞机上进行显示，使驾驶员能做出判断；或直接送到机载的卫星信号接收机中，使接收机能够根据卫星完好性的数据，自动修订接收机的定位计算，保证卫星的完好性满足民航飞机航路和进近的飞行要求。

目前，已有多种增强 GPS 系统完好性的方法和途径。从完好性增强的手段上来分，可分为内部监测方法和外部监测方法两大类。

内部监视方法是指不需要外部设备提供信息，仅通过飞行器内部设备的监测和分析，就可以提取出卫星系统的完好性信息，进行卫星故障的检测和排除，它又包括接收机自主完好性监测（RAIM）、机载自主完好性监测（AAIM）两个分支。内部监测方法的机理是利用卫星信号接收机内部的冗余信号，或其他的导航辅助信息来实现监测的。

内部监视方法由于不需要附加外部设备的支持，因此花费较低，容易实现。目前，已研究出多种 GPS 接收机自主完善性监测算法，如二乘残差和监视法、最大间隔监视法、校验空间错误检测排除算法（FDE）和错误检测隔离算法（FDI）等。但内部监视方法要求同时收到一定数量的卫星信号，利用接收机的冗余数据进行卫星故障的检测和排除；而且由于自身设备的原因，对 GPS 的"小误差"失效不敏感，其应用尤其对高动态用户的应用受到限制。

外部监视方法是在地面或太空的地球同步卫星上设置完好性监测站或站组，通过在站中建立高精度的时间和空间基准，对空间相关的误差（大气中的传播延时误差）和空间不相关的误差（卫星的星历误差、星钟误差）进行分离解算，复制完善性信息（如卫星数据中的健康字符等），最后向其覆盖的用户播发。其中，一种方法是 GPS 系统完好性通道（GIC）检测，或称为 GAIM 系统，另一种方法是星基完好性监测，它们分别通过地基通信和卫星通信将卫星的完好性信息发送给用户。

外部方法需要在地面建站，或利用同步卫星的设备加以实现，并且要建立数据通信链路，系统较复杂，需要一定的资金和技术投入。但该方法不需要冗余卫星信号，就能实现对每颗卫星的实时监测、正确识别故障卫星，因此具有较高的可靠性和可信度。

4.4.3　RAIM

RAIM 技术是在接收机内，仅依靠接收机自身获取的定位信号进行监控的方法，它是在航空型 GPS 接收机内部通过软件和一定的算法实现的，成本低，适用于全球所有地区及空域。RAIM 技术的基本原则是增加多余的观察星，它利用 GPS 系统的冗余信息，对 GPS 的多个导航解进行一致性检验，从而达到完好性监测的目的。按照 GPS 24 颗卫星的星座布局，将为全球提供 99.99%以上的 5 颗 GPS 卫星的覆盖。当机载 GPS 接收机视线内有 5 颗卫星时，由于只需 4 颗便能产生飞机的三维位置、速度和时间信息，那么可以用这 5 颗卫星构成 5 个组合，每个组合包括 4 颗卫星，并分别求出相应的位置解。如果卫星信号正常，且卫星几何因子较好或相差不是很大，那么这 5 个位置解会在一定的范围内保持一致。反之，如果其中一颗卫星信号异常，那么这 5 个位置解的差异就会很大。这样利用 5 颗卫星就可迅速判定有无卫星信号异常和卫星失效的程度。当有 6 颗可见星时，还可判断是哪一颗卫星出了故障，从而提高 GPS 系统的完好性。

RAIM 技术的关键是建立误差模型。在 RAIM 误差分析的过程中，相应的算法称为故障检测和排除（FDE）算法，目前采用的有距离比较法、最小二乘法、比率法、递归法等，除递归法外，均依靠增加多余观察星完成监测故障的功能。

RAIM 既保证了定位精度，也实现了对卫星工作状态的监控，是目前卫星定位中自主有效地获得完好性监测的唯一方法。其优点是对卫星故障反应迅速及完全自动，且不受外界干扰；其缺陷是要求机载 GPS 接收机视界内有 5 颗以上几何分布较好或相当的卫星，否则就无法进行完好性判定。

4.4.4　AAIM

AAIM 实现完好性监测又有许多途径，如采用 GPS/惯性导航、GPS/多普勒导航雷达、GPS/高度表、GPS/VOR-DME 和 GPS/罗兰-C 等组合，可得到比单独使用这类设备更高的导航定位精度，并以这些设备输出的数据为基准去判别 GPS 系统的完好性。

其中，采用 GPS/惯导组合的完好性监测，可有效地实现对 GPS 卫星硬故障的监测，也能对误差缓慢变化的软故障产生告警信息。使用一般民用的惯导系统和 GPS 进行组合，就可以实现飞机在海洋航路和陆路航路的完好性监测要求。采用 GPS/惯导组合还可以和 RAIM 技术结合，当 RAIM 失效或无法进行判断时，用惯导系统的位置误差和 GPS 位置的漂移速率进行比较，可监测定位结果的可靠性。

4.4.5　GAIM

GAIM 方法是在本地设置若干个地面监测站监视卫星的健康状况。借助监测站收集视界内所有卫星传来的信号,产生伪距测量值并计算出伪距误差,如果超过允许的范围,就产生完好性报警信号,通知服务区内所有用户不得使用这颗卫星。

为了扩大监测范围和监视的可靠性,各监测站通过地面通信网连接起来,将监视信息送到主控站处理形成服务区内 GPS 卫星的完好性信息,再通过地空通信网送到机载 GPS 接收机,通知所有用户不得使用这颗卫星进行定位解算。根据不同飞行阶段完好性有不同的门限限制,发送的完好性可以有几类,由处于不同飞行阶段的飞机选择适合自己的一类使用。

与 RAIM 技术相比,GAIM 在完好性监测方面有其独特的优势。这主要是由于 GAIM 监测站的位置精确已知,以这些精确的位置作为基准,可以迅速判定视界内的某颗卫星是否能够用于导航,因而不受视界内卫星的数量和卫星几何精度因子的影响;并且监测站可以使用无码双频接收机来消除电离层延迟,能够确保精确监测视界内所有可见卫星的信号,并迅速确定出信号较差的卫星。

4.4.6　中国民航 GNSS 完好性监测方案

1. 我国 GNSS 完好性监测概述

为提高 GPS 系统完好性以满足民用航空导航系统要求,必须采取附加措施。根据国际已发展的各种增强 GPS 系统完好性的技术,我国提出了采用接收机自主完好性监视 RAIM 和 GPS 系统完好性通道的完好性监测方案。

2. 我国 GAIM 技术方案

采用 GAIM 技术的卫星完好性监测系统包括地面监测网、主控站、机场差分台、导航地空数据链、机载航路导航台以及机载多模式接收机(MMR)和处理单元等,如图 4.23 所示。系统的基本功能包括利用地面监测站获得卫星的完好性信息和差分校正信息;实现监测数据的实时发送;飞机能够及时利用差分校正信息提高定位精度,利用卫星完好性信息剔除不可用卫星。系统的目标是在 GPS 接收机 RAIM 和 GAIM 系统的共同增强下,使 GPS 系统在边远地区达到主要导航/监视系统的性能要求,在航路、终端区达到辅助导航/监视系统的性能要求。

地面完好性监测站对 GPS 卫星的完好性进行监测,将数据传送到主控站,在主控站进行计算,得到卫星的完好性信息。主控站将此信息发送到地面导航台,通过导航数据链广播给航路飞机,由机载 MMR 接收并同步进行处理;在一些机场,还要与差分信息一起打包发送给机场区域的飞机,增强民航飞机在条件恶劣的机场的着陆能力。

系统的处理过程包括建立地面监测网、卫星完好性信息和差分校正信息的打包上传、机上设备对数据的处理三个方面,最终由机上 MMR 自动校正接收机的定位计算,给出精确的飞机定位解。

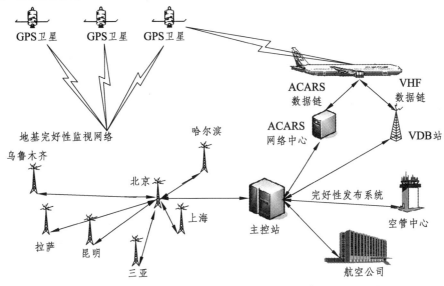

图 4.23 卫星完好性监测系统组成

3. 我国 GAIM 技术各部分功用

1）地面监测站

地面监测网由多个地面监测站组成，它们具有一定的位置分布，保证能对所监测的空域实现多重覆盖。目前，我国在上海、哈尔滨、北京、三亚、昆明、拉萨和乌鲁木齐设有地面监测站。监测站负责接收卫星的信号，得到卫星的星历、伪距和其他原始数据，并将这些数据送到数据处理计算机处理，得出卫星的完好性数据，并将结果传送给北京的主控站。其功能包括：

GPS 数据接收：完成对 GPS 星历数据、电离层传播时延、卫星伪距和精密时间等数据的收集。

计算 GPS 伪距误差：根据监测站所在的精确位置计算出各 GPS 卫星伪距的误差。

GPS 卫星完好性判定：根据 GAIM 算法，判断卫星的完好性，即给出一定仰角以上的可见卫星的"可用/不可用"信息，这些数据编排成卫星完好性电文通过地面通信网传送到主控站。监测站输出数据周期为每秒钟 1 次。

远程维护：远程维护实现主控站与监测站的连接，主控站能够监视各监测站的工作状态，并向监测站发送命令进行参数修改，监测站能够接受主控站的命令，并进行相应的操作与维护。

2）主控站

主控站通过地面数据网获得各个监测站的数据，并将数据送到数据处理计算机，完成对 GPS 卫星完好性监测数据的计算和综合，得出整个监测空域的卫星完好性信息，然后装订成统一的卫星导航完好性电文，传到设在航路和机场上的 VHF 发射机，采用导航地空数据链发送到飞机上。主控站还可对各个监测站进行监视、维护和控制，并可通过相应命令更改监测站的系统参数。其主要功能如下：

数据接收：接收各个监测站传送来的卫星信息。

数据处理：来自各监测站的卫星数据进行综合处理，最后判断卫星的完好性，得出监测网覆盖范围内可见卫星的"可用/不可用"信息，并编排成卫星完好性电文。

通信管理：建立监测站与主控站的通信连接。

远端维护：完成主控站对监测站的操作和维护，并对监测站应用程序及参数进行修改。

数据发送：通过机场和航路的导航地空数据通信链向飞机发送完好性信息。

3）机场差分站

机场差分站是一个地理位置精确已知的基准站，通过接收 GPS 接收机的数据，计算出各 GPS 卫星的伪距差分校正信息，和完好性信息一起经处理后转化成标准格式广播给飞机。机场差分站的主要功能包括：

数据接收：GPS 接收机接收可视范围内所有 GPS 卫星的信号，经解算后给出伪距和定位数据。

计算差分校正信息：依据差分原理计算机场附近区域的差分校正信息。

网络通信：将差分校正信息和完好性信息通过机场局域网发送到 VHF 发射台。

运行状态监视：监视 GPS 接收机和本系统的运行状态，及时给出警告信息。

4）导航地空数据链

导航地空数据链接收主控站传送来的卫星完好性信息和机场差分站传送来的差分校正信息，将它们处理后按一定格式打包发送到飞机的多模接收机。其主要功能如下：

数据接收：接收主控站传送来的卫星完好性信息和机场差分站传送来的差分校正信息。

数据格式处理：将卫星完好性信息和差分校正信息打包成适合导航地空数据链传输的数据格式。

信息发送：采用 VHF 发射机，把卫星完好性信息和差分校正信息广播式发送给覆盖区域内的飞机。

系统管理：监控通信网络状况，出现异常时给出报警提示；自动恢复网络通信；监控数据库的工作状态。

5）机载多模式接收机

常用的机载 GPS 完好性信息接收单元是机载多模接收机（MMR），MMR 是一种高集成度、多功能的航空电子导航设备，可用于航路导航，也可实现在飞机各种机场条件下的着陆。能够按照地面卫星完好性监测系统得到的完好性信息进行定位计算，从而保证机载 GPS 接收机定位的结果满足航空导航各个阶段的要求。

4.5 现代导航方法

4.5.1 区域导航

4.5.1.1 区域导航的概念

随着航空业的高速发展，空中飞行流量日益增加，束缚于导航台的这种传统的航线结构和导航方法，存在着很大的局限性，严重限制了飞行流量的增加。随着计算机技术、电子技术广泛应用于导航运算中和一些远程导航系统的出现，如惯性导航系统、全球定位系统等，导航手段发生了根本性的变化。可以引导飞机不需飞向或飞越导航台，因而航线可以由不设导航台的航路点之间的线段连接而成，使得航线编排更加灵活，这种导航方法称为区域导航（Area Navigation，RNAV）。

国际民航组织在国际民航公约附件 11 中对区域导航（RNAV）的定义：区域导航是一种导航方法，允许飞机在台基导航设备的基准台覆盖范围内或在自主导航设备能力限度内或两者配合下按任何希望的飞行路径运行。其中台基导航设备，包括传统的以地面电台为基础的陆基导航设备和以卫星导航系统为基础的星基导航设备；区域导航不仅是一种导航方法，同时也涉及到航路结构和空域环境。

随着导航系统的发展和各国的使用政策，当前广泛使用的区域导航系统主要有：

（1）VOR/DME：这种导航系统根据确定的一个 VOR/DME 台和选定的航路点，机载 VOR/DME 接收机接收 VOR 方位和 DME 距离信息，通过 RNAV 导航计算机，算出飞向下一个航路点的航线角和距离，使飞机飞向该航路点。该导航系统是最简单的 RNAV 设备，该导航设备受限于所选台的覆盖范围和接收距离，要使用此设备用作 RNAV，飞行区域必须有足够的 VOR/DME 台覆盖。

（2）DME/DME：这种导航系统根据位置确定的两个 DME 台来确定飞机的位置信息，根据选定的航路点，通过 RNAV 计算机的计算来获得飞机的导航信息。飞机位置信息的精度取决于 DME/DME 双台对飞机的几何位置关系和接收距离，所以在有较多 DME 台覆盖并可以选取较好组合时，此系统极为可靠。

（3）惯性导航系统（INS/IRS）：惯性导航完全是靠机载的自主设备实现导航，其导航计算机都具有 RNAV 计算能力，可以输出精确的现在位置、导航数据、驾驶指令和飞机的姿态航向信息；缺点是精度随时间增加变差。

（4）全球卫星导航系统（GNSS）：全球卫星导航系统是由机载接收设备接收空中卫星发射的信号而定位的独立导航系统，是一种具有高可靠性、高准确性、全球覆盖的导航系统。通过多种增强技术的使用，符合单一导航手段，完全满足国际民航组织对 RNAV 的不同飞行阶段的性能要求。

（5）飞行管理系统综合（FMS）：上面的 4 种导航传感器可以单独使用，也可以多类型导航传感器组合应用，组合使用很典型的就是飞行管理系统综合。图 4.24 所示是现代飞机的复合多传感器区域导航系统，其导航传感器包括 VOR、DME 接收机、惯性基准系统、全球卫星导航系统等，通过多种导航系统的综合导航，完全满足 RNAV 的要求，是现代飞机上广泛使用的区域导航系统。

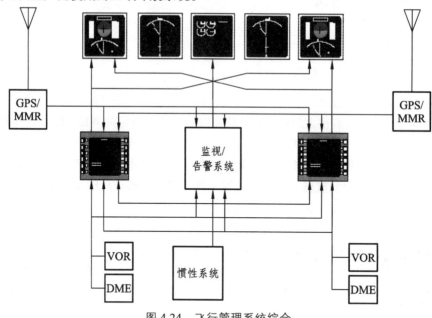

图 4.24   飞行管理系统综合

4.5.1.2   区域导航系统的组成

典型的区域导航系统组成如图 4.25 所示。它由 RNAV 计算机、导航传感器、导航控制系统、显示和系统告警、飞行控制系统等组成。

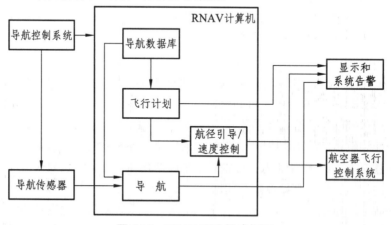

图 4.25   RNAV 系统组成框图

RNAV 系统的导航传感器包括大气数据系统、VOR/DME 接收机、惯性基准系统、全球卫星导航系统，其中导航传感器可以单独使用，也可组合使用。它们为 RNAV 计算机提供实时的大气、飞行、导航和姿态参数。

导航控制系统是进行人-机联系的一个重要部件，飞行机组通过该部件可以完成飞行前飞行计划参数的输入和飞行中对飞行计划的修改。

RNAV 计算机是系统的核心，它接收来自传感器的信息、内部数据库数据和机组人员键入的数据，并对这些数据进行综合处理，从而实施导航、飞行计划管理、引导和控制、显示和系统控制等功能。

显示和系统告警主要是显示导航信息和其他信息，如驾驶员可在 RNAV 系统自身显示器上或其他显示仪器上获得侧向和垂直引导。最先进的显示模式将构成一幅电子地图，包括航空器标志、计划飞行航径和地面相关设施，如导航设备和机场等。另外，在出现异常的情况下还可提供告警信息。

飞行控制系统接收来自飞机各传感器的信号，根据要求的飞行方式对信息进行处理，并产生输出指令去操纵副翼等控制翼面。

导航数据库存储在导航计算机内，导航数据库存储导航设备位置、航路点、空中交通服务航路和终端程序及相关信息等。RNAV 系统将使用这些信息生成飞行计划，还可在传感器信息和数据库之间进行交互检查。

4.5.1.3　区域导航系统的功能

RNAV 系统的功能主要包括导航、飞行计划管理、引导和控制、显示和系统控制。

1. 导　航

导航功能计算包括航空器位置、速度、航迹角、垂直航径角、偏航角、磁差、气压修正高度及风向和风速等数据。

RNAV 系统可以使用单一类型的导航传感器，如全球导航卫星系统进行导航，但是更多的是多导航传感器的 RNAV 系统。使用多导航传感器系统来计算航空器的位置和速度，虽然实施的方式可能有所不同，但系统的计算通常依据可用的最精确的定位传感器。

RNAV 系统在使用导航传感器时，要确认每个传感器数据的有效性，还要确认使用这些系统之前各类数据的一致性。如全球导航卫星系统数据在被用于导航定位和速度计算之前，通常要经过严格的完好性和精度检查；VOR 和 DME 数据在被用于 FMC 无线电更新之前，通常要经过一系列的"合理性"检查。这种严格性上的差异是由于导航传感器技术和设备所具有的能力和特性造成的。

对于多传感器的 RNAV 系统，在进行位置和速度计算时有不同的优先等级。其中，GNSS 具有最高的优先，如果不能将 GNSS 用于位置/速度计算时，则系统可以自动选择诸如 DME/DME 或 VOR/DME 这类次级优选更新模式，如果这些无线电更新模式不能使用或已被取消，那么系统就会自动转为惯性导航系统。对于单传感器导航系统，传感器故障可导致 RNAV 系统无法进行导航。

2. 飞行计划管理

RNAV 系统飞行计划功能可生成和收集引导功能所用的侧向和垂直飞行计划。RNAV

系统还能为航路点、终端和进近程序以及始发地和目的地提供飞行进程信息，包括预计到达时间和所需飞行距离，这对于空中交通管制进行战术和计划协调都很有帮助。

当前的很多 RNAV 系统包括性能管理能力，在这种管理中，将使用空气动力学和动力装置模型计算与航空器相吻合，并能够满足空中交通管制各种限制的垂直飞行剖面。

3. 引导和控制

RNAV 系统提供侧向引导和垂直引导。侧向引导功能将导航功能生成的航空器位置与理想的侧向飞行航径进行对比，生成用来指挥航空器沿理想航径飞行的引导指令。连接飞行计划航路点的最短或大圆航段和这些航段之间的弧形过渡由 RNAV 系统计算得出。通过将航空器当前位置和方向与标称航迹相对比，计算出飞行航迹误差，依据航迹误差，系统生成沿标称航迹飞行的滚动式引导指令。这些引导指令被输入到飞行引导系统，用来直接控制航空器或为飞行指引仪生成指令。其中的垂直引导功能用于控制航空器在飞行计划限制的范围内沿垂直剖面飞行。垂直引导功能的输出信息，通常是对显示系统和/或飞行引导系统发出的俯仰指令，以及对显示系统和/或自动推力系统发出的推力或速度指令。

4. 显示和系统控制

显示和系统控制为系统初始化、飞行计划、航迹偏离、飞行进程监视、主动引导控制和导航数据显示提供各种手段，以使飞行机组人员掌握飞行情况。

4.5.1.4　区域导航的特点

区域导航程序与传统飞行程序相比，在飞行程序设计理念方面是一次大的革新。区域导航能够脱离导航台台址的约束，便于编排短捷的希望的飞行路径。RNAV 在充分利用现代计算机技术下，便于发挥多套组合及多种导航设备组合导航的优势。在定位计算中采用了余度技术、卡尔曼滤波技术后，导航精度和可靠性都有明显提高。此外，RNAV 能与自动驾驶及显示器耦合，因而能把航线偏离或驾驶指令送到自动驾驶或自动飞行系统和显示仪表，实现自动制导和显示器监视，还能在到达航路点前给出提示信息。

与传统导航相比，区域导航的特点反映在航路结构、定位方法、导航计算等多个方面。航线结构：RNAV 的航线就是航路点系列组成的连线，这些航路点是脱离导航台台址而自行定义的任何地理位置点，而传统导航的航线是导航台连接而成的连线；定位方法：RNAV 定出的是飞机在地球上的绝对位置，传统导航定出的位置是飞机相对于电台的位置；导航计算方法：RNAV 按飞行计划转换到航线坐标，算出向前方航路点飞行的已飞距离或待飞距离和航迹的侧向偏离，所有的计算是在大圆航迹上进行的，而传统导航的计算是在当地地图投影平面上进行的。

4.5.2　所需导航性能

4.5.2.1　所需导航性能的概念

国际民航组织在 Doc 9613-AN/937 中对所需导航性能（Required Navigation Performance，RNP）的定义是，所需导航性能是对在规定空域内运行所需要的导航性能精度的描述。RNP 也指在指定空域和航路内，装备各种导航系统（或设备）的飞机在规定概率上能够保持在指定轨迹的允许偏差以内的能力，其偏差值用 RNP X，X 单位为纳米（nm）。指定概率是指在 95%时间内，为了保证空域的持续性和完整性，当航空器在失效和不正常性能情况下，以高度确定性令人满意地完成任务，除 95%区域以外，RNP 还设置了包容区，RNP 包容区是一个 2×RNP X 的区域，包容度为 99.999%的时间概率，如图 4.26 所示。

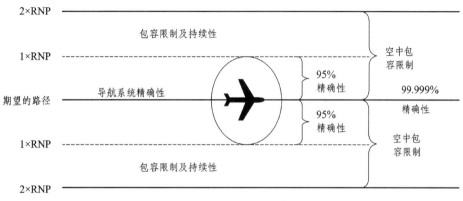

图 4.26　RNP 的组成

导航性能精度是基于水平范围内允许的整体系统误差（Total System Error，TSE），包括侧向和纵向。TSE 是导航系统误差、RNAV 计算误差、显示系统误差和飞行技术误差 FTE 的综合；侧向范围方面，TSE 被假设为飞机的真实位置和导航系统计划的飞行航路中心线间的差异；纵向范围方面，TSE 被假设为到规定航路点的显示距离和到该点真实距离的差异。

4.5.2.2　RNP 的类型

导航性能精度用 RNP X 来表示，精度值受到导航源误差、机载接收误差、显示误差和侧向的飞行技术误差等影响，根据不同的导航性能精度，批准了不同的 RNP 类型。从不同国家和地区对 RNP 的发展看，RNP 有不同的类型。其中，早期的是 RNP 20、RNP 12.6，RNP 20 是早期考虑应用到 ATS 航路的标准，但现在已不需要该标准了；RNP 12.6 是用于降低了标准的导航设备的优化航路区域，如北大西洋的最小导航性能规定空域（MNPS），现在也不使用。现在和将来使用的 RNP 类型有 RNP10、RNP4、RNP2、基本 RNP 1、高级 RNP1、RNP APCH 和 RNP AR APCH 等，具体应用将在 PBN 内容介绍。

4.5.2.3　RNP 和 RNAV 的关系

RNAV 是满足 RNP 的重要手段，在允许的误差精度下，可以在任何空域以 RNP 概念运行 RNAV，而无须飞越陆基导航设备。提供 RNP 可以用任何一种导航系统，前提是其能满足所需导航性能的精度。RNP 运行区别于 RNAV 的一个显著特点是 RNP 的机载导航系统具备监视机载导航系统性能的能力，一旦它检测到运行中的航空器所获得的导航性能没有达到要求，它就会立即告知机组。所以，RNP 系统提高了运行的完整性，使航路间距和保护区缩小、空域资源得到进一步优化。传统航路、RNAV 航路和 RNP 航路的区别如图 4.27 所示。

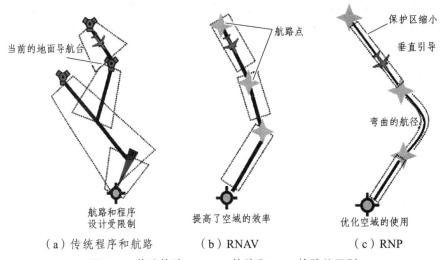

（a）传统程序和航路　　（b）RNAV　　（c）RNP

图 4.27　传统航路、RNAV 航路和 RNP 航路的区别

4.5.3　基于性能的导航

4.5.3.1　基于性能导航的概念

基于性能的导航（Performance Based Navigation，PBN）是国际民航组织（ICAO）在整合各国区域导航（RNAV）和所需导航性能（RNP）运行实践和技术标准的基础上，提出的一种新型运行概念。它将飞机先进的机载设备与卫星导航及其他先进技术结合起来，涵盖了从航路、终端区到进近着陆的所有飞行阶段，提供了更加精确、安全的飞行方法和更加高效的空中交通管理模式。

PBN 是指在相应的导航基础设施条件下，航空器在指定的空域内或者沿航路、仪表飞行程序飞行时，对系统精确性、完好性、可用性、连续性以及功能等方面的性能要求。PBN 概念标志着从基于传感器导航向 PBN 的转变。在 PBN 中，首先依据运行要求确定一般导航要求；然后，运营人评估可选技术和导航服务。所选择的解决方案，对运营人而言将是一个最具成本效益的方案，但不是作为运行要求的一部分强加的方案。

4.5.3.2　基于性能导航的优点

与基于传感器导航制定空域和超障准则的方法相比，PBN 具有以下优点：

（1）精确地引导航空器，提高飞行运行安全性。

（2）提供垂直引导，实施连续稳定的下降程序，减少可控撞地的风险。

（3）改善全天候运行，提高航班正常性，保障地形复杂机场运行的安全。

（4）实现灵活和优化的飞行航径，增加飞机业载，减少飞行时间，节省燃油。

（5）避开噪声敏感区，减少排放，提高环保水平。

（6）通过实施平行航路和增加终端区内进、离场航线定位点，提高交通流量。

（7）缩小航空器间横向和纵向间隔，增大空域容量。

（8）减少地空通信和雷达引导需求，便于指挥，降低飞行员和管制员的工作负荷。

（9）减少导航基础设施投资和运行成本，提高运行的整体经济效益。如移动一个 VOR 台会影响到数十个程序，因为 VOR 台可能用于航路、VOR 进近、复飞等。增加新的特定传感器程序将增加这类成本。可用导航系统的快速发展，将很快使特定传感器航路和程序的成本变得不堪承受。

（10）提供若干组供全球使用的导航规范，简化运营人的运行审批程序。

4.5.3.3　基于性能导航的内容

通信、导航、监视和空中交通管理是空域概念不可缺少的 4 个要素，对于导航系统，把发展 PBN 作为空域概念的支持手段之一。PBN 概念依赖于 RNAV 系统的使用，使用 PBN 的要素包括导航应用、设备基础设施和导航规范，如图 4.28 所示。PBN 应用有 2 个核心的输入要素：导航设备基础设施和导航规范。在空域概念下将导航设备基础设施和导航规范 2 个要素应用于空中交通服务航路和仪表程序，便产生第 3 个要素：导航应用。

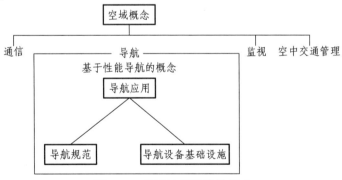

图 4.28　基于性能导航的组成

1．导航规范

导航规范是各国制定适航和运行审批材料的基础。导航规范会详细说明 RNAV 系统在精度、完好性、可用性和连续性方面所要求的性能；RNAV 系统必须具备哪些导航功能；哪些导航传感器必须整合到 RNAV 系统，以及对机组人员有哪些要求。

导航规范既可以是 RNP 规范，也可以是 RNAV 规范。RNP 规范包含对机载自主性能监视和告警的要求，而 RNAV 规范则不包含此方面的要求。

在不同的区域，RNP 和 RNAV 规范的标识是不同的，如图 4.29 所示。

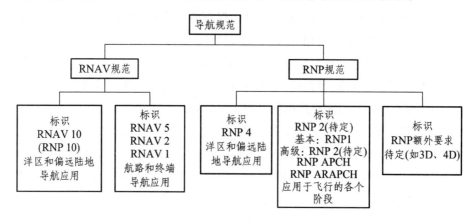

图 4.29　PBN 的导航规范

在洋区、偏远陆地、航路和终端区域，RNP 规范以 RNP X 标识，如 RNP 4；RNAV 规范标识为：RNAV X，如 RNAV 1。如果两个导航规范共用一个 X 数值，可以使用前缀加以区分，如高级 RNP 1（Advanced RNP 1）和基础 RNP 1（Basic RNP 1）。进近导航规范包含仪表进近的各个航段。RNP 规范的标识将 RNP 作为前缀，后接一个词语缩写，如 RNP APCH 或 RNP AR APCH。RNAV 没有进近规范。另外，现行标识 RNP 10 与 PBN 的 RNP 和 RNAV 规范不一致，RNP 10 不包括对机载性能监视与告警的要求。为了与 PBN 概念相一致，当前 PBN 框架下的 RNP 10 被称为 RNAV 10。

表 4.8　飞行阶段导航规范的应用

导航规范	飞行阶段							
	洋区/偏远陆地上空航路	陆地上空航路	进场	初始	进近			离场
					中途	最终	复飞	
RNAV 10	10							
RNAV 5		5	5					
RNAV 2		2	2					2
RNAV 1		1	1	1	1		1[b]	1
RNP 4	4							
基础 RNP 1			1[ab]	1[a]	1[a]		1[ab]	1[ac]
RNP APCH				1	1	0.3	1	

注意：（1）该导航应用仅限用于标准仪表进场和标准仪表离场；
　　　（2）应用范围仅限于复飞进近阶段的初始爬升之后；
　　　（3）距机场基准点（ARP）30 海里以外，精度告警门限变为 2 海里。

对于 PBN 的导航规范，不同的导航规范运用于不同的飞行阶段，见表 4.8。

（1）RNAV 10 用于支持飞行航路阶段 RNAV 的运行，支持基于海洋或偏远地区空域的纵向最小间隔，概念等于 RNP 10，但 RNP 10 并无机载性能监视和告警功能要求。该导航规范不需要求任何地基导航设备，但需装有至少两套机载远程导航系统（INS/IRS 或 GPS）。目前，RNP 10 已应用于我国三亚情报区。

（2）RNAV 5 是一项航路导航规范，也可用于 30 nm 以外和最低扇区高度以上的标准仪表进场初始阶段；导航源可以为 GNSS、DME/DME、VOR/DME、INS/IRS，一般要求有雷达覆盖和直接话音通信。

（3）RNAV 2 和 RNAV 1 主要用于有雷达监视和直接陆空通信的陆地航路和终端区飞行。RNAV 2 适用于航路，RNAV 1 导航规范适用于航路和终端区进离场程序。导航源为 GNSS、DME/DME、DME/DME/IRU。

（4）RNP 4 应用于海洋和偏远地区。要求有话音通信或 CPDLC 以及 ADS-C，以支持 30 nm 最低航路间隔标准。使用 GNSS 的 RAIM 功能来保障完好性。该规范最早应用于太平洋地区，我国 L888 航路属于 RNP4。

（5）RNP 1 包括基本 RNP 1 和高级 RNP1。基本 RNP1 适用于航路和终端区，该导航规范旨在建立低到中等交通密度且无雷达覆盖区域的航路和终端区程序。GNSS 是基本 RNP 1 主要的导航源，使用 GNSS 的 RAIM 功能来保障完好性。使用基于区域导航系统的 DME / DME 导航则需要严格的安全评估。高级 RNP 规范 ICAO 仍在制定中。

（6）RNP APCH 包括 RNP 进近程序，以及直线进近阶段 RNAV（基于 GNSS）进近程序，精度值一般为 0.3。GNSS 是 RNP 进近程序的主要导航源，程序设计时需要考虑由于卫星失效或机载监控和告警功能丧失导致失去 RNP 进近能力的可接受性。复飞航段可以是 RNAV 或传统导航程序。该导航规范不包括相关的通信和监视要求。

（7）RNP AR APCH 是特殊授权 RNP 进近程序。特点是进近程序、航空器和机组需要得到局方特殊批准。一般用于地形复杂、空域受限且使用该类程序能够取得明显效益的机场，精度值一般在 0.3～0.1。RNP AR APCH 只允许使用 GNSS 作为导航源，应对实际能够达到的 RNP 精度进行预测。该规范不包括相关的通信和监视要求。目前，我国拉萨、林芝、丽江等机场已应用此导航规范。

RNAV 和 RNP 规范都包含导航功能要求，这些导航功能要求基本包括：

（1）持续显示航空器位置的功能，航空器位置是相对于驾驶员主视野内的航行显示器航迹而言的。

（2）显示至正在使用的航路点距离和方位。

（3）显示至正在使用的航路点地速或时间。

（4）导航数据存储功能。

（5）正确提示 RNAV 系统，包括传感器的故障。

另外，更为完备的导航规范还包括对导航数据库和执行数据库程序能力的要求。

2. 导航设备基础设施

导航设备基础设施指陆基或星基导航设备：陆基导航设备包括测距仪和甚高频全向无线电信标；星基导航设备指包括全球导航卫星系统构成要素。

3. 导航应用

导航应用是指按照空域概念，将导航规范和相关导航设备基础设施应用于空中交通服务航路、仪表进近程序和/或规定空域。其中 RNP 应用由 RNP 来支持；RNAV 应用由 RNAV 规范来支持。如 GNSS、DME / DME / IRS、DME / DME 任意一种导航源都可满足 RNAV 1 标准，但特定的国家，对于需要满足 RNAV 1 标准的导航设备性能不仅仅依赖于航空器的机载能力，有限的 DME 设备或 GNSS 政策因素都可能导致该国对 RNAV 1 标准具有特定的导航设备要求。

4.5.3.4　机载监视性能与告警

PBN 导航中的 RNP 规范包含对机载自主性能监视和告警的要求，机载性能监视与告警是决定导航系统是否符合 RNP 应用必要安全水平的主要因素。它与侧向和纵向导航性能两者相关，并且能够帮助机组发现导航系统没有达到或不能保障 10^{-5} 的导航完好性要求。

影响侧向导航精度的是与航空器保持航迹和定位有关的导航误差。其中涉及机载性能监视与告警方面 3 个主要的误差是，航径定义误差（Path Definition Error，PDE）、飞行技术误差（Flight Technical Tolerance，FTE）和导航系统误差（Navigation System Error，NSE），这 3 种误差构成了总系统误差（Total System Error，TSE），如图 4.30 所示。

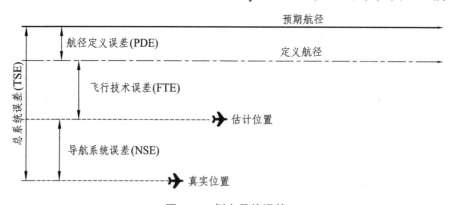

图 4.30　侧向导航误差

航径定义误差（PDE）：当 RNAV 系统定义的航径与预期航径，即预期在地表上空飞行的航径不相符时，就会产生航径定义误差。

飞行技术误差（FTE）：飞行技术误差与飞行机组人员或自动驾驶仪沿定义的航径或航迹运行的能力有关，包括显示误差。飞行技术误差可由自动驾驶仪或飞行机组程序进行监视，而这些程序在多大程度上需要其他手段给予辅助，则取决于飞行阶段和运行类型等因素。飞行技术误差有时被称为航径操纵误差（PSE）。

导航系统误差（NSE）：导航系统误差指航空器估计位置与实际位置之间的区别。导航系统误差有时被称为定位估计误差（Position Estimation Error，PEE）。

假定这些误差呈相互独立、零均值的高斯分布，那么总系统误差也符合高斯分布，标准差为这三种误差标准差平方和的平方根（RSS）：

$$TSE = \sqrt{PDE^2 + FTE^2 + NSE^2}$$

侧向导航误差（95%）是 2TSE：

$$2TSE = 2\sqrt{PDE^2 + FTE^2 + NSE^2}$$

纵向性能是指相对于航迹上某个位置的导航能力（如 4 – D 操控）。然而，目前尚没有要求 4 – D 操控的导航规范，也没有纵向维度的飞行技术误差。目前的导航规范定义了沿航迹的精度要求，导航系统误差和航径定义误差。沿航迹精度会影响位置报告（如"距离 ABC 10 海里"）和程序设计（如最低航段高度，航空器一旦飞越某定位点就可以从这个高度开始下降）。

RNAV 和 RNP 规范的精度要求从侧向和沿航迹维度做出规定。RNP 规范中的机载性能监视与告警要求从侧向维度做出规定，目的是评估航空器运行的符合度。然而，导航系统误差被视为是径向误差，从而全方位地提供机载性能监视与告警。

由于 RNP 规范包含对机载自主性能监视和告警的要求，所以，RNP 系统改善了运行的完好性，这可以使航路间距更小，也能够提供更充分的完好性，使特定空域内的导航只能使用 RNAV 系统进行导航。因此，RNP 系统可以在安全、运行和效率方面提供显著的效益。

思考题

1. GNSS 的概念是什么？包括的卫星导航系统有哪些？

2. GPS 系统的组成是什么？简述地面控制站组的组成和功用。

3. 简述 GPS 卫星发射的信号的组成。

4. GPS 测距码有哪些分类？其测距码的特点是什么？

5. 卫星导航使用的坐标系有哪些？

6. 简述卫星导航的定位原理。

7. 简述测码伪距法定位原理。

8. 简述测相伪距测量的定位原理。

9. GPS 的误差有哪些？

10. 如何理解 GPS 的精度因子？精度因子的类型有哪些？

11. 差分 GPS 的原理是什么？有哪些差分的类型？

12. 美国的 DGPS 的形式有哪些？

13. 衡量卫星导航系统的性能的参数有哪些？

14. 卫星导航的增强系统包括哪些？

15. 空基增强系统包括哪些类型？是如何来增强的？

16. 为什么要使用卫星导航的完好性监测？其分类情况如何？

17. 谈谈中国民航 GNSS 完好性监测方案。

18. RNAV 的概念是什么？实施 RNAV 的导航系统包括哪些？

19. 简述 RNP 和 RNAV 的关系。

20. 什么是基于性能的导航？其内容包括哪些？

21. PBN 的导航规范有哪两种？具体包括哪些导航规范？

第5章　民航监视系统

5.1　民航监视系统概述

国际民航组织（ICAO）对 CNS/ATM 监视系统的发展主要是二次雷达监视（SSR）和自动相关监视系统（ADS）。其中，二次雷达监视主要用在高交通密度陆地区域，自动相关监视主要用在海洋区域及边远陆地区域，并可作为高交通密度陆地区域二次雷达的补充。但在很长时间内，一次雷达也会继续使用，并且随监视新技术的发展，其他的监视系统也会补充到民航监视系统。

空中交通管制部门实现对飞机的监视有三种方法，即独立监视、非独立监视和合作独立监视，如图 5.1 所示。独立监视也称非协作监视，是指地面自行监控，不依靠用户或外部传媒，比较典型的独立监视系统是一次雷达和欧洲正发展的民航多基一次监视雷达；凡是依靠用户发送位置报告的监视均为"非独立"，有时称为"相关"，主要为自动相关监视（ADS），多点定位系统等；而依靠用户应答或第三方传媒者称为合作独立监视，二次监视雷达属于这种监视。

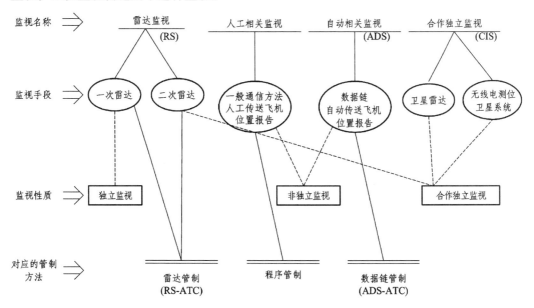

图 5.1　空管监视手段和实施方法之间的关系

当前不同国家和地区的监视设施发展不均衡，导致使用不同的监视系统，主要包括人工相关监视、雷达监视和自动相关监视。人工相关监视实施的管制方法是程序管制，即通过一般通信方法，如 VHF 或 HF 话音通信，飞行员人工报告飞机的位置。采用雷达监视可实现雷达管制，其实施手段是靠一次雷达和二次雷达联合监视。利用机载设备自动传送飞机位置报告的监视手段，它可以实现数据链管制。

5.2　雷达概述

雷达是英文 Radar 的音译，源于词组 Radio Detection and Ranging 的缩写，原意为"无线电探测和测距"，就是利用无线电波发现目标并测定其位置。

雷达为了实现对目标的探测任务，有许多体制。典型的单基地脉冲雷达主要由天线、发射机、接收机、信号处理机和终端设备组成。

雷达是根据接收到目标的回波来发现目标和测定目标位置的。目标的空间位置可以用多种坐标来表示，有直角坐标系、极坐标系等。在雷达应用中，最为简便的是采用极坐标系，如图 5.2 所示。图中空间任意一目标 A 所在位置可用三个坐标来确定；如果定义雷达所在地为坐标原点 O，则目标 A 的坐标为斜距 r、方位角 β 和仰角 ε 三个量。如果需要知道目标的高度和水平距离，那么目标 A 可用方位角 β、水平距离 D 和高度 H 三个量表示。显然目标的高度 H、水平距离 D 和斜距 r 及仰角 ε 之间的关系为

$$H = r \sin \varepsilon$$

$$D = r \cos \varepsilon$$

所以，雷达测定目标的位置，实际上就是雷达对目标进行测距和测角，即测定目标的斜距 r 和两个角度（ε 和 β）。

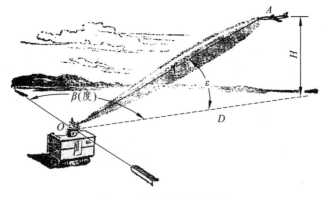

图 5.2　雷达目标的坐标

5.2.1　目标斜距的测量

雷达测距是基于无线电波在空间以等速直线传播这一物理现象进行的。雷达工作时，发射机经天线向空间发射一串重复周期一定的高频脉冲。如果在电磁波传播的途径上有目标存在，那么雷达就可以收到由目标反射回来的回波。由于回波信号往返于雷达与目

标之间，它将滞后于发射脉冲一个时间 t_r，如图 5.3 所示。电磁波是以光速传播，如设目标的距离为 r，则

$$2r = ct_r \quad 或 \quad r = ct_r/2$$

由于光速很快，t_r 值一般很小，因此单位以微秒计。若 r 以米计，时间以微秒计，则

$$r = 150t_r$$

如果目标距离雷达 150 km，由上式可知，电波往返的时间 t_r 仅有 1 000 μs。可以看出，雷达测距过程极为短暂。

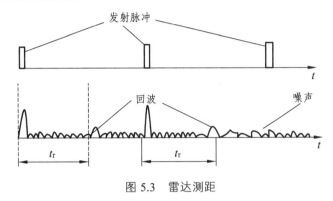

图 5.3　雷达测距

5.2.2　目标角位置的测量

目标角位置是指方位角或仰角，在雷达技术中测量这两个角的位置基本上都是利用天线的方向性来实现的。雷达天线把发射的电磁波集中在一个狭窄的空间内，根据收到回波信号的幅度强弱来决定被测量目标的方向，这种方法通常称为幅度法测角。幅度法测角可以分为最大信号法、最小信号法和等信号法 3 种。

1. 最大信号法

最大信号法是根据回波信号的最大值来确定角度的。雷达天线将电磁能量汇集在窄波束内，当天线波束轴对准目标时，回波信号最强；当目标偏离天线波束轴时，回波信号减弱。根据接收回波最强时的天线波束指向，就可确定目标的方向。该测角方法比较简单，但是精度较低，一般用在警戒雷达中。

2. 最小信号法

最小信号法是按照信号最小值来确定角度。当天线波束扫过目标时，其回波信号最小值的方向定为目标的方向。由于最小值附近信号强度变化很剧烈，因此这种方法从原理上测角精度很高。但由于接收机噪声的影响，使得最小信号无法接收，这实际上降低了测角精度。另外，在天线对准目标时，信号最小，甚至消失在噪声中，此时不能进行测距。该方法一般不单独使用，可以与最大信号法合用来提高最大信号法的测角精度。

3. 等信号法

这种方法需要天线产生两个交叠的波束，并互相叉开一个角度。当天线对准目标时，两个波束收到的回波信号强度相等，没有对准时两个波束收到的信号强度不同。通过等信号法测角具有较高的测角精度，一般用在跟踪雷达中。但对准目标时，每一波束收到的信号不是最大，因而降低了雷达的探测距离。

5.2.3　目标速度的测量

有些雷达除确定目标的位置外，还需测定运动目标的相对速度。当目标和雷达站之间存在相对速度时，接收到回波信号的载频相对于发射信号的载频产生一个频移，即多普勒频移。

$$f_{d} = \frac{2v_{r}}{\lambda} \tag{5.1}$$

式中　f_{d}——多普勒频移，Hz；

v_{r}——雷达与目标的径向速度，m/s；

λ——载波波长，m。

当目标向雷达站运动时，$v_{r} > 0$，回波载频提高；反之，$v_{r} < 0$，回波载频降低。雷达只要能够测量出回波信号的多普勒频移 f_{d}，就可以确定目标与雷达站之间的相对速度。

5.2.4　目标高度的测量

测定目标高度的原理是以测距和测仰角的原理为基础。因为目标的高度 H 与斜距 r、仰角 ε 之间有如下关系

$$H = r \sin \varepsilon \tag{5.2}$$

式中，r 和 ε 可以通过测距和测角得到。

上式只适宜用来计算近距离目标的高度。当目标距离较远，地球表面弯曲的影响已不能忽略时，还必须加上高度修正量。所以航管雷达一般不通过该方法测量飞机的高度。

5.3　民航一次雷达

民航雷达可分为一次雷达和二次雷达，一次雷达是通过一次发射信号即可获得目标方位和距离的雷达。

5.3.1　民航一次雷达的分类

整个民航空中交通管理系统中使用的一次雷达，按其区域使用来划分，一般可分为航路监视雷达、机场监视雷达、精密进近雷达和场面监视雷达。

1. 航路监视雷达

航路监视雷达是一种远程搜索雷达，它的作用距离为 300~500 km，主要用于监视连接各个机场之间的航路和航路外的飞机活动情况，为管制部门随时提供在其管辖范围内的飞机活动情况。航路监视雷达一般供区域管制之用，管制人员根据空中情况，监视飞机之间的安全间隔，检查是否有发生两机相撞的可能。如发现有危险事故征候，则对飞行员发出指令，以避开冲突，从而保证航路飞行的安全，提高航路利用率。此外，还能确定迷航飞机的位置和协助飞机绕过天气恶劣的区域。

为了实现雷达管制，需要将航路监视雷达连接成雷达网，甚至达到两重雷达覆盖，以便各管制中心能了解全部空域内的空中情况，使区域管制更加有效、准确和及时。如我国发展的以北京为中心的空管运行中心和以北京、广州、上海为中心的航路管制中心，需要提供联网的雷达数据。

2. 机场监视雷达

机场监视雷达亦称机场调度雷达，是一种近程搜索雷达，用于探测以机场为中心，半径为 100~150 km 范围内的各种飞机的活动。通常它以平面位置显示器来显示飞机的距离和方位，一般都与二次雷达配合使用。

管制人员根据机场监视雷达所提供的情况，并根据飞机的请求和各飞机之间应该保持的安全间隔，实施机场区域的交通管制和导航。在能见度很差的情况下，可大大减少飞机起飞和着陆的时间间隔，提高起飞和进场着陆的效率，提高机场飞行密度，保证飞行安全。

3. 精密进近雷达

精密进近雷达（着陆雷达），是一种装在跑道头一侧的 3 cm 雷达。它发射左右扫描共 20° 的航向波束，上下扫描共 10° 的下滑波束，波束中心仰角为 7°。作为监视进近着陆空域内的飞机，作用距离可达 40~60 km，这是一种由塔台指挥引导飞机进近的设备。对于飞行员来说，完全被动，需绝对服从塔台的指挥。

4. 场面监视雷达

场面监视雷达是一种近距离的监视雷达，用于监视机场场面的飞机和车辆的活动。它工作于 Ku 波段，其工作频率为 15.7~16.7 GHz 远远高于 X 波段雷达的工作频率 9.0~9.5 GHz，Ku 波段雷达比 X 波段雷达更不易受干扰，在大雨、大雪的天气情况下仍然有良好的效果。另外，Ku 波段雷达的垂直波束俯角比 X 波段雷达的大，Ku 波段雷达有较好的俯视角可以覆盖更近的区域。

场面监视雷达显示器上显示的不再是一个个目标点，它通过与外来数据的相关处理，不仅仅可以使管制员从荧光屏上区分飞机和车辆，而且可以辨别运行航班号、飞机机型、速度、将停靠的登机桥等。所以场面监视雷达具有监视功能、控制功能、引导功能和路线控制功能。

监视功能：能对跑道、滑行道及停机坪上活动的飞机和车辆定位并挂牌。

控制功能：能检测控制区域内潜在的冲突并报警。

引导功能：能通过管制员控制滑行道中心线、停止线灯光等引导飞机和车辆。

路线控制功能：能手工或自动调整滑行道的分配，从而提高滑行道的利用率，增加机场容量。

5.3.2　民航一次雷达的特点

上面介绍的几种民航一次雷达，都可在雷达显示器上用光点提供飞机的方位和距离。不管飞机是否装有应答机，都能正确显示，故仍为空中交通管制不可缺少的设备。

一次雷达虽然具有各种不同的作用，起到各种监视功能，但仍然存在许多缺点：必须辐射足够大的能量电平，才能收到远距离目标的反射信号，由于距离和辐射能量的四次方成正比，因而雷达站造价高；除了飞机以外的其他固定目标（含地物目标）也将得到显示，这样，将干扰目标的显示；不能对飞机进行识别，除非要求飞机做特殊的机动飞行；不能显示飞机当时的高度；回波存在闪烁现象；飞机完全处于被动发现状态，不能建立必要的数据链。

5.4　民航二次雷达

二次雷达是针对一次雷达而言的。二次雷达由地面询问雷达发射一定模式的询问信号，装在飞机上的应答机收到这个模式询问信号后，经过信号处理、译码，然后由应答机发回编码的回答信号。地面雷达收到这个回答信号后，经过信号处理，把装有应答机的飞机代号、高度、方位和距离显示在平面位置显示器上。这种经过两次程序（一次是询问，一次是应答）发射的雷达，就命名为二次雷达（Secondary Surveillance Radar）。

航管雷达由两部分组成，一部分是二次雷达，另一部分是一次雷达。天线也由两部分组成，一个是为一次雷达 X 波段用的；另一个是为二次雷达 L 波段用的。两个天线装在一起同步旋转并向同一方向发射，如图 5.4 所示。之所以要把一次雷达加入二次雷达同步工作，是考虑到有些飞机没有装应答机，或者虽然装有应答机，但当应答机故障时，这些飞机仍然可以受到航管雷达的监视。

一次雷达用来监视和跟踪在管制区域范围内的所有飞机；二次雷达用来识别出装有应答机的飞机。一次雷达和二次雷达接收到的信息，在航管雷达的平面显示器上显示出来，除了能够探测和监视到所有飞机的距离和方位信息之外，还可以识别出装有应答机飞机代号和飞行高度及速度等信息。

由此可见，航管二次雷达系统可以获得的信息主要有：飞机的距离与方位信息；飞机代码；飞机的气压高度；一些紧急告警信息，如飞机发生紧急故障、无线电通信失效或飞机被劫持等。

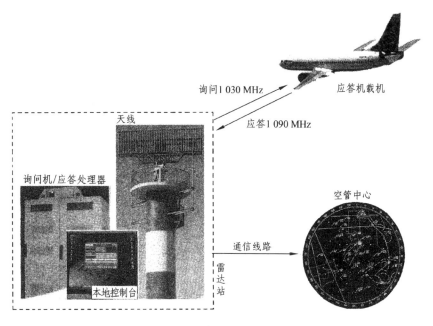

图 5.4　二次雷达系统组成

5.4.1　二次雷达探测原理

5.4.1.1　发现飞机

常规二次雷达利用滑窗法检测飞机和测量飞机的方位角。雷达天线以 360°全方位搜索扫描，当主波瓣照射到飞机，将有许多应答信号返回雷达并被检测到。雷达设定一个起始窗和一个结束窗，对应地各有一个确定的最小询问数和应答数。

5.4.1.2　测量方位角

1. 二次雷达方位角的测量

常规二次雷达采用最大信号法来测量目标方位角，当雷达天线扫过目标时，就会收到一连串受到天线波束调制的应答脉冲串信号，找出脉冲串的最大值（中心值），确定该时刻波束轴线指向即为目标所在方向，如图 5.5 所示。在录取器中求出这一串信号的中心方位，同时用方位基准脉冲（ARP）和方位变化脉冲（ACP）进行计数以确定目标中心方位绝对值。

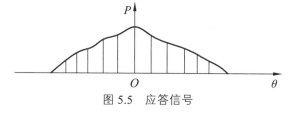

图 5.5　应答信号

　　从以上目标方位测量过程可以看出影响目标方位测量精度的因数有：天线扫过目标时所获得的的应答个数 N，应答串中心位置录取的精度，测量方位中心用的"尺子"的精度（即 ARP 的定位精度和 ACP 的位数）。

　　应答个数 N 受天线转速，主波束宽度，脉冲重复频率的影响，其计算公式为

$$N = \frac{\theta_{0.5} \times F_{\mathrm{r}}}{360^0 / T_{\mathrm{A}}} \tag{5.3}$$

式中，$\theta_{0.5}$——天线水平波束的半功率点宽度；

　　　　F_{r}——脉冲重复频率；

　　　　T_{A}——天线扫描周期。

　　最大信号法的方位精度为 $0.25° \sim 0.5°$，当由于某种原因，出现脉冲中断，或产生虚假信号时方位误差可达到 $1°$ 以上。这样的精度是不高的，所以在一/二次雷达合装时，目标方位采用一次雷达的数据。

　　二次雷达采用单脉冲体制以后，方位测量精度大大改善，方位均方根误差可达 $0.07°$。所以现在新建的二次雷达一般都是单脉冲二次雷达。

　　2. 单脉冲二次雷达方位角测量原理

　　常规二次雷达目标方位的测定采用最大信号法测角，这种方法需要一连串受天线波束调制的应答信号。通过目视判断将信号最强的一点作为方位中心或通过录取器对应答信号计数求出目标方位中心。而单脉冲是一种精确测试信号到达角的技术，原理上它只需要一个脉冲就能够判断目标的方位，而且精度非常高，所以称为单脉冲二次雷达。

　　单脉冲体制先用于一次雷达，它分为幅度和差与相位和差两种体制。幅度和差体制多用于单个目标的跟踪雷达。它利用差通道获得目标偏离天线轴的角误差信号，通过伺服系统驱动天线，实现对单个目标的跟踪。而相位和差单脉冲体制可以实现对单个目标的跟踪，也可以对全空域搜索，测出每个目标的方位，距离。同时对多个天线扫描周期雷达数据的处理，实现对所有目标位置的跟踪，这就是所谓的边扫描边跟踪体制。航管单脉冲二次雷达从使用要求来说适宜采用相位和差体制，从系统设计合理性来说也适于采用相位和差体制。

　　1）幅度和差单脉冲二次雷达工作原理

　　图 5.6 所示为幅度和差单脉冲跟踪雷达原理框图。幅度和差天线产生两个有一定夹角的天线波束 A 和 B，两个波束收到的信号经环形电桥混合形成 A + B 和 A – B（或 B – A）两个合成波束。A+B 称为和波束，A – B 称为差波束，分别用 Σ 和 Δ 表示。

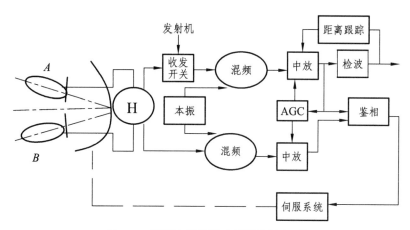

图 5.6　幅度和差单脉冲跟踪雷达原理

和波束和差波束收到的目标信号相位相同，幅度则随目标与天线电轴之间的偏移角大小而改变。

图 5.7 为环行电桥的原理示意图，它有 4 个端子 1、2、3、4，1 到 2，2 到 3，3 到 4 的电长度都是 $\lambda/4$，而 1 到 4 为 $3\lambda/4$。A、B 信号分别从 1、3 输入，在 2 端，A、B 信号走过同样的电长度，所以 A、B 相加，而在 4 端，A、B 信号走的电长度之差为 $2\lambda/4$，相位相反，所以输出为 A－B。

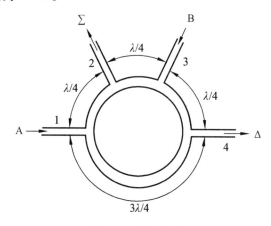

图 5.7　环行电桥

从环行电桥取出的和信号和差信号分别送入和通道接收机和差通道接收机。经混频中放后 Σ 与 Δ 信号在相位检波器中进行相位检波。相位检波器的输出特性定性分析如下：

当目标在天线电轴上时，信号 A 与信号 B 幅度相等，相位相同，所以

$$\Sigma =A+B=2A（最大）$$

$$\Delta =A－B=0$$

当目标在天线电轴的上方，A＞B

$$\Delta = A - B > 0 \qquad \Sigma 与 \Delta 相位差为 0$$

当目标在天线电轴的下方，A<B

$$\Sigma = A + B > 0$$

$$\Delta = A = B < 0 \qquad \Sigma 与 \Delta 相位差为 \pi$$

将相位检波器的输出作为误差信号输入伺服系统，伺服系统就驱动天线向减少误差的方向（电轴）运动，这样就实现了对目标的跟踪。

2）相位和差单脉冲二次雷达原理

图 5.8 中发射机产生 P_1、P_2、P_3 射频脉冲，通过射频开关将 P_1、P_3 脉冲与 P_2 脉冲分开。P_2 脉冲通过旋转铰链直接送到天线的波束 C，作旁瓣抑制用。P_1、P_3 脉冲通过环流器（HL）和旋转铰链送入天线和波束发射，对覆盖空域内的飞机询问。飞机的应答信号同时被天线波束 A 和波束 B 接收。A、B 波束是两个特性一样，互相平行而又分开一定距离的波束。它们接收的信号幅度一样，而相位随目标相对于天线轴的位置不同而异，通过环行电桥 H 形成和（Σ）波束和差（Δ）波束。和（Σ）波束信号通过旋转铰链和环流器（HL）送入 Σ 支路对数接收机，而 Δ 波束信号经 $\pi/2$ 移相器，旋转铰链送入差（Δ）支路对数接收机，然后进行视频处理，得到目标偏离天线电轴的误差信号。

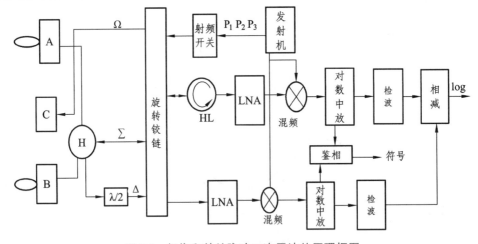

图 5.8　相位和差单脉冲二次雷达的原理框图

差波束有一个窄且很深的零值，若在波束的一侧存在回答信号，它同时被天线的和通道和差通道检测到，从差通道可以看出，目标越接近波束中心，差通道的增益越小，通道所处理的信号越小，而和波束增益变化不大。这样就可以通过差通道信号的大小判断目标偏离波束中心的程度，我们把归一化的差通道信号的输出称为偏离瞄准轴信息（OBA）。

天线波束是关于中心对称的，同样大小的和，差信号可以在波束中心的另一边得到，收到的信号在波束中心的那一边通过测试和信号之间的相对相位来确定，波束两边的相位差，相差 180°，作为符号恰恰相反。

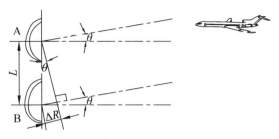

图 5.9　相位和差单脉冲系统原理图

图 5.9 中用 A、B 两个天线产生两个互相平行,特性一样而又分开一定距离 L 的波束,θ 为目标偏离天线电轴的角度。由于 A、B 波束特性一样而且平行,它们接收到的信号幅度一样。但由于目标偏离电轴一个角度造成了信号到达 A、B 天线有路程差 ΔR,从几何分析可知:

$$\Delta R = L \sin \theta \qquad\qquad (5.4)$$

由路程差 ΔR 造成 A、B 两路的相位差为:

$$\Delta \phi = \frac{2\pi}{\lambda_R} \cdot \Delta R = \frac{2\pi}{\lambda_R} L \sin \theta \approx 2\pi L \theta \frac{1}{\lambda_R} \qquad\qquad (5.5)$$

式中　L——两天线间的距离;

　　　θ——目标偏离天线电轴的角度;

　　　λ_R——应答信号波长。

由于 θ 很小,如果用弧度表示 θ 近似等于 $\sin \theta$。从 $\Delta \phi$ 表达式可知 A、B 信号之间的相位差与目标偏离天线电轴的角度成正比。

下面用 A、B 信号合成的 Σ,Δ 信号的矢量图来分析说明相位和差单脉冲的原理。

(1)当目标位于天线电轴时,则 A、B 同相,于是

$$\Sigma = A + B = 2A$$

$$\Delta = A - B = 0$$

(2)当目标偏向天线电轴上方,且夹角为 θ 时,信号 A 矢量领先于 B 矢量一个 $\Delta \phi$ 角。显然　$\Delta \phi = 2\theta$

$$\Sigma = A + B$$

$$\Delta = A - B$$

由于 A、B 合成的 Σ,Δ 矢量图 1 如图 5.10 所示,其 Δ 矢量向上,Σ 矢量超前 $\Delta \pi / 2$。

(3)当目标偏向天线电轴下方一个 θ 角时,信号 B 矢量领先于 A 矢量一个 $\Delta \phi$ 角。则

$$\Sigma = A + B$$

$$\Delta = A - B$$

从矢量图 2 可以看到这时Δ矢量向下，Σ矢量落后Δ矢量π/2，如图 5.11 所示。

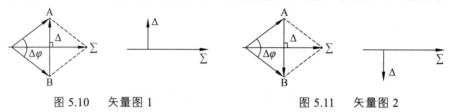

图 5.10 矢量图 1   图 5.11 矢量图 2

如将Δ矢量移相π/2，在第二种情况下Δ与Σ相位差为零，在第三种情况下Δ与Σ相位差为π。Δ与Σ经相位检波后输出电压

$$Ue = K_d |\Delta| \cos\phi \tag{5.6}$$

其中，ϕ 为 0 或π，所以 $\cos\phi$ 为+1 或 – 1 而

$$|\Delta| = 2|A|\sin\theta \tag{5.7}$$

因为 $\theta = \dfrac{\Delta\phi}{2}$ 且角度很小，故 $\sin\theta \approx \theta$，所以 $|\Delta| \approx 2|A| \cdot \theta$

又由于 $|\Sigma| = 2|A|\cos\theta \approx 2|A|$

其中，$|\Delta|$ 不仅与目标偏离电轴的角度有关，而且与目标的距离有关，因为 $|A|$ 随目标远离雷达而减少，为此，必须对 $|\Delta|$ 进行归一化，即用 $|\Sigma|$ 去除 $|\Delta|$

$$\frac{|\Delta|}{|\Sigma|} \approx \theta \tag{5.8}$$

这样，$\dfrac{|\Delta|}{|\Sigma|}$ 的输出就与距离无关了，将 $\dfrac{|\Delta|}{|\Sigma|}$ 取对数

$$\log\frac{|\Delta|}{|\Sigma|} = \log|\Delta| - \log|\Sigma| \tag{5.9}$$

就将相除变成了相减，使线路上容易实现，这就是采用对数接收机的原因。另外，Δ、Σ取绝对值就可用幅度检波实现。

5.4.1.3 二次雷达测距原理

二次雷达与目标的距离也是根据测量电磁波的传播时间来测量的。询问机发射询问信号，应答机解码，根据询问再编码并回答，脉冲串信号被询问机接收，询问机测量电波的传播时延为 t，从而测距，即

$$R = \frac{1}{2}c(t - \Delta t) \tag{5.10}$$

式中　R——二次雷达距目标的距离；

　　　c—　光速；

　　　t——地面站收发时间间隔；

　　　Δt——机载应答器相应延迟时间。

5.4.2　二次雷达的雷达方程

二次雷达的工作原理与一次雷达不同，其雷达方程也是不同的。二次雷达信号发射两次，所以有询问方程和应答方程两个距离方程。

5.4.2.1　询问方程

设雷达发射功率为 P_t，发射天线增益为 G_t，则在距离 R 处的功率密度为

$$S_1 = \frac{P_t G_t}{4\pi R^2} \tag{5.11}$$

若目标上应答机天线的有效面积为 A_τ，则其接收功率为

$$P_r = S_1 A_\tau = \frac{P_t G_t A_\tau}{4\pi R^2} \tag{5.12}$$

引入关系式：$A_\tau = \dfrac{\lambda^2 G_t'}{4\pi}$

式中，G_t' 为应答机的天线增益。

则可得

$$P_r = \frac{P_t G_t G_t' \lambda^2}{(4\pi R)^2} \tag{5.13}$$

当接收功率 P_r 达到应答机的最小可检测信号 $P_{r\,(min)}'$ 时，二次雷达系统可以正常工作，即当　时，二次雷达询问机的最大作用距离为

$$R_{max} = \left[\frac{P_t G_t G_t' \lambda^2}{(4\pi)^2 P_{r\,(min)}'}\right]^{\frac{1}{2}} \tag{5.14}$$

5.4.2.2　应答方程

应答机检测到雷达信号后，即发射其回答信号，此时雷达处于接收状态。设应答机的发射功率为 P_t'，天线增益为 G_t'，雷达的最小可检测信号为 $P_{r\,(min)}$，则可得应答机工作时的最大作用距离为

$$R_{max}' = \left[\frac{P_t' G_t G_t' \lambda^2}{(4\pi)^2 P_{r\,(min)}}\right] \tag{5.15}$$

为了保证雷达能够有效地检测到应答机的信号，必须满足

$$R'_{max} \geqslant R_{max}$$

实际上，二次雷达系统的作用距离由 R'_{max} 和 R_{max} 两者中的较小者决定，因此设计中应使二者大体相等。

二次雷达的作用距离与发射机功率、接收机灵敏度的二次方根分别成正、反比关系，所以在相同探测距离的条件下，其发射功率和天线尺寸较一次雷达明显减小。

对于航线监视二次雷达，它的作用距离一般为 200 nm 左右，对于机场终端区域，它的作用距离一般为 140 km 左右。

二次监视雷达的信号在大气传播的过程中，由于高度不同，气压不同，传播的路径会引起折射，这种折射使二次雷达信号传播朝向地面弯曲，以至可以收到远距离低于水平面的信号。

异常的传播也可暂时增加雷达的作用距离，如大气的逆温或潮湿空气紧贴海平面都能增加无线电波的折射以至使电波紧贴地球表面传播，在这种情况下能看到水平面以下距雷达站 250 nm 的目标。

5.4.3　二次雷达的应答与检测

5.4.3.1　二次雷达应答机应答概率

地面雷达询问机发出询问后，并不是每次询问都会得到应答，其原因是当应答机正处在其他询问机的触发应答过程中或应答恢复期；被任何地面询问机的旁瓣询问所抑制；被其他机载设备询问所抑制。

如果在给定飞机的有效作用距离内，其他地面询问机的数量、询问速率、天线主瓣和副瓣的有效辐射功率等参数已知，那么就可以估计出这些外部因素的影响。应答机概率典型规定值为 0.90，而实际测量参数经常超过 0.95。

5.4.3.2　二次雷达应答机检测概率

飞机检测概率取决于应答机应答概率和确定飞机存在所需的最小应答数量，这些参数的关系式如下：

$$P_d = \sum_{j=t}^{n} \frac{n!}{j!(n-j)!} p_j (1-p_j)^{n-j} \tag{5.16}$$

式中　P_d——飞机检测概率；

　　　　n——滑窗长度；

　　　　t——最小应答门限；

　　　　p_j——单次应答概率。

在上下行信道信噪比良好的条件下，二次雷达的飞机检测概率接近 100%。但也可能

引起检测概率下降：如飞机直接飞过天线顶空的锥形盲区；飞机飞过天线垂直波瓣图的零点处；飞机处于转向飞行状态，导致飞机上的接收机天线与地面雷达天线间形成遮蔽，接收机收不到询问信号；在应答其他的询问信号或被其他机载设备抑制时，机载应答机的应答可能被屏蔽；两架飞机处在几乎相等的距离上，致使两个应答信号叠加，雷达无法分辨出单架飞机。

合适的飞机检测概率需要与虚警概率进行平衡。对于二次雷达，虚警概率不是由接收机噪声或杂波引起的，而是由异步干扰应答或由反射引起幻影飞机所致的。

5.4.4　二次雷达的询问和应答

二次雷达的询问信号为脉幅调制（PAM）信号，询问脉冲由三个脉冲组成，即 P_1、P_2 和 P_3 脉冲，如图 5.12 所示。其中，P_1、P_3 脉冲为询问信息脉冲，由 360° 旋转波束定向发射；P_2 脉冲为抑制旁瓣脉冲，由全向天线发射。

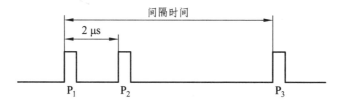

图 5.12　询问信号结构

询问信号的工作模式由 P_1 和 P_3 之间的时间间隔决定，包括 A、B、C、D 四种模式，其中近代民航的航管雷达，一般只用 A 模式和 C 模式轮流询问，A 模式是用来识别空中飞机代号，C 模式是用来识别飞机高度。

应答机接收到地面二次雷达的有效询问信号后，机载应答机就产生相应的应答信号。对于识别询问，应答机所产生的是识别代码应答信号；对于高度询问，应答机则回答飞机的实时气压高度编码信号。

当飞机上的应答机收到来自地面航管雷达主波瓣发射的有效询问时，在 P_3 之后 3 μs，应答机即发出回答编码信号。回答信号的编码由八进制的四组（A、B、C 和 D）和 X 每次共 13 个脉冲组成(即 C_1　A_1　C_2　A_2　C_4　A_4　X　B_1　D_1　B_2　D_2　B_4　D_4)；这 13 个脉冲排列在帧脉冲 F_1 和 F_2 之间的 20.3 μs 间隔中，其排列顺序如图 5.13 所示。

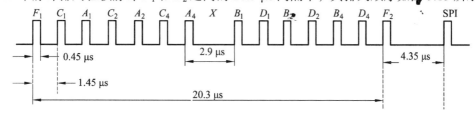

图 5.13　脉冲信号排列图

其中，$F_1 \rightarrow F_2$ 是帧脉冲（框架脉冲），是应答信号标志，时间间隔为（ 20.3 ± 0.1 ）μs；$A_1 \rightarrow D_4$ 是信息脉冲，脉冲宽度为 0.45 μs，脉冲间隔为 1.45 μs。它们以字母带尾标来表示，仅表示空对地脉冲串的个别脉冲，它与所使用的询问模式无关，其标号即为该脉冲所代表的权数；X 脉冲是将来扩展时用的脉冲。这种特殊的脉码调制（PCM）由固定的不同组合数字按规定次序的二进制编码信号对载波进行调制，其优点是抗干扰能力强。

在帧脉冲 F_2 之后 4.35 μs 发射的脉冲是特殊位置的识别脉冲（SPI），即通常所说的指出飞机位置的脉冲（I/P）。这个脉冲的发射是由装在飞机驾驶舱内应答机控制盒上识别按钮来控制的。当对 A 模式询问作回答时，飞行员根据地面要求短时按下此按钮，则导致应答机在回答编码中加发这个识别脉冲 15～30 s，从而使地面航管中心显示屏上该飞机标志特别亮（或显示以该飞机标志为中心向外扩散的同心圆环），给管制人员获得该飞机当时位置的特别提示。

根据飞机代号和飞行高度的编码格式对应答机代号和飞行高度进行编码后，按照应答脉冲序列进行回答，地面雷达接收到应答信号后，解码可得到飞机代号和飞行高度。

5.4.5　A/C 模式二次雷达的特点

5.4.5.1　A/C 模式二次雷达的优点

与一次雷达比较，二次雷达存在很多优点。

（1）目标有效反射面积的限制，回答脉冲比一次雷达回波信号强很多，便于录取信号和进行自动跟踪。

（2）询问与回答信号的格式和频率是不同的，消除了地面杂波和气象反射的干扰。

（3）能够用事先编排好的代号为多达 4 000 多架飞机进行准确的识别和特殊位置的识别。

（4）能够提供准确的飞机即时飞行高度。

（5）接收询问信号和发射回答信号之间有一个固定的短时时延（3 μs）间隔，在收到旁瓣抑制（SLS）信号时，抑制应答机的回答，避免荧光屏上出现假目标。

（6）能够提供特殊代码信息。

5.4.5.2　A/C 模式二次雷达的缺陷

现用的航管系统虽然经过多次改进，大大增强了工作性能，但仍然存在许多缺陷，特别是在空中交通密度大大增加的情况下，尤为严重。主要表现在：

（1）有效作用区内，应答机均可作近似同步的回答，可能造成显示屏信号重叠紊乱，同时增加应答机工作负荷。

（2）机动飞行时，由于遮蔽效应，可能造成回波瞬时中断。

（3）同步窜扰。当飞机上应答机接收到询问信号时，回答信号脉冲串的持续时间最少为 20.3 μs（如加发识别脉冲，持续时间为 24.7 μs），因而发送应答脉冲串信号将占据空间的距离为 $3 \times 10^8 \, (\text{m/s}) \times 20.3 \times 10^{-6} \, (\text{s}) = 162\,000 \, (\text{nm/s}) \times 20.3 \times 10^{-6} \, (\text{s}) = 3.28$（nm）。如果两架飞机处在询问波束同一方位上或波束范围内，设两机的高层差大于

300 m，当两机的斜距少于 1.64 nm 时（图 5.14 中 A 机和 B 机），则地面询问机的接收机将接收到间隔重叠的两机的回答信号，因而互相干扰，这种干扰称为同步干扰，这就大大降低了分辨率。

（4）非同步窜扰。当飞机处在两个以上地面询问机共同作用范围内时，每个地面询问机除了对本站所询问飞机的回答脉冲同步接收外，还会收到因其他地面站询问飞机而引起的非同步回答。因此，就会在显示屏上形成非同步回答的窜扰，如图 5.15 所示。当询问机 1 向 A 机询问（A 机回答的识别飞机代号是与询问机 1 所选飞机代号是同步的），而询问机 1 的主波束宽度范围内的远处又有一架 B 飞机，但不是询问机 1 所选的识别飞机代号，而 B 机又正好受询问机 2 的询问（B 机回答的识别飞机代号与询问机 1 不同步，而与询问机 2 是同步的）。由于该机应答天线是全方向性的，故 B 机向询问机工作回答时，也向询问机 1 作回答。这种不需要的非同步回答，使询问机 1 的荧光屏上出现多个亮点，画面不清晰，或者占据了询问机 1 的译码动作，混扰了对 A 机询问的回答译码，这种混扰称为非同步窜扰（FRUIT，直译为水果效应）。

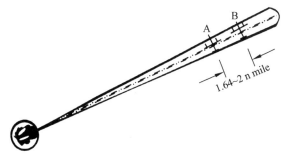

图 5.14　同步窜扰示意图

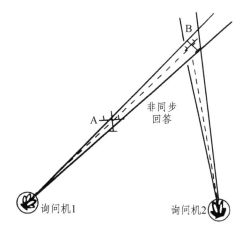

图 5.15　非同步窜扰示意图

现在，这种非同步窜扰在地面台可采用非同步窜扰抑制电路来消除。其方法是将视频回答信号存储一个周期的时间，使其与第二次询问的回答进行比较。如果是重合的，则视频信号是相干的，就显示该识别目标的飞机代号；如果不重合，则这个回答是不相干的，信号被消除，因而不会显示出这个目标。

（5）多路径反射（形成虚假目标）。当询问机询问或回答时所发射的电磁波，碰到山峰或高大建筑物等固定目标而反射时，将会得出距离和方位都不正确的假目标显示。

（6）目标分辨力差。由于同步窜扰和非同步窜扰及固定目标的反射等原因，大大降低了目标的分辨力，同时，航管雷达判断目标的方位是采用滑窗检测的办法。这种方法测得的方位精度相当低，其方位误差达到 ±1° 左右，如果加上应答机被占据或受到其他干扰，测得方位的精度就更低了。

（7）飞机必须要安装应答机，限制了其在某些地区的使用。

（8）方位精度比 PSR 要差。

（9）可编飞机代码少（4 096）。

5.5　S 模式二次雷达

由于空中交通流量日益增加，航路拥挤，航站区域工作量过重，以致现用的航管雷达所存在的同步窜扰、非同步窜扰和假目标出现的问题更加严重。另外 A / C 模式 SSR 编码数量有限，可交换信息少（仅有识别、高度信息）；管制员的工作负荷大，目标容易丢失或信号中断；飞机的机动飞行将会遮蔽机载天线以及地面反射将会产生盲区；目标的方位、距离等参数的分辨率低等。

英、美等国针对现用二次雷达存在的种种问题，为满足空中交通日益增长的需要，从 20 世纪 70 年代以来，研制发展了离散选址信标系统 DABS（Discrete Address Becon System）和选择寻址二次监视雷达系统（ADSEL）。这两类系统的工作原理和信号格式相同，主要区别在于地面系统所采用的天线体制不同。下面我们以美国的离散选址信标系统（DABS），简称为 S 模式为例进行介绍。

5.5.1　离散选址信标系统的概念

离散选址信标系统的基本思想是赋予每架飞机一个指定的地址码，由地面系统的计算机控制进行"一对一"的点名问答，即它的地面询问是一种只针对选定地址编码的飞机专门呼叫的询问。它与现用的 A / C 模式 SSR 的根本区别是，装有离散选址信标系统 S 模式应答机的飞机，都有自己单独的地址码，即编有地址的飞机对地面的询问也用本机所编的地址码来回答，因而每次询问都能指向所选定的飞机。但为了不使现存系统完全被淘汰，机载 S 模式应答机设计成与现在的系统兼容并用，简称这种兼容 A/C 模式和 S 模式应答机为 ATC/S 模式应答机，即 ATC 应答机也能回答 A/S 模式和 C/S 模式全呼叫的询问，而 S 模式应答机也能作 A 模式和 C 模式的应答。

5.5.2　离散选址信标系统的组成

S 模式二次雷达系统由地面 S 模式航管雷达询问机和机载 ATC/S 模式应答机组成。整个系统采用"问—答"方式。询问频率为 1 030 MHz，回答频率为 1 090 MHz，与 A/C 模式二次雷达系统一样，因此两个系统能够兼容并用。为了克服现存系统的缺陷，离散选址信标系统采用了单脉冲处理技术、选择性（S）询问模式和数据通信三大改进技术。整个系统组成如图 5.16 所示。

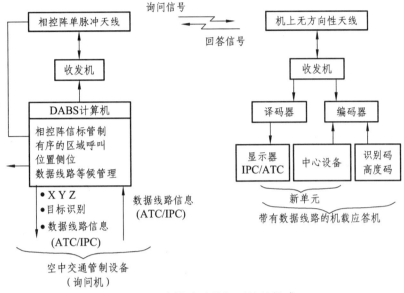

图 5.16 离散选址信标系统的组成

1. 相控阵单脉冲天线

新研制的地面询问机的天线通常为相控阵单脉冲天线。它在单个脉冲上比较各波束的输出以便提供测向信息，所以称为单脉冲天线。它采用相控圆柱阵列天线，如图 5.17（a）所示。该天线为直径 40 ft、高 8 ft 的圆柱阵列，阵列由 224 列偶极子组成，每 4 列为一组单元，用天线罩封装，每列有 16 个带状线性偶极子，封装在一起的 4 列偶极子构成整个阵列的基本组件。

该天线的方位辐射如图 5.16（b）所示。图中给出了主扇形波束（和数），其波束宽度约为 2.5°，单脉冲差数方向性图扇形波束对以及旁瓣抑制全向方向图。这三个辐射图具有相同的垂直辐射形状。其特点都是在水平以下的波瓣迅速截止，并可借助电子控制方法将垂直波束锐截止的位置提升 2°~4°，这就使扇形波束在方位扫掠时越过机场附近的高大建筑物，减少因建筑物反射而出现的假目标。天线的方位扫描是由 DABS 计算机所编程序控制相移网络和开关，以匀速作 360°的电扫描运转，波束运转准确、快速。

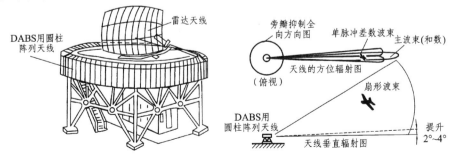

图 5.17 相控阵单脉冲天线

相控阵单脉冲天线采用单脉冲处理技术,使得该系统能根据应答机的一次回答信号便可定出飞机的方位,从而使应答量大大减少,而不必像现用航管雷达那样需要整个波束宽度扫掠的全部应答才可以。该天线辐射的和数方向性图和差数方向性图,同时接收每个应答机的回答信号。在接收机中利用和数方向性图和差数方向性图收到的能量之比,采用比相或比幅的方法,可以精确定出飞机与天线轴的方位和大小,精确定出目标的方位。

2. 询问机

询问机由双通道结构组成,包括固态发射机、比相/比幅单脉冲接收机、航管雷达应答和相关处理器、S 模式应答处理器以及用途广泛的性能监视器。

询问机的一个最重要功能是对目标飞机预先按规定进行地址编码,用作选择性的询问。S 模式系统用于地址编码有 24 位,所以 S 模式系统能够提供 2^{24} 个地址编码,即有 1 600 多万个飞机地址识别码,这足以给世界上的每架飞机分配一个专用的地址识别码。S 模式的地面站利用这些地址识别码能与每架飞机单独联系,询问机只向它负责监视的飞机进行 S 模式询问。它利用跟踪装置保存每架飞机的预测位置,等天线波束指向所需飞机时,发出询问,这样询问次数减少。另外,询问的速率也不是恒定的,它随扫掠区域内所需监视飞机数目的多少灵活改变。询问机发射的输出功率受计算机控制,以便使辐射功率与飞机距离和应答机灵敏度匹配,从而可以作为辅助手段控制航管环境的干扰。

选择性询问对各次询问引进了适当定时的点名,因而多架飞机不论其距离或方位如何靠近,其应答都不会互相重叠或窜扰,从而可以解决航管雷达系统中的同步窜扰和应答机过载等问题。因此,S 模式航管雷达系统得到的位置数据将比现用航管雷达系统准确和可靠,将为空管人员提供比较平滑而且前后一致的目标航迹。

3. 数据处理系统提供的通信

由于 S 模式是单独对所选飞机询问,因而它分别与每架飞机联系,这就有可能建立双向(地对空、空对地)数字数据通信。这项功能与对空监视功能结合在一起,可以避免在地面或飞机上安装单独的数据通信收、发信机。充分利用询问和应答信号的数据块结构,当应答机与其他机载设备交连后,可以接纳一整套飞行信息(天气报告、起飞许可、高度许可、新通信频率确定、最低安全高度告警、驾驶员对管制员批准的致谢等),然后以文字形式显示给飞行员,可以减少飞行员的通信联系工作。另外,还可以通过监测各飞机飞行航路上的天气,提供效率极高的气象服务。由于避免了安装单独的数据通信收发机,从而减少了飞行中的通信负荷,有效地提高了地对空的监视功能。

数据处理子系统由两个独立的通道组成,它实时编排和处理监视数据与通信数据,并提供监视与通信接口。

S 模式数据处理系统应用软件由三个主要计算机程序组成,即事务处理程序、监测程序和数据析取程序。

事务处理程序把地面的通信请求变换成由飞机应答机理解的询问，把应答回答变换成由地面用户理解的电文和报告，并且编出发往航管用户的监视报告。事务处理程序还用于询问、回答的处理，测试信号的注入和处理以及自检的时间，管理射频通道的时间。

监测程序周期性地检查系统的各种硬件和软件的性能和寿命，它周期性地以报告的形式向航管有关部门或维修部门提供状态信息。

数据析取程序实时从 S 模式系统析取数据。数据请求可以在 S 模式程序支持设备上以远程方式提出，也可以通过轻便式终端在本机提出。数据可以存储到本机的磁带上，也可以发往程序支持设备存储，并在以后接受脱机数据简化系统的分析。

执行程序和输入输出设备一起构成应用功能与系统硬件间的接口，执行一套包括任何操作系统中都有的那些典型任务，即任务管理、存储器管理、系统起动，共享数据保护，在电源、硬件和软件故障后的再起动，以及实物级的输入输出操作。

5.5.3　S 模式二次雷达系统的工作方式

S 模式二次雷达系统同样采用"问—答"方式，但询问是用具有选择性的 S 模式工作。为了使 A/C 模式和 S 模式兼容并用，A/C 模式应答机应能回答 S 模式的询问；而 S 模式应答机也应能回答 A/C 模式的询问。为了适应 A/C 模式和 S 模式的询问，DABS 地面询问机对其所管辖范围内的所有飞机做一个"全呼叫"的询问，以便所有飞机都能对"全呼叫"的询问作回答。这个"全呼叫"的询问就叫作 A/C 模式/S 模式全呼叫询问。随后再针对应答机不同的模式分别作不同的询问和应答。

1. S 模式的询问信号

S 模式地面询问信号的频率也是 1 030 MHz，为了适应 A/C 模式和 S 模式的兼容并用，地面询问机发送两种类型的询问信号。一种是为兼容而设的 S 模式脉幅调制（PAM）询问脉冲信号，其频率的精度较低，为（1 030 ± 0.2）MHz；另一种是专为 S 模式使用的二进制差动相移键控（DPSK）询问信号，这是一种等幅载波（在 P_6 信息时间内），其频率精度要比脉幅调制信号高出 20 倍，达到（1 030 ± 0.01）MHz，这是为了在解调中不产生相位模糊现象而要求的。这种 DPSK 询问信号不单只询问飞机代号和高度，还可作上传输报文通信 A 和加长报文通信 C 的数据通信之用。

1）脉幅调制询问信号

S 模式的脉幅调制询问信号是为了能使 A/C 模式和 S 模式应答机兼容并用而设的询问信号，它只对 A/C 模式和 S 模式应答机作监视、询问飞机代号或飞行高度，不能作数据通信使用。

脉幅调制询问信号共分为 6 种，如图 5.18 所示。

（1）A 模式。与普通航管雷达所用的 A 模式相同，P_1 和 P_3 脉冲的间隔为 8 μs，旁瓣询问 P_2 是在 P_1 前沿之后 2 μs 发射的，如图 5.18（a）所示。这种询问信号询问飞机代号以识别目标飞机，A/C 模式应答机和 S 模式应答机均能响应这个询问而作 A 模式回答。

（2）C 模式。与普通航管雷达所用的 C 模式相同，P_1 和 P_3 脉冲的间隔为 21 μs，旁瓣询问 P_2 是在 P_1 前沿之后 2 μs 发射的，如图 5.18（b）所示。这种询问信号询问飞机高度，A/C 模式应答机和 S 模式应答机均能响应这个询问而作 C 模式回答。

（3）A 模式/S 模式全呼叫。该询问信号是在普通航管雷达 A 模式询问信号的基础上，在 P_3 脉冲前沿之后 2 μs 增加了一个脉幅为 $P_3 \pm 1$ dB、脉冲宽度为 1.6 μs 的 P_4 脉冲，如图 5.18（c）所示。如果 A/C 模式应答机收到此询问信号，则只对 P_1 和 P_3 译码，而对 P_4 脉冲不予识别，译码成功后，以 A 模式的 4096 码飞机代号作回答；如果 S 模式应答机接收到此询问信号，从 P_1、P_3 和 P_4 脉冲中识别出是 A/S 模式全呼叫的询问，则 S 模式应答机以带本飞机离散地址（24 位）的"S 模式全呼叫回答"。如果收到 P_4 脉冲的幅值在 P_3 脉冲幅值 6 dB 以下，则这个询问就是 A 模式询问，S 模式应答机对 A 模式询问所响应的回答和上述 A 模式相同。

（4）C 模式/S 模式全呼叫。该询问信号是在普通航管雷达 C 模式询问信号的基础上，在 P_3 脉冲前沿之后 2 μs 增加了一个脉幅为 $P_3 \pm 1$ dB、脉冲宽度为 1.6 μs 的 P_4 脉冲，如图 5.18（d）所示。如果 A/C 模式应答机收到此询问信号，则只对 P_1 和 P_3 译码，对 P_4 脉冲不予识别，译码成功后，以 C 模式的高度码作回答；如果 S 模式应答机接收到此询问信号，从 P_1、P_3 和 P_4 脉冲中识别出是 C/S 模式全呼叫的询问，则 S 模式应答机以带有本飞机离散地址（24 位）的"S 模式全呼叫回答"。如果收到 P_4 脉冲的幅值在 P_3 脉冲幅值 6 dB 以下，则这个询问就是 C 模式的询问，S 模式应答机对 C 模式询问所响应的回答和上述 C 模式相同。

（5）仅 A 模式全呼叫。这种询问信号是在普通航管雷达的 A 模式询问信号的基础上，在 P_3 脉冲前沿之后 2 μs 增加了一个脉幅为 $P_3 \pm 1$ dB、脉冲宽度为 0.8 μs 的 P_4 脉冲，如图 5.18（e）所示。"仅 A 模式全呼叫"询问信号，仅对询问机管辖范围内的全部 A/C 模式应答机作回答，而不要求引出 S 模式应答机作回答。若是 A/C 模式应答机收到"仅 A 模式全呼叫"询问，则以各自的 A 模式的 4096 码飞机代号作回答；若是 S 模式应答机收到这"仅 A 模式全呼叫"询问，由于 P_4 脉冲宽度仅为 0.8 μs，它抑制 S 模式应答机不作回答。如果 P_4 脉冲在 P_3 脉冲幅值 6 dB 以下，则这个 P_4 脉冲起不到抑制 S 模式应答机的作用，这样 A/C 模式应答机和 S 模式应答机均能响应此询问，以 A 模式的 4096 码飞机代号作回答。

（6）仅 C 模式全呼叫。这种询问信号是在普通航管雷达的 C 模式询问信号的基础上，在 P_3 脉冲前沿之后 2 μs 增加了一个脉幅为 $P_3 \pm 1$ dB、脉冲宽度为 0.8 μs 的 P_4 脉冲，如图 5.18f 所示。"仅 C 模式全呼叫"询问信号，仅对询问机管辖范围内的全部 A/C 模式应答机作回答，而不要求引出 S 模式应答机作回答。若是 A/C 模式应答机收到"仅 C 模式全呼叫"询问，则以各自 C 模式的高度码报告高度来回答；若是 S 模式应答机收到这"仅 C 模式全呼叫"询问，由于 P_4 的脉冲宽度仅为 0.8 μs，它抑制 S 模式应答机不作回答。如果 P_4 脉冲在 P_3 脉冲幅值 6 dB 以下，则这个 P_4 脉冲起不到抑制 S 模式应答机的作用，这样 A/C 模式应答机和 S 模式应答机均能响应此询问，以 C 模式的飞机高度作回答。

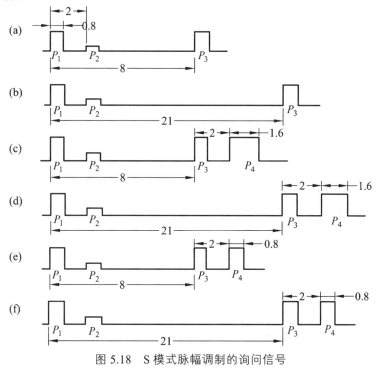

图 5.18　S 模式脉幅调制的询问信号

2）差动相移键控询问信号

S 模式二进制差动相移键控询问信号是一种利用正弦波射频载波询问变化来传送数据的方法，是在"A/C 模式 / S 模式全呼叫"询问之后，地面询问机接收到 S 模式应答机的 S 模式"全呼叫回答"，已获得了该飞机位置（方位、距离和高度）和该飞机地址码，并以带有该飞机地址字段作 S 模式点名式的询问时使用。全部 S 模式点名询问信号（包括"仅 S 模式全呼叫"询问信号）均是二进制差动相移键控信号，其发射频率的精度要求较高，为（1 030 ± 0.01）MHz。

S 模式二进制差动相移键控询问信号由 P_1、P_2 和 P_6 脉冲组成，如图 5.19（a）所示。P_6 前沿的 P_1 和 P_2 脉冲宽度均为 0.8 μs，且 P_1 和 P_2 脉冲幅值相等，这就和普通二次航管雷达系统的旁瓣抑制情况相同。因此，如果是 A / C 模式应答机，一收到 S 模式点名式的询问时，其询问信号的头两个 P_1 和 P_2 脉冲就可以抑制 A / C 模式应答机并使之在 29 μs 内不做回答，可用于防止由于 A / C 模式应答机的随机触发而导致的同步窜扰。

P_6 是在 P_1 脉冲前沿之后的 3.5 μs 以（1 030 ± 0.01）MHz 发射的等幅波，经 1.25 μs 后，把等幅波的相位倒相 180°。此后 0.5 μs 的倒相等幅波作为第一码元前的起始基准相位。串行的"码元"把信息存在 P_6 之内，第一码元开始产生在同步倒相之后的 0.5 μs 处。一个"码元"就是一个持续 0.25 μs 的等幅波射频间隔，每一码元应有（257.5 ± 0.002 5）Hz。

在 P_6 之内有 56 个或 112 个"码元"，在最后一个"码元"之后有一个 0.5 μs 宽的保护间隔。一个码元就是在可能发生倒相位置之后的一个持续 0.25 μs 的等幅波载波间隔。如果该码元开始没有倒相，即按正弦波继续前进，可视为与前一码元同相，定为逻辑 0；如果该码元开始有倒相，则该码元定为逻辑 1。如图 5.19（c）中，以 S 模式全呼叫标志码 01011 为例，画出了逐个码元的波形图，图中仅以 2.5 Hz 代表 257.5 Hz 的相位关系。

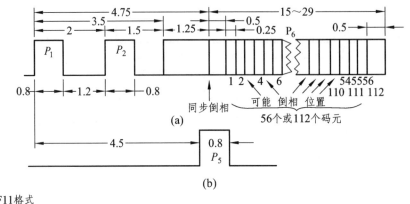

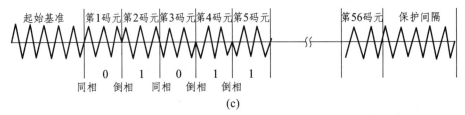

图 5.19　S 模式差动相移键控询问信号（单位：μs）

图 5.19（b）中的 P_5 脉冲是 S 模式旁瓣抑制信号，在任何 S 模式的询问中，P_5 脉冲可能覆盖在离 P_6 同步倒相位置两边的 0.4 μs 的间隔内。P_6 中的同步倒相位置被 P_5 掩盖时（在所有的仅 S 模式全呼叫询问中，当扫掠波束不正对目标时，P_6 才可能被 P_5 所覆盖），在所要求的时间间隔中，应答机将不会在同步倒相位置上识别到此触发信号，因而应答机将不会作回答。

在 P_6 内的 56 位短报文或 112 位长报文，其中最后字段为 24 位飞机地址和奇偶校验位，其余的位作为信息使用，这些位按照发送次序来编号，开始发射的为第一位。再以位的组来编码的数叫作字段，发射的头一位称为最高有效位，在各字段中，信息编码至少用一位组成。字段内的二进制编码的记数作为字段功能的指示符。S 模式每次点名发送两个基本字段：一个是格式描述符，是在报文开始的字段，经常是 5 位，以二进制编码数来记格式号；另一个是 24 位的飞机地址和奇偶字段，编排在报文的末端。图 5.20 中列出了现在安排的 S 模式上传输询问格式，图中方框内的数字表示该字段的位数，如 **AP：24** 表示有 24 位。其中，上传输格式有：

S 模式上传输询问 0 号格式是"专门监视（短报文）"的点名询问信号，由 56 位组成。

　　S 模式上传输询问 4 号格式是"要求监视飞机高度"的点名询问信号，由 56 位组成。

　　S 模式上传输询问 5 号格式是"要求监视飞机代号"的点名询问信号，由 56 位组成

　　S 模式上传输询问 11 号格式是"仅 S 模式全呼叫"询问信号，仅要求 S 模式应答机作回答，不要求 A/C 模式应答机作回答。

　　S 模式上传输询问 16 号格式是"专门监视（长报文）"的点名询问信号，由 112 位长报文组成。

　　S 模式上传输询问 20 号格式是"要求监视飞机高度，通信 A"的点名询问信号，它是在 4 号格式"要求监视飞机高度"的基础上加上通信 A 报文，由 112 位长报文组成。

　　S 模式上传输询问 21 号格式是"要求监视飞机代号，通信 A"的点名询问信号，它是在 5 号格式"要求监视飞机代号"的基础上加上通信 A 报文，由 112 位长报文组成。

　　S 模式上传输询问 24 号格式是"通信 C 加长报文"点名的询问信号，与点名飞机作上传输的通信 C 使用，由 112 位长报文组成。

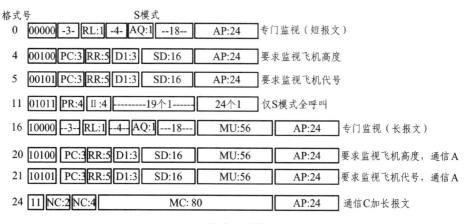

图 5.20　S 模式上传输询问格式

　　下面以 0 号格式为例，加以说明，如图 5.20（0 号格式）所示。

　　第 1~5 位是格式描述符，表明这个上传输 0 号格式是专门监视（短报文）的询问格式，它要求报告飞机的空速和高度，以二进制数 00000 为标志。

　　第 6~8 位为 3 个空位，以"-3-"表示（即全部均为逻辑 0）。

　　第 9 位为 RL 字段，作为回答长度用。这一位的 RL 字段如为逻辑 0 时，命令被点名的飞机用下传输 0 号格式作短报文的 56 位回答；如 RL 位为 1 时，则命令飞机用下传输回答 16 号格式作长报文 112 位回答。

　　第 10~13 位为 4 个空位（即全部均为逻辑 0）。

　　第 14 位为 AQ 字段，该字段作为专门搜索上传输 0 号和 16 号格式的标志，要求应答机接收后，以下传输 0 号或 16 号格式作回答。AQ 位为 1，则命令飞机用下传输回答 16 号格式回答；AQ 为 0，以 0 号格式回答。

　　第 15~32 位为 18 个空位（即全部均为逻辑 0）。

　　第 33~56 位为 AP 字段，包括被点名飞机的离散地址和奇偶校验位。

2. S 模式的回答信号及下传输回答格式

1）S 模式的回答信号

S 模式应答机所发射的回答信号，主要有两种，如图 5.21 所示。若是响应 A/C 模式的询问，则以 A/C 模式的脉码调制回答信号作回答；若是响应 A/C 模式/S 模式全呼叫、S 模式选址询问或 S 模式全呼叫，则以 S 模式的脉位调制回答信号作回答。

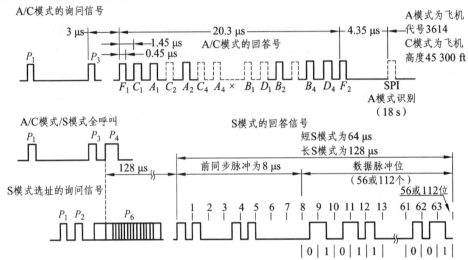

图 5.21　兼容 S 模式的询问和回答信号

S 模式回答的脉位调制信号由前同步脉冲和数据脉冲组成，如图 5.22 所示。前同步脉冲由起始的 8 μs 内两组 0.5 μs 宽的脉冲对形成。回答数据是由脉位调制的，其脉冲位置随调制信息的二进制数而变化，所有脉冲幅度和宽度不变，有 56 位和 112 位两种。在每位 1 μs 间隔的前半周 0.5 μs 内发射脉冲时，表示逻辑电平 1；而在后半周 0.5 μs 内发射脉冲时，表示逻辑电平 0。图中回答数据脉冲对应位的顺序为 01011……001。

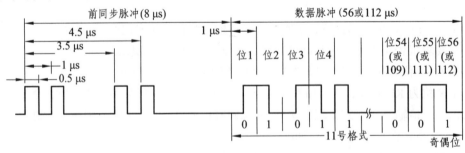

图 5.22　S 模式回答脉冲波形

2）S 模式下传输回答格式

对于 S 模式的询问信号，当 S 模式应答机采用脉位调制回答时，其下传输回答格式有下面几种，如图 5.23 所示。

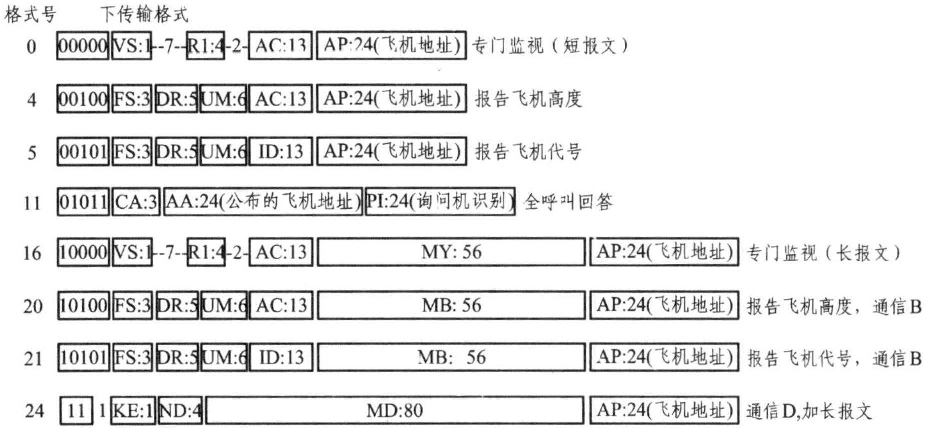

格式号　　下传输格式

0　 00000 VS:1 -7- R1:4 -2- AC:13 AP:24(飞机地址) 专门监视（短报文）

4　 00100 FS:3 DR:5 UM:6 AC:13 AP:24(飞机地址) 报告飞机高度

5　 00101 FS:3 DR:5 UM:6 ID:13 AP:24(飞机地址) 报告飞机代号

11　 01011 CA:3 AA:24(公布的飞机地址) PI:24(询问机识别) 全呼叫回答

16　 10000 VS:1 -7- R1:4 -2- AC:13 MY: 56 AP:24(飞机地址) 专门监视（长报文）

20　 10100 FS:3 DR:5 UM:6 AC:13 MB: 56 AP:24(飞机地址) 报告飞机高度，通信 B

21　 10101 FS:3 DR:5 UM:6 ID:13 MB: 56 AP:24(飞机地址) 报告飞机代号，通信 B

24　 11 1 KE:1 ND:4 MD:80 AP:24(飞机地址) 通信 D，加长报文

图 5.23　S 模式下传输回答格式

　　S 模式下传输回答 0 号格式是"专门监视（短报文）"的回答信号，由 56 位组成。它是响应上传输 0 号格式的询问而作的回答（报告飞机的空速和高度）。

　　S 模式下传输回答 4 号格式是"报告飞机高度"的回答信号，由 56 位组成。它是响应 S 模式上传输 4 号格式"要求监视飞机高度"的点名询问而作的回答。

　　S 模式下传输回答 5 号格式是"报告飞机代号"的回答信号，由 56 位组成。它是响应 S 模式上传输 5 号格式"要求监视飞机代号"的点名询问而作的回答。

　　S 模式下传输回答 11 号格式是"全呼叫回答"的回答信号，它是响应 S 模式上传输 11 号格式的"仅 S 模式全呼叫"而作的回答。该格式除了报告本应答机的能力之外，实际上全是报告本飞机的地址，由 56 位组成。在与 TCAS 配套时，该回答信号作为断续发送信号，大约每秒发射一次。

　　S 模式下传输回答 16 号格式是"专门监视（长报文）"的回答信号，它是响应 S 模式上传输 16 号格式的"专门监视（长报文）"的点名询问而作的回答。该回答信号由 112 位组成，包括高度、空对空通信。

　　S 模式下传输回答 20 号格式是"报告飞机高度，通信 B"的回答信号，它是响应 S 模式上传输 20 号格式的"要求监视飞机高度，通信 A"的点名询问而作的回答。它是在下传输 4 号格式的"报告飞机高度"的基础上加上通信 B 报文字段，该回答信号由 112 位组成。

　　S 模式下传输回答 21 号格式是"报告飞机代号，通信 B"的回答信号，它是响应 S 模式上传输 21 号格式的"要求监视飞机代号，通信 A"的点名询问而作的回答。它是在下传输 5 号格式的"报告飞机代号"的基础上加上通信 B 报文字段，该回答信号由 112 位组成。

　　S 模式下传输回答 24 号格式是"通信 D 加长报文"的回答信号，由 112 位组成。它是响应 S 模式上传输 24 号格式的"通信 C 加长报文"的点名询问而作的回答。

　　下面以 0 号格式为例，加以说明，参见图 5.23（0 号格式）。

　　第 1～5 位是格式描述符，表明这个下传输 0 号格式是"专门监视（短报文）"的回答格式，它要求报告飞机的空速和高度，以二进制 00000 为标志。

第 6 位是 VS 字段，这一位的垂直状态（VS）字段指出飞机在空中（0）或飞机在地面（1）。

第 7～13 位为空位。

第 14～17 位为 RI 字段，这 4 位的空对空回答信息字段是报告被点名询问的飞机回答空速的性能和类型，见表 5.1。

表 5.1 空对空回答信息编码

编　码	回　答　信　息（RI）
0～7	表示这个下行传输是未收到空对空询问而做的回答
8～15	表示这个下行传输是收到空对空询问而做的回答
8	表明没有最大的有效空速数据
9	空速达 75 kn
10	空速在 75～150 kn
11	空速在 150～300 kn
12	空速在 300～600 kn
13	空速在 600～1 200 kn
14	大于 1 200 kn
15	尚未安排

第 18～19 位为空位。

第 20～32 位为 AC 字段，这 13 位的含有飞机高度编码的字段是报告飞机的高度。高度以前面介绍的 C_1、A_1、C_2、A_2、C_4、A_4、X、B_1、D_1、B_2、D_2、B_4、D_4 的顺序来表示。

第 33～56 位为地址/奇偶（AP）字段，这 24 位的 AP 字段包括飞机地址和奇偶位。

5.5.4　S 模式的特点

S 模式二次雷达是针对 A/C 模式二次雷达存在的缺陷研制出来的，通过以上对 S 模式二次雷达的分析，可见它有其自身的优点。主要表现在以下几个方面：

（1）有选择地询问，防止信号范围内的所有飞机同时应答所引起的系统饱和、混叠发生。

（2）一机一码，防止询问信号窜扰其他飞机。

（3）为 ATC 服务提供数据链能力，为 VHF 话音通信提供备份。

（4）实现对飞机状态的跟踪监视。

（5）使用单脉冲技术有效地改善了角度分辨力，提高了方位数据的精度。

（6）是防撞的可靠手段，TCAS 是利用 SSR 应答器的信号来确定邻近飞机的距离和高度，利用 S 模式数据链功能，可确切知道对方的坐标位置，有利于选择正确的回避措施。

（7）S 模式数据链扩展后为 1090ES（extended squitter），可作为 ADS-B 的数据链，广播发送飞机的 ADS 报文。

5.6　自动相关监视（ADS）

ICAO 监视方案中的关键是发展自动相关监视（ADS），这是一种将监视服务扩展到海洋空域、边远陆地区域和雷达覆盖不到地区的监视手段。

对于自动相关监视（ADS）的解释："自动"表明无须机组人工发送飞机位置；"相关"表明地面依赖飞机的报告得知飞机的位置，信息来自飞机，不是地面站；"监视"即飞机的位置被监视。ADS 是应用于空中交通服务的监视技术，是由飞机将机上导航和定位系统导出的数据通过数据链自动发送，这些数据至少包括飞机识别、四维位置和所需附加数据。

自动相关监视分为 ADS-A/C 和 ADS-B 模式，ADS-A（Automatic Dependent Surveillance-Addressed）和 ADS-C（Automatic Dependent Surveillance-Contract）是比较类似的概念，ADS-A 是寻址式自动相关监视，ADS-C 是合同式自动相关监视，ADS-B（Automatic Dependent Surveillance-Broadcast）是广播式自动相关监视。

5.6.1　ADS-A/C

ADS-A/C 是基于 ADS 协议的一种点到点的监视应用。ADS-A/C 模式是航空器与管制单位之间提前建立点到点的通信连接，建立联系之后，根据契约约定，航空器上的导航设备自动地将航空器上相关信息发送给地面空中交通管制部门，同时地面空中交通管制部门也可以给航空器发送上行数据信息。

ADS-A 与 ADS-C 的区别在于建立起地空数据链通信之后，该航空器向下通信报告的方式不同。ADS-A 模式是根据契约约定好的事项向下发送报告信息，这个契约可以是一定的时间间隔和过特定航路点等，在这些契约满足时就能自动下行传输信息。ADS-C 模式传输信息是根据地面管制单位的询问来进行应答下传相关信息。

5.6.1.1　ADS-A/C 的组成及各部分的功能

ADS-A/C 的组成要素包括机载 ADS 系统，地空数据链传输系统，地面通信网络和地面空中交通服务设备，如图 5.24 所示。

（1）机载 ADS 设备主要是将飞机的有关信息自动传输给空中交通管制部门。由机载电子设备和控制显示设备组成，其中机载电子设备用来从飞机导航系统和飞行管理系统（FMS）收集有关的导航资料，编成需要的格式发送到通信系统中；同时，还接收上行电报，这些电报确定报告频率、选择发送区和提供通信联络等功能。飞行控制显示设备（多功能控制显示器 MCDU）用来显示 ADS 信息，让飞行员监控系统的工作，并能在紧急情况下与管制员直接进行话音通信。

（2）地空数据链传输系统用于地面和飞机的数据、话音传输。主要传输方式有 VHF 数据链、HF 数据链和航空移动卫星通信数据链。每种数据链都应用在不同的空域，其中在海洋和边远陆地区域可采用卫星数据链和 HF 数据链，在极地附近，使用 HF 数据链来实施 ADS 航路。

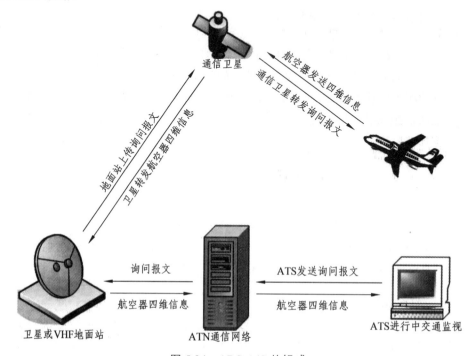

图 5.24　ADS-A/C 的组成

一个标准的接口，无论上行或下行电报网络和机载电子设备都将选择最合适的路径，这个选择是根据环境、费用、延迟等因素决定的。例如，在海洋空域，卫星数据链通信最合适；而在陆地空域，则 VHF 或 SSR S 模式数据链较为合适；在一些地方也可以使用 HF 数据链来实施，如极地附近，在我国也有使用 HF 数据链来实施 ADS 航路的设想。

（3）地面通信网络是将航路飞行的自动相关监视信息连接到有关的空中交通服务单位；也可将空中交通服务单位的信息送到发射单元。这主要是通过地面通信网络和卫星通信网络传输，它们是整个航空电信网（ATN）的一部分。

（4）地面设备包括飞行数据处理系统（FDPS）和地面管制员席位上的操纵和显示设备。

1. 飞行数据处理系统（FDPS）可以自动实现的功能

（1）飞行数据验证（对从飞机上引入的航路点数据和放行的飞行剖面数据进行比较，发现差错）；符合性验证（对飞机实际意向位置和放行的飞行剖面数据进行比较，发现偏离）。

（2）自动跟踪、显示飞行轨迹。

（3）空中交通冲突的检测和解脱。

（4）显示有关数据。

2. 地面管制员席位上的操纵和显示设备的功能

（1）显示所有空中交通情况，使管制员花费尽量少的精力就能监视扇区内的交通，显示格式可以和雷达监视屏幕所用的相同，因而可称为"伪雷达"或"仿雷达显示"。该显示方式是飞行数据处理系统（FDPS）将飞机位置点图形化地映射到显示屏上，使其能像雷达点迹一样在屏幕上显示出来。

（2）对潜在冲突向管制员提出警告。

（3）管制员能通过数据链向飞机发送固定和任意格式的空中交通服务电报。

（4）能显示飞行员送来的数据信息内容。

（5）能提供在紧急情况和非正常通信时与飞行员立即插入话音通信的功能。

5.6.1.2　ADS-A/C 在空中交通服务（ATS）中的应用

通过可靠的数据链通信和精确的飞机导航系统实现 ADS，将在洋区空域和现行的非雷达管制服务区内提供监视服务。实施的 ADS 还将为大陆航路、终端区和机场提供效益。

1. 在洋区和其他陆基雷达覆盖范围以外的区域

ATS 利用 ADS 报告可改善位置的确定，使安全得到改善，空域被有效利用，管制员工作效率提高；使管制员能够识别潜在的侵犯间隔或与飞行计划不符的问题并采取适当的行动。

2. 在 ADS 过渡区域

在过渡区域中，各种监视手段成为可能，此时要求 ADS 和其他监视信息汇集在一起，如二次雷达信息，使之成为 ADS/SSR 融合数据。

3. 在雷达应用范围内应用 ADS

ADS 将在雷达覆盖范围区域内用作辅助或备份。

ADS/SSR 集成技术的主要目标是在雷达监视覆盖的区域，以及从雷达到 ADS 单一覆盖之间的过渡区域采用 ADS 的监视方案。在 ADS/SSR 空域内不要求完整的雷达覆盖，因为外边界的水平限制是正常重合的。

在已经有多重雷达覆盖区域利用 ADS/SSR 集成将使雷达覆盖空域内的跟踪特性尽可能均匀，这样就克服了雷达残留的缺陷。ADS/SSR 集成将增强现存雷达环境以及雷达覆盖范围以外空域的监视性能；还将为冲突检测和一致性监视提供更可靠的数据，从而降低虚警概率。

综合 ADS 在各种环境下的应用，ADS 能帮助 ATS 完成以下功能：

（1）位置监视。地面系统处理获取的 ADS 信息，证实其有效性并与原先保存的飞机信息进行比较。

（2）一致性监视。ADS 报告的位置与当时飞行计划期望的飞机位置进行比较。纵向偏差超过预计容限时，将在后续定位时用来调整预达时间；水平和垂直偏差超过预计容限时将发出不一致告警，并通知管制员。

（3）冲突检测。地面系统利用 ADS 数据能自动识别违反最小间隔的问题。

（4）冲突解脱。自动化系统利用 ADS 报告对检测到的潜在冲突提出可能的解脱方法。

（5）超障证实。将 ADS 报告中的数据与当时的超障净空进行比较并确认之间的差异。

（6）跟踪　跟踪功能是根据 ADS 报告对飞机的当时位置进行外推。

（7）风的估计。ADS 报告中有关风的数据能用来更新风的预报和到下一个航路点的预计到达时间。

（8）飞行管理。ADS 报告能帮助自动化设备产生最合适的无冲突超障净空来支持可能的节油技术，例如飞行员要求的巡航爬升。

5.6.1.3　ADS-A/C 信息类型和提供的信息

1. ADS-A/C 提供的信息类型

为满足 ADS 空地之间的通信协议，在飞机上的 ADS 接口组件（ADSU）和地面 ATC 单位的飞行数据处理系统（FDPS）之间可以有一个合同或一组合同。这些合同规定，在什么情况下将起始 ADS 报告，报告中将包括哪些信息。合同有两种形式：周期性合同和事件合同。

（1）周期性合同是按固定报告率提供 ADS 报告，以便支持对飞机进程和飞行计划符合性的监督。一个周期性合同可以由 FDPS 的申请来建立。合同申请应包括对基本 ADS 信息组的周期性报告率，增加选择那些附加信息组及其报告率。报告率由周期（即再发报告之间的时间间隔）决定。

一旦周期性合同有效，它将维持到该合同撤销或用另一个周期性合同替代为止。一个周期性合同建立后，飞机应立即起始第一个报告，然后周期性地重发更新报告。

每架飞机的 ADSU 应能同时与几个（最多 4 个）地面终端系统的 FDPS 建立合同。每架飞机可支持对每个地面系统建立一个周期性合同、一个事件合同和随时可以再申请加发一个单发报告合同（应急方式 ADS 报告）。地面系统对 ADS 信息排队时，信息将按应急方式 ADS 报告、事件报告、周期性报告的顺序处理。

某个地面终端周期性合同的申请将替代该地面终端的原有周期性合同，但一个单发报告的申请不会影响原有的 ADS 合同。

（2）当遇到下面类型的事件时，会起始 ADS 事件报告。地理事件，即飞机通过某个航路点、指定经纬度、指定高度、指定飞行情报区边界或某个特定点时；偏离事件，偏离放行航路的侧向或高度，在其超过指定阈值时；变化事件，飞机的航迹角、航向、高度、升降率或速度的变化超过指定阈值时，以及飞机改变计划剖面时。

其中，一个事件合同可以包含几种类型的事件，并且事件合同不影响任何周期性合同。

（3）合同的申请和确认。对于合同的申请由地面终端系统 FDPS 发出，申请合同时至少应声明 ADS 申请标号（报告形式）和 ADS 合同号。对周期性合同可指明报告率的标号、标度因子和报告率基数；对事件合同应指明事件的类型标号、阈值参数。

当飞机上的 ADSU 接收到合同申请时，在合同申请验证后应立即送出合同确认信息，确认信息中应包括确认标号和合同号。

如果对合同申请验证不符，便发出不符通知。不符通知中应包括不符的通知标号和合同号，有几个不符的信息组出现及每个信息组的标号，哪些参数不符及不符的理由。

如果检测到合同申请中有差错，就发出否认通知。否认通知中应包括否认通知的标号、合同号，差错原因。

（4）合同的中止。合同的中止有两种形式，一种是撤销一个指定的合同，另一种是撤销和某个地面终端之间的全部合同。

撤销一个指定合同时，地面终端的 FDPS 向飞机发出的合同中止申请中应包括撤销合同标号、合同号（指定被撤销的）。撤销全部合同时，地面终端的 FDPS 向飞机发出全部合同中止申请。

2. ADS-A/C 信息

ADS 的信息包括基本 ADS 信息和供选的 ADS 信息。

（1）基本 ADS 信息包括飞机的三维位置（纬度、经度和高度）、时间和位置数据信息的精度指示。

（2）供选择的 ADS 信息除了基本 ADS 信息外，还包括下列任意一组或全部信息。它们是飞机标识、地速矢量、空速矢量、计划剖面、气象信息、短期意向、中间意向和扩展计划剖面。

① ADS 地速矢量信息的组成。航迹角、地速、上升或下降率。

② ADS 空速矢量信息的组成。航向、马赫数或指示空速、上升或下降速率。

③ ADS 计划剖面信息的组成。下一个航路点，下一个航路点的预计高度、预计时间；再下一个航路点，再下一个航路点的高度、预计时间。

④ ADS 气象信息的组成。风向、风速、温度、颠簸、结冰。

⑤ ADS 短期意向信息的组成。计划点的纬度、经度、高度、预测时间。

如果可以预测在飞机当时位置和计划位置之间发生的高度、航迹角或速度的变化，那么，对短期意向数据将提供附加信息而成为中间意向。当时位置到变化点的距离、航迹角、高度、预计时间。

⑥ ADS 扩展计划剖面信息的组成。下一个航路点，下一个航路点的预计高度、预计时间；再下一个航路点，再下一个航路点的预计高度、预计时间；后续航路点，后续航路点的预计高度、预计时间；后续航路点可重复到第 130 个。

5.6.1.4　数据链的初始化

在飞机终端 ADSU 和地面终端 FDPS 之间实现 ADS 申请和报告之前，首先要入网联机。在卫星通信链路上要将飞机地球站（AES）和地面地球站（GES）连接起来，在地面 AFTN 网络上要把 GES 和 ATC 机构的通信终端连接起来，从而形成飞机上的 ADSU 与地面终端系统的 FDPS 之间端到端的连接。

1. 卫星通信的入网过程

由飞行员起始入网程序，通过 AES 送出带有飞机标识号的申请。地面 GES 收到申请后，查询响应，向飞机发出入网批准信息，并指定通信信道。飞机 AES 收到入网批准后发出答谢。地面 GES 收到答谢后向飞机发出确认信息，这样入网过程完成。

2. 地面通信的联机过程

地面 GES 和 ATC 单位的通信终端接通后，由地面 ATC 部门向飞机申请飞行计划中的数据，包括全部飞行剖面的航路点和高度层数据，飞机的 ADS 能力。飞机下传飞行计划数据、飞机标识、位置信息。地面 ATC 单位验证飞行计划，从而建立起地面 ATC 的 FDPS 和飞机上的 ADSU 之间的端到端的连接。

3. 建立 ADS 合同

地面 FDPS 向该飞机（具有 ADS 能力）上传 ADS 合同申请信息，飞机收到申请后下传确认通知并发出第一个 ADS 报告，此时 ADS 合同已建立。以后按报告率周期性地发送更新的 ADS 报告。

4. 移　交

由于一架飞机的 ADSU 允许同时和几个 ATC 机构之间建立 ADS 合同，邻近 ATC 部门在飞机尚未进入以前，早已建立 ADS 合同，收到了 ADS 报告。同样可以利用地理事件合同申请的办法，当飞机飞临管制区边界时自动触发移交管制和通信。在没有发出撤销 ADS 合同的申请以前，ATC 部门对脱离本管制区的飞机仍能收到 ADS 报告。

5. 断开连接

飞机着陆后，起落架上的蹲地电门发生作用，从而撤销所有的 ADS 合同。

6. ATN 网络中的开放式互联功能

由于 ADS 数据链对 ATN 网路中的几种链路媒质（卫星链路 AMSS、VHF 链路、HF 链路、S 模式链路）是兼容的，飞机上的通信管理组件和地面 ATC 的通信终端内都有 ATN 路由选择器，可以选择利用不同的链路媒质。例如，在海洋飞行中利用卫星链路，当接近陆地能接收到陆地 VHF 信号后，能自动转换到 VHF 链路；进入雷达覆盖区后，也可以转换到通过 SSR S 模式链路接收 ADS 报告；在极地区域，其他通信手段失效的情况下，可以通过 HF 链路接收 ADS 报告。

5.6.1.5　ADS-A/C 的效益和局限性

1. ADS-A/C 的效益

实施 ADS 监视下的数据链管制与话音通信下的程序管制相比，大大减小了间隔，增加了空域容量，从而也大大增强了飞行安全。

地面设施投资大大低于 SSR，可用于无 SSR 信号覆盖的区域，并能提供 ATM 所需的数据，如预计航路、性能因数、事件报告等。

机组不再依靠话音通信报告飞机位置，增加灵活性，管制员可更多地响应飞机飞行申请。这种灵活性可以节约部分飞行运营成本。

在洋区、边远陆地和无雷达区域采用 ADS，可实现和雷达空域类似的空中交通服务，大大增强了飞行安全。

S 模式和 ADS 结合可促进全世界统一的监视服务，并可在高交通密度区域提供高精度、抗干扰的监视。

2. ADS-A/C 的局限性

ADS 在使用过程中，同样存在许多不足的地方，如飞机处理信息需要时间长（FANS-1 至少 64 s）；通信滞后（飞机到地面需用时 45～60 s）；要求使用相同的基准（基于 GNSS 的时间和 WGS-84 坐标系统），否则精度变差；设备安装的过渡期内，机载设备混乱。

5.6.1.6　ADS-A/C 的应用

当前的 ADS-A/C 监视主要用于海洋和边远陆地区域，在世界各国对 CNS/ATM 的建设过程中，规划和建立了一些 ADS-A/C 航路。例如，ADS-A/C 南大西洋、挪威、俄罗斯、加拿大、太平洋和中国西部航路上的应用。

其中，在太平洋地区的应用包括北太平洋和南太平洋应用。在北太平洋，ADS 和 CPDLC 应用到中国台北、日本东京到美国西海岸航路；在南太平洋，ADS 和 CPDLC 应用于澳大利亚和新西兰飞美国洛杉矶的海洋航路上，其最小间隔减小到 30 nm。我国西部也建立了一条 ADS 航路，航路名称为"中国欧亚新航行系统航路"（简称西部航路），航路代号为 L888。该航路历经昆明、成都、兰州、乌鲁木齐 4 个高空管制区，分别在这 4 个地方设有 ADS 工作站。地面 ADS 工作站由卫星网连接，数据信息通过北京网控中心传给卫星数据网并上传到卫星，然后由卫星传输给飞机，飞机必须安装 FANS A/1 设备。L888 航路宽度为 56 km（30 nm），同航向、同高度飞行的最小纵向水平间隔 10 min，航路最小垂直间隔 600 m；飞行高度西行 9 600 m 或 10 800 m，东行 10 200 m 或 11 400 m。

5.6.2　广播式自动相关监视（ADS-B）

5.6.2.1　ADS-B 概述

随着自动相关监视技术的发展，提出并发展了广播式自动相关监视（Automatic Dependent Surveillance-Broadcast，ADS-B）。ADS-B 与 ADS-A/C 最大的区别在于它并非点到点的通信方式，而是采用对外广播的形式传输信息。广播式自动相关监视（ADS-B）是一种协作相关的监视系统，它采用机载导航系统获得飞机精确的位置和速度等信息，利用机载 ADS-B 设备广播飞机的位置信息和其他一些参数。通过空地数据链，ADS-B 地面站接收这些信息，并传输到空中交通管制中心，可以实现管制中心对飞机位置的监视。

ADS-B 采用全向广播方式，主要采用空对空报告，供空对空自我监视，起到了延伸驾驶员肉眼视程的作用，有利于实施"见到后避让"原则，不论运输航空或通用航空都行之有效。美国 FAA 认为 ADS-B 将是实施自由飞行的奠基石，欧洲虽然并不提倡前景遥远偏于理想的和概念上较为模糊的"自由飞行"，但也提出了"自由航路"概念，而 ADS-B 也将是促进实施自由航路的可行手段之一。

5.6.2.2　ADS-B 的组成

ADS-B 系统由航空器机载系统、传输系统和接收系统构成，如图 5.25 所示。

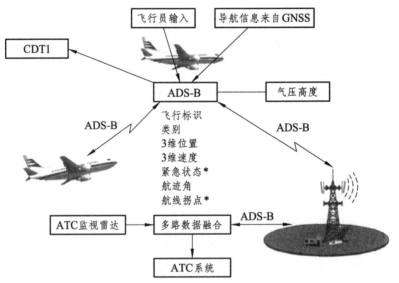

图 5.25　ADS-B 系统组成

机载 ADS-B 系统是一个集通信与监视于一体的信息系统，它由信息源、信息传输通道和信息处理与显示三部分组成。

ADS-B 信息源的主要种类包括航空器的 4D 位置信息（经度、纬度、时间和高度）和其他可能附加信息（航空器驾驶员输入信息、航线拐点、航迹角冲突、告警信息等）以及航空器的识别信息和航空器类型信息，如图 5.26 所示。当然，如果系统允许，可以包含一些其他信息，如空速、航向、风向、风速和航空器表面温度等。这些信息主要来源于以下机载电子设备：

（1）全球卫星导航系统（GNSS）。

（2）飞行管理系统（FMS）。

（3）惯性基准系统（IRS）。

（4）惯性导航系统（INS）。

（5）其他机载传感器系统，如大气数据系统，机载雷达系统等。

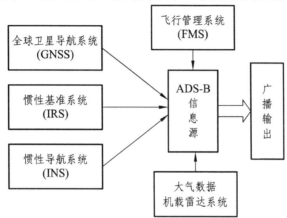

图 5.26　机载 ADS-B 的数据源

对于 ADS-B 的传输路径，最早在欧洲由瑞典提出利用自组织时分复用（S-TDMA）VHF 数据链技术来广播飞机位置，为空中其他飞机和地面提供位置信息，地面接收后可了解空中交通情况，起到监视功能，即 VDL-4。后来，美国提出利用二次监视雷达的 S 模式扩展自发报告（ES）的功能作为 ADS-B 的另一种技术，即 1090ES；美国在货运航空和通用航空的试用中，又提出一种新的用于 ADS-B 的数据链技术，称为通用访问收发机（UAT）。

ADS-B 的接收系统，根据应用的不同，主要包括机载 ADS-B 接收系统和 ADS-B 地面站。

5.6.2.3　ADS-B 的传输数据链

ADS-B 的传输数据链包括 1090SE 模式、UAT 模式和 VDL 模式 4 三种。

1. 1090SE 模式

S 模式数据链所具有的特殊性能，它已经在 TCAS 和 ADS-B 系统中得到了成功的应用，其中大型商用飞机使用该系统只需要对原有的 S 模式应答机系统上进行小规模的升级改造就可以成为 1090ES 数据链的 ADS-B 系统，所以该数据链在商业航班运输上具有很大的潜力。

1090ES 数据链采用脉冲位置调制（PPM）编码，发射信息包括一个报头和一个数据块，采用随机的方式接入 1 090 MHz 链路。ADS-B 消息数据块应该在第一个传输脉冲开始后的 8 µs 开始，包括 112 个数据位脉冲。其中，用于 ADS-B 的数据格式包括 DF17、DF18 和 DF19，其格式如图 5.27 所示。其中，DF=17 格式用于 S 模式应答机发射的 ADS-B 消息，DF=18 格式用于非 S 模式应答机发射的 ADS-B 消息或 TIS-B 消息，DF=19 格式仅仅用于军事应用系统。

Format No.	DF	Fields	Description
0	00000	VS:1 | CC:1 | 1 | SL:3 | 2 | R1:4 | 2 | AC:13 | AP:24	…Short air-air surveillance(ACAS)
1	00001	27 or 83 | P:24	…Reserved
2	00010	27 or 83 | P:24	…Reserved
3	00011	27 or 83 | P:24	…Reserved
4	00100	FS:3 | DR:5 | UM:6 | AC:13 | AP:24	…Surveillance,altitude reply
5	00101	FS:3 | DR:5 | UM:6 | ID:13 | AP:24	…Surveillance,identify reply
6	00110	27 or 83 | P:24	…Reserved
7	00111	27 or 83 | P:24	…Reserved
8	01000	27 or 83 | P:24	…Reserved
9	01001	27 or 83 | P:24	…Reserved
10	01010	27 or 83 | P:24	…Reserved
11	01011	CA:3 | AA:24 | P:24	…All-call reply
12	01100	27 or 83 | P:24	…Reserved
13	01101	27 or 83 | P:24	…Reserved
14	01110	27 or 83 | P:24	…Reserved
15	01111	27 or 83 | P:24	…Reserved
16	10000	VS:1 | 2 | SL:3 | 2 | RI:4 | 2 | AC:13 | MV:56 | AP:24	…Long air-air surveillance(ACAS)
17	10001	CA:3 | AA:24 | ME:56 | PI:24	…Extended squitter
18	10010	CF:3 | AA:24 | ME:56 | PI:24	…Extended squitter/non transponder
19	10011	AF:3 | 104	…Military extended squitter
20	10100	FS:3 | DR:5 | UM:6 | AC:13 | MB:56 | AP:24	…Comm-B, altitude reply
21	10101	FS:3 | DR:5 | UM:6 | ID:13 | MB:56 | AP:24	…Comm-B, identify reply
22	10110	27 or 83 | P:24	…Reserved for military use
23	10111	27 or 83 | P:24	…Reserved
24	11 | 1	KE:1 | ND:4 | MD:80 | AP:24	…Comm-D (ELM)

图 5.27　S 模式数据链的格式

DF=17 格式中"10001"表示格式 17，"CA"数域是一个 3 bit 信息位，用来报告基于 S 模式应答机的 ADS-B 发射装置的能力和应答机状况；"AA"数域是一个 24 bit 信息位，包含发射装置的地址和地址的类型。"ME"数域是一个 56 bit 信息位，ME 数域携带有 ADS-B 信息的主要部分内容，包括空中位置信息，机场场面位置信息，航空器识别码（ID）和信息类型，飞机速度信息，测试信息等。"PI"数域是一个 24 bit 下行链路信息位，包含均等覆盖的代码标签（CL）和询问代码（IC），组成联合奇偶校验和地址域。

2. VDL 模式 4

VDL 模式 4 是由自组织式时分复用多路（STDMA）方式实现监视的方式，使 VDL-4 的运行不需要任何地面设施，能支持空空和空地的通信和应用，最初是计划开发应用于 ADS-B 系统为主，适当考虑了 FIS-B 和 TIS-B，VDL-4 模式是唯一在发展时期就将 FIS-B 和 TIS-B 的发展考虑在内的通信模式。

STDMA 是一种将通信波道按照时间划分成一系列的时间片段，不同的使用者将信息置于不同的时间片段中传输，由此同一通信波道就可以处理不同的用户请求，同时传输信息也不会互相干扰，不会影响地面基站使用者和空中航空器使用者，它们都以同一个 UTC 时间为标准。由于采用了统一的 UTC 时间源作为同步时间点，不再需要额外的同步信号，大大提高了传输效率，该系统统一采用 UTC 时间为标准，在系统运行过程中，使用分时多址方式传输报文信息，周期性地对外广播报文包括经度、纬度、高度信息、速度信息，一秒钟有 75 个时隙，一分钟有 4500 个时隙，每秒预留出 4 个时隙作为 GNSS 增强系统与 FIS-B 进行信息传递。VDL-4 模式系统工作频率在 118 ~ 137 MHz，信息传输带宽为 25 kHz。VDL-4 模式协议涉及链路层、物理层和网络层，调制方式使用高斯滤波频键控（GFSK），信道频率为 19.2 kbit/s。VDL-4 模式的 ADS-B 系统也由地面部分和机载部分构成，发送的信息电文分为寻址类和广播类。

VDL-4 数据链时隙的大小适应于容纳一个 ADS-B 报告。每个时隙的传输可分为 4 个阶段：发送功率建立、同步、数据突发帧和保护时间间隔，如图 5.28 所示。当多时隙传输时也包含 4 个阶段，只是数据突发帧跨越更长的时间，其余 3 个阶段和单时隙长度相同。因此，传输占用时隙越多传输效率就越高，但是传输数据越长受到的干扰越大。所以在实际的应用中应该根据具体情况选择合适的传输数据长度。

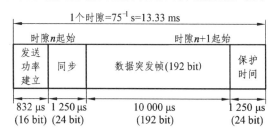

图 5.28　VDL4 的时隙结构

3. UAT 模式（Universal Access Transceiver）

UAT 模式是 1995 年美国研制的多种用途的地空数据链通信系统，UAT 模式支持 CNS/ATM 的各项通信标准要求，ADS-B 的广播通信和 ATN 都能够支持，所要求的硬件设备较为简单，不需要高昂的费用，能够满足绝大部分功能，能够在各种空域和各种地形的机场场面运行。

UAT 模式为宽频数据链，频宽为 1 ~ 2 MHz，工作于 L 频段，通信频率范围在 960 ~ 1 215 MHz，如美国的阿拉斯加使用 978 MHz 频率，且使用的是数字信号技术，使得其具备更强的高速通信能力，地空通信范围能够覆盖 200 nm。UAT 模式工作原理是：每秒时长为一帧，每一帧开始于每个 GPS 时间（或者 UTC 时间）秒。每一帧又被划分成两段，第一段是前 188 ms，主要用于地面站发送 TIS-B 以及 FIS-B；其余的 812 ms 为第二段，用于空中航空器或者地面滑行的车辆用户发送位置（P）速度（V）时间（T）信息，每秒一次，每秒报告为 16 或者 32 bytes，如图 5.29 所示。UAT 模式的最小时间单位是MSO，每个 MSO 时间是 250 ms，一帧共有 4 000 个 MSO，这样使得一个航空器机载的固定的调谐收发机支持空空、地空和地地广播应用。地面站最小的信息传输单位是时隙，一个时隙是 22 个 MSO，第一段由 32 个时隙构成，每个地面基站被分配一个时隙；第二段是航空器和地面车辆所共享，每个航空器/地面车辆在使用 ADS-B 段中使用随机抽取的MSO 进行信息传输，航空器用户和地面车辆使用第二段的 3 200 个 MSO 进行随机选择MSO 方式进行信息传输。UAT 模式系统结构不仅可以支持 ADS-B 技术，也可以在事前协定好的情况下，用很小的带宽提供上行信息数据广播。

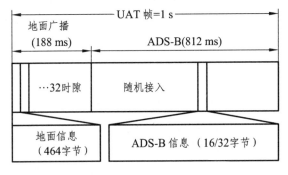

图 5.29　UAT 信息结构

4. 三种数据链的比较

目前，三种数据链技术发展都已比较成熟，三种数据链有不同的性能特点，其数据特性比较见表 5.2。

表 5.2　三种 ADS-B 链路的数据特性比较

链路类型	频率/ MHz	信道比特率	传输率（每架）	调制方式	信息长/ bits	速率/（Mb/s）
1090ES	1 090	单信道 1 Mb/s	6 s	PPM	112	1
UAT	978	978 MHz	1 次/秒	CPSFK	246（短），372（长）	1.041 67
VDL-4	118 ~ 137	每 25 kHz 信道 19.2 kb/s	1 ~ 20 s 可选	GFSK/FM	192	19.2

另外，对三种数据链在改造、抗干扰性、空空监视和容量等方面进行比较：

（1）在改装上：1090ES 改良自 TCAS 的系统，仅需要升级现在已经有的 S 模式应答机软件，再加装上一条 GPS 连线即可改装完成，其他两种数据链都需加装新的机载设备。

（2）在抗干扰性上：1090ES 数据链使得 ADS-B 与二次雷达都使用 1 090 MHz 频段，会造成链路的拥塞。VDL-4 的传输将对现有的 VHF 话音和数据通信造成无法接受的干扰。UAT 是专门为 ADS-B 设计的数据链，不存在频段干扰现象。

（3）在空空监视范围上：UAT 可达 125 nm，而 VDL-4 为 70 nm，1090ES 为 40～50 nm。

（4）在通信容量上：UAT 最高，VDL 4 介于 UAT 和 1090 ES 之间，1090ES 最低。

5.6.2.4　ADS-B 可传送信息类型

具有 ADS-B 能力的飞机可对外发送各类监视信息，包括标识号、状态矢量、状态和意图信息。

1. 标识号（ID）

ADS－B 所传递的基本标识信息包括以下三种：

（1）呼号（CALL SIGN）：由 7 个字母数字组成，对于不接受 ATS 服务的飞机或车辆以及军用飞机，不需要此类信息。

（2）地址（ADDRESS）：用以唯一标识飞机的 24 位地址。

（3）类型（CATEGORY）：由国际民航组织定义的描述航空器类别的标识，如轻型机、中型机及滑翔机等。

2. 状态矢量

移动目标的状态矢量包括在全球统一参考系统下的三维位置和速度等信息。状态矢量包括以下元素：

（1）三维位置：在传输数据的格式上要求不损失精度、完好性；几何位置元素使用 WGS-84 坐标系。

（2）三维速度：包括水平速度矢量和垂直速度，几何速度信息使用 WGS-84 坐标系。

（3）飞机转向标示：左转、右转、直飞。

（4）导航精度和完好性分类：导航精度和完好性包括 NIC（Navigation Integrity Category）、NAC（Navigation Accuracy Category）和 SIL（Surveillance Integrity Level）。其中，NAC 包括 NAC_P（Navigation Accuracy Category for Position）和 NAC_v（Navigation Accuracy Category for velocity）。NIC 有 0～11 共 12 个等级；NAC_P 有 0～11 共 12 个等级，NAC_v 有 0～4 共 5 个等级；SIL 有 0～3 共 4 个等级。

3. 状态和意图信息

状态和意图信息主要用于支持 ATS 和空-空应用，包括：

（1）紧急/优先状态（Emergency/Priority）：用于标识紧急或优先级状态的相关信息，如非法侵入告警、油量供应不足等。

（2）当前意图信息（Current Intent）：当前需要发布的飞机意图状态，包括目标高度、所期望的航迹等。

（3）航路意图信息（Trajectory Change Point）：提供航路发生改变的相关意图信息，如当前航路改变意图信息（TCP）、未来航路改变意图信息（TCP+1）。

（4）分类号：用于标识参与者支持特定服务类别的能力，如基于 CDTI 的交通显示能力、冲突避免、精密进近等。

（5）其他种类信息：ADS-B 技术能够传送实施监视一方所需要的任何信息，随着技术的发展和各种新应用的引入，将需要更多种类的监视信息，ADS-B 技术将通过相应软硬件配置实现对任何所需信息的广播。

5.6.2.5　ADS-B 的应用

ADS-B 作为广播式自动相关监视技术，飞机自动向周围的飞机、车辆和地面接收台发射自身的位置等信息，所以可以实现多方面的功能。其功能是空中飞机与飞机之间就能自动识别对方的位置，可以自我保持间隔；地面 ATC 对终端和航路飞行的飞机进行监控和指挥；机场场面活动的飞机和飞机及车辆之间保持间隔，起到场面监视作用。ADS-B 的应用主要包括地基监视应用、机载监视应用和其他应用。

1. 地基监视的应用

地面 ADS-B 接收站接收到 ADS-B 信息后，经处理后送往空中交通管理中心，通过飞行数据处理和监视数据处理，可获位置精确的飞机点迹供管制员使用，如图 5.30 所示。其地基监视的应用包括雷达覆盖空域的 ATC 监视、非雷达覆盖空域的 ATC 监视、机场场面监视、为地基 ATM 工具提供航空器生成的数据等。

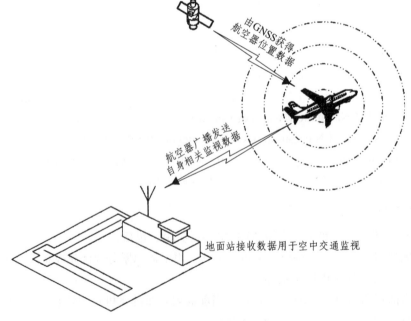

图 5.30　ADS-B 地基应用框图

1）雷达覆盖空域的 ATC 监视

ADS-B 监视可以加强目前由雷达提供的航路空域的 ATC 监视，主要是可以提供附加的航空器生成的数据，它可以加强监视数据的处理。如在单一雷达覆盖区域的监视，当在 SSR 的区域，ADS-B 可以作为备份系统，以及通过提供附加的位置报告作为雷达位置更新的补充；在使用 PSR 的区域，ADS-B 可以提供附加数据，例如航空器识别及气压高度。

2）非雷达覆盖空域的 ATC 监视

ADS-B 在非雷达覆盖区域提供 ATC 监视服务，其目的是加强交通信息服务和间隔服务。甚至在已经使用 ADS-C 的区域，ADS-B 可以提供更为快速的位置更新报告，从而促进进一步缩小最小间隔标准的可能性。

3）机场场面监视

在机场，ADS-B 可以提供新的机场监视信息的来源，使机场的地面活动管理更为安全和高效。可以给机场相关地面机动车辆装备 ADS-B 系统，并与航空器一起显示在终端情况显示器上。另外，ADS-B 能够支持地面冲突探测系统，通过提供更加频繁的有关航空器和机动车辆的位置更新，加强对航空器和机动车辆的监控，防止侵入跑道。

4）为地基 ATM 工具提供航空器生成的数据

ADS-B 可向 ATC 地面系统提供附加的航空器生成的数据，如状态向量和意图数据，从而发展或加强自动辅助工具，如一致性监控、冲突预报、冲突探测、最低安全高度警告、接近危险地区警告和交通排序。

2. 机载监视应用

航空器机载 ADS-B 系统把收集到导航信息通过 ADS-B 的广播式通信设备发送出去，其他航空器的机载 ADS-B 收发设备在收到其他航空器和地面的广播信息后，经过处理器处理后传输到驾驶舱综合信息显示器（CDTI），如图 5.31 所示。驾驶舱综合信息显示器获得地面和其他航空器机的 ADS-B 信息、自己的导航信息、机载雷达信息后给航空器驾驶员提供航空器周围的交通情报、态势信息和其他附加信息（如气象信息、冲突告警信息、避碰策略），从而可完成多种任务。机载监视应用包括情境意识能力和空中的间距和间隔。

1）情境意识能力

情境意识能力的应用意在加强机组人员对周围交通状况的觉察能力，包括在空中和机场场面，从而改善机组人员对飞行进行安全有效管理的决策过程。在实施这些应用的过程中，对间隔任务和责任将不会产生变化。包括加强机场场面交通情况觉察能力、飞机运行中的交通情况觉察能力、目视捕获能力和连续的目视进近能力。

2）空中间距和间隔的应用

该应用包括加强飞行顺序安排及汇合飞行、海洋空域尾随飞行程序和加强交叉和飞越飞行。

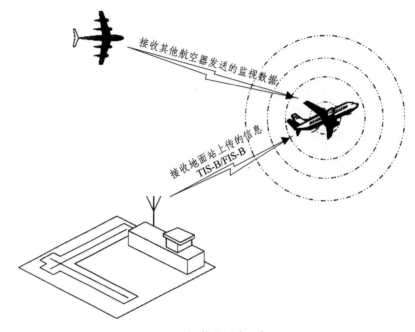

接收其他航空器发送的监视数据

接收地面站上传的信息
TIS-B/FIS-B

图 5.31 机载监视应用框图

（1）加强飞行顺序安排及汇合飞行。

该应用目的是在有关飞行顺序（如尾随飞行）和交通汇合方面，重新分配管制员和机组人员的任务。将给管制员提供新的程序，使机组人员能够与指定的航空器之间建立和保持一定的时间和距离间隔。机组人员将通过使用先进的人机界面完成这些新的任务。这些预期的优点将加强管制员的任务管理，及更加一致地遵守所要求的间隔距离。

（2）海洋空域尾随飞行程序。

在非雷达覆盖的海洋空域的尾随飞行程序将允许装有 ADS-B 尾随飞行设备的航空器在彼此的飞行高度层进行爬升或下降，现有的基于距离的最低间隔标准不可能在航空器之间实行纵向间隔。这项应用的目的是通过快速改变飞行高度层提高海洋空域的利用率，从而实现更高的飞行效率。

（3）加强交叉和飞越飞行。

这项应用的目的是在交叉和飞越指定的交通时，重新划分管制员和机组人员的任务。将给管制员提供新的程序，使得机组人员可以在管制员的指令下，机动飞行并与指定的航空器保持规定的间隔距离。机组人员将借助先进的人机界面完成这些新任务。这项应用的主要优势在于通过任务的重新分配，提高管制员工作的有效性。

3. 其他应用

（1）监控航空器，确保飞行航迹符合噪声敏感地区的环境标准（如宵禁）。

（2）促进数据的收集，以便于在边远地区的航空收费。

（3）允许飞行学校监控无经验飞行员的进展，如单飞导航。

（4）能够显示临时性障碍物，如装备 ADS-B 发射器的工地起重机。

（5）搜寻和救援（SAR）、紧急定位发报机（ELT）、应急反应。航空电子设备应被特别设计为在发生坠毁后能自动激活并广播适当的 ADS-B 航空信息。数字编码的 ADS-B 信息可以通过普通的 ADS-B 信息广播媒介进行广播。

5.6.2.6　ADS-B 对 ATM 的改进和效益

ADS-B 及其应用通过克服现有监视系统的局限性，预期将给运行操作带来重大的改善，优化调整管制员/机组人员的工作量，并给安全、容量、效率和环境影响方面带来好处，从而将为实现 CNS/ATM 的总体目标作出贡献。其效益包括以下几个方面：

（1）将监视范围延伸到更低高度（低于现有雷达的覆盖范围）和现有雷达覆盖不到的区域，更加有效地利用空域。

（2）促进"从登机门到登机门"的无缝隙完备服务，不仅对国际民用航空，而且还应包括通用航空和军事运行。

（3）在不同的系统中使用航空器生成数据，如地基防撞告警、最低安全高度警告、接近危险区域警告、自动辅助工具、监视数据的处理和发布以及使管制员能够使用状态参数（状态向量参数）。

（4）能够改善机组人员对情况的了解能力和促进使用空中间隔辅助系统的空中监视能力。

（5）通过提供机场场面监视，提高机场的安全和容量，特别是在低能见度的条件下，同时防止侵入跑道。ADS-B 还能够识别和监控机场的相关机动车辆和航空器。

（6）由于改进的监视技术能够提供更高效的航路，从而改革空域扇区的划分和航路结构。

（7）降低基础设施的成本。特别是在所有航空器都具备 ADS-B 装置的空域，可以退役一些雷达设备。在目前仍需要多重监视覆盖的区域，可以通过雷达传感器和 ADS-B 的最有效混用达到监视基础设施的最优化。因此，ADS-B 的覆盖将会减少对雷达传感器的需求数量。

（8）与安装、维护和扩展现有的以雷达为基础的监视系统相关的周期性支出相比，使用 ADS-B 为基础的监视系统将会达到节省费用的目的。

5.6.2.7　世界各国 ADS-B 发展情况

1. 美国 ADS-B 进展情况

FAA 从 2000 年开始在阿拉斯加实施 CAPSTONE 项目，对 ADS-B 进行试验和评估。

该地区通用航空非常发达，但地理环境和气象条件恶劣，不利于雷达站的建设。大约 180 多架飞机由国家拨款加装了基于 UAT 的 ADS-B 设备。2001 年 1 月，FAA 批准在西阿拉斯加无雷达覆盖区为加装 ADS-B 设备的飞机提供"类雷达"服务。截至 2003 年，阿拉斯加的飞行事故率降低了 86%，死亡事故率降低了 90%。

基本应用包括监视广播服务（航路、终端区、场面），TIS-B 和 FIS-B，增强的目视进程态势获知，增强的目视进近（Ⅰ类），最后进近和跑道占用监视，场面监视和冲突探测。

2. 欧洲 ADS-B 进展情况

由 EUROCONTROL 牵头开展了一项名为 CRISTAL 的 ADS-B 试验。试验基于一个安装在图卢兹机场的 1090 ES 地面站，结果显示 ADS-B 对 200 nm 甚至 250 nm 内的飞机监视效果良好。欧洲由于雷达覆盖比较完善，对 ADS-B 发展的态度并不十分积极，首先试验将 ADS-B 应用于机场场面监视。

3. 澳大利亚 ADS-B 进展情况

澳大利亚的高空空域项目（UAP），完成了 28（+3）套 ADS-B 1090 ES 地面站的安装部署，能完成澳大利亚全境的 ADS-B 监视覆盖，在 FL300 以上为飞机提供 5NM 间隔服务已得到授权。该 ADS-B 系统已经集成到空管系统的飞行数据处理系统、ATC 培训模拟器和记录和分析工具，通过 3 年的运行，现已投入到日程的管制运行中。

5.6.2.8　我国 ADS-B 进展情况

我国成立了 ADS-B 技术研究小组；积极参加 ICAO 和亚太地区有关 ADS-B 实施的国际会议及技术研讨会；与 ADS-B 研究工作开展较早的国家进行技术交流、学习；在 L888 航路试验了 ADS-C；研究和跟踪国际形势，正在研究制订我国的 ADS-B 技术发展政策；初步完成我国机队 ADS-B 能力的调查；民航飞行学院的 ADS-B 实验；成都、九寨 ADS-B 监视应用工程。

1. 我国机载设备现状

对全国 20 家航空公司（缺海航数据）统计：飞机总数 855 架，358 架飞机支持 ADS-B（41.9%），497 架飞机不支持 ADS-B（58.1%）；255 架飞机可进行常规改装（29.8%），235 架飞机没有加装 GPS（27.5%），7 架飞机没有安装 S 模式应答机（0.8%）。

2. ADS-B 试验工程介绍

民航总局 2006 年 5 月批复进行 ADS-B 实验，实验配置 2 个 ADS-B 地面站，1 套评估系统（包括雷达和 ADS-B 数据接口、数据处理器、数据记录和回放设备以及其他评估设备），改装 4 架飞机（1 架校验飞机、3 架国航西南公司空客 319 飞机）。

ADS-B 试验工程主要评估内容包括如何选择 ADS-B 站址，制订选址规范；ADS-B

数据和雷达数据进行比较；开展 ADS-B 数据和雷达数据的融合研究；飞行计划数据和 ADS-B 数据相关处理；各种告警的研究；可靠性的评估；对现有自动化处理系统的改造方式。

3. 中国民航飞行学院的 ADS-B 应用

2005 年，中国民航飞行学院在广汉分院两架西门诺尔飞机上验证了 ADS-B 使用情况，其 ADS-B 使用 UAT 系统。

从 2006 年开始，中国民航飞行学院实施 ADS-B 建设安装，至今已完成的建设项目包括：9 种机型共 193 架飞机的机载设备加装；新津、广汉、洛阳、绵阳、遂宁、南充共 6 个地面基站的建设；在广汉机场安装 2 台网络数据采集服务器和 1 台数据验证服务器，将 6 个 ADS-B 地面基站通过连接成一个庞大的监视网络，实现了川内各训练航线无监视盲点；安装了约 110 台监视客户端，除塔台、调度室用于飞行指挥外，学院、各分院飞行值班领导以及空管、机务、安监等部门都可以通过网络实时了解全院的飞行情况。

ADS-B 在飞行学院的使用，其意义表现在：以低成本投资实现了跨越式提高空管监控水平，进一步为飞行安全提供了保证，为学院节约了数亿元的二次雷达投资；有效扩大了飞行容量，提高了空域和机场的利用率，为学院创造了直接经济效益。学院飞行员的年培训量从以前的 500 人、8 万飞行小时，增加到了 1 300 人、20 万飞行小时，每年可多创造 3 亿元人民币的效益；地面设备国产化为国家节约经费人民币 605.2 万元；为我国低空开放，大力发展通用航空事业打下了坚实的物质基础。

4. 我国 ADS-B 技术政策

结合 ADS-B 应用监视系统工程，制订 ADS-B 应用技术规范，ADS-B 管制间隔标准，ATC 管制运行程序，ATC 管制员培训大纲，机载设备操作程序，ADS-B 设备安装、运行的相关政策和规定，ADS-B 机载设备安装标准，安全评估和校验标准。我国还指定了在西部非繁忙地区的航路实施以 ADS-B 为主，从 ADS-B 监视下的程序管制逐步过渡到 ADS-B 管制，终端区以 ADS-B 作为监视手段；在西部繁忙地区的航路实施雷达和 ADS-B 相结合，东部地区继续完善雷达监视建设；在西部繁忙地区和东部地区的终端实施以雷达作为主要监视手段，利用 ADS-B 补盲的监视规划。

5.6.3　两种自动相关监视的比较

ADS-A 和 ADS-B 在很多方面具有不同的特点，下面通过表 5.3 对两种自动相关监视进行比较。比较的内容有工作方式、作用距离、连接方式、采用数据链、主要功能、适应环境、数据链最低能力要求、机载设备、地面设备、标准文件和具体能完成的功用等。

表 5.3   两种自动相关监视的比较

对比项目	自动相关监视（ADS-A）	广播式自动相关监视（ADS-B）
主要工作方式	飞机和空中交通管制单位之间建立端到端合同进行数据通信，飞机位置报告及附近数据按约定周期自动发送，也能由事件触发发送	飞机广播式自发位置报告，飞机之间可互相接收而知道对方位置
作用距离	远程	近程
连接方式	空-地	空-空、空-地、地-地
采用数据链	以卫星数据链为主，也可采用其他物理链路	以 VHF 或 S 模式数据链为主，也可采用其他物理链路
主要功能	海洋管制单位利用飞机位置报告实现对海洋航路上飞行的飞机监视，也可用于陆地航路及终端监视	空中飞机与飞机之间自我保持间隔；地面管制单位对终端和航路飞行的飞机监视；机场场面活动的飞机和车辆之间保持间隔，起到场面活动监视作用
适用环境	海洋空域为主，兼顾其他空域	多种空域，兼顾场面活动
数据链最低能力要求	双向数据链	机载单向广播，地面单向接收
机载设备	ADSU + 卫星通信	VHF GNSS 转发器或 S 模式 GPS 应答器可配合驾驶窗交通信息显示器（CDTI）或交通姿态显示器（TSD）
地面设备	卫星通信地网接口 + FDPS + PPI	VHF S-TDMA 收发机或 S 模式收发机 + FDPS + PPI
标准文件	ICAO ADS 专家组正在制订 ADS 的 SARP，已公布的 ADS 指导材料；RTCA DO-212 ARINC 745 规范	ICAO ADS 专家组正在制订 ADS-B 的标准，已公布支持 ADS-B 的指导材料；RTCA SC-186 正在制订 ADS-B 的 MASPS 和 MOPS；EUROCAE-WG51 正在制订 ADS-B 的 MASPS 和 MOPS
功用	相关监视，依赖飞机报告；完全依靠机载导航信息源；可实现对海洋区域的监视；可对 SSR 取代或补充	可取代 TCAS；可取代 SSR；可取代场面监视系统；可在驾驶窗内提供交通信息显示和冲突警告；为自由飞行创造条件

5.7   多点定位系统

5.7.1   多点定位系统概述

多点定位系统采用多个地面接收基站接收来自待定位目标的信号辐射，通过测量信号达到时间（Time of Arrival，TOA）、到达角度（Angle of arrival，AOA）和计算各站到达时差（Time Difference of Arrival，TDOA）来精确进行目标定位。多点无线定位技术的研究与应用始于 20 世纪 60 年代的自动车辆定位系统，随后该技术被用作军事用途来精确定位航空器位置，在空管监视领域则主要用在机场场面监视方面，作为场面监视雷达的一种补充手段，称为机场多点定位系统，在美国底特律都会机场、法兰克福机场、奥地利因斯布鲁克机场、维也纳机场、伦敦希斯罗机场、北京首都机场等都有应用。这样解决了一次场面监视雷达系统固有的无标识问题以及机场的雷达覆盖盲区问题，实现机场区对飞机的精确定位和识别，改善繁忙机场的场面监视能力，提高机场的安全性。近年来该技术还被用于其他空域，如航路管制区域或进近管制空域，作为广域多点定位系统。

多点定位系统是独立合作式监视系统，可以分为被动式和主动式两种。被动式系统只接收航空器应答机信息，而该信息是由其他监视手段发起请求所引起的或者完全由航空器主动发送的信息，而主动式系统地面站可以主动向航空器发起请求并接收其响应。多点定位系统按作用范围分为机场场面多点定位系统、广域多点定位系统两种。

多点定位系统在开发和使用中，其优点表现为：更新率高（1 s）；定位精确高，可满足场面监视的需求；接收 S 模式和 ADS-B 信号，可获取飞机 ID 信息；结构采用分布式远端站，可解决视距化问题、提高系统可行性和可扩展性，增加接收机或者改变布局即可实现系统扩展；价格比二次雷达低；低维护成本；正常情况下被动接收信号，可满足无线电寂静的要求；接收站天线为没有旋转机构的简单全向天线，体积小，站点配置灵活，系统监视覆盖范围适应性强等。但多点定位系统也存在受视距影响、射频信号存在多径影响、射频信号强度受大气传播影响等缺陷。

多点定位系统的组成包括机载应答机，地面多点定位的地面远端站，地面通信网络，地面中心站、航迹处理系统和航迹显示单元，如图 5.32 所示。

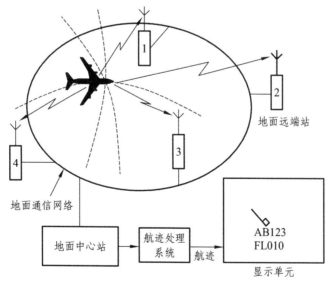

图 5.32　多点定位系统的组成

机载应答机将对二次雷达发出的询问信息和主动式多点定位系统的地面站的请求进行响应，也可主动进行广播式发送相应的飞机信息。

多点定位地面远端站有 4~6 个，主要功能是用来接收来自待定位目标携带的应答机上发射来的应答射频信号，并对该信号进行解调、解码以及准确测量该信号的到达时间（TOA），然后将其送至中央处理单元，进行目标地址识别、TDOA 计算。

地面远端站接收到的应答射频信号经处理后，通过地面通信网络送往地面中心站；地面中心站综合地面远端站的信息，进行多径处理，对信号时间进行同步，计算目标位置，可通过显示终端对目标进行显示或把目标位置送往航迹处理系统；

目标位置通过 ASTERIX CAT 10/21 格式送往航迹处理系统，航迹处理系统对目标位置进行跟踪处理，获得目标的航迹，最后送往显示单元进行显示，从而获得飞机的航迹及识别码、高度、飞行呼号等信息。

5.7.2 多点定位系统原理

5.7.2.1 多点定位方法类型

多点定位系统要完成对目标的定位，需要接收到目标发射的信号，通过对应答信号定位信息的分析、处理，进而完成解算，得到目标的位置、方向信息。定位过程中常用到的定位信息主要有信号到达时间 TOA、到达角度 AOA、到达各站时间差 TDOA 等。所以基本定位包括 TOA 定位法、AOA 定位法、TDOA 定位法以及将多种定位法相结合的混合定位法。

到达时间 TOA 是指应答信号从目标应答机发出到达接收基站过程中所用到的传播时间。在多点定位系统中，TOA 的精确测量是能否进行准确定位的最重要一环，因为在信号的传播过程当中，除了电磁波信号在两者之间的真实传播时间之外，接收基站中接收机本身噪声也会引起误差，而接收机与目标应答机之间时钟不能完全同步引起的误差就更大。所以，一般最终得到的 TOA 测量值是真实值与误差相加后的结果。

到达方向角 AOA 是指应答信号到达接收基站的电磁波方向，一般通过采用阵列天线跟踪应答信号来测量得到目标的达到方向角。

到达时间差 TDOA 是指接收基站接收到的两个相关的 TOA 的测量值之差，本身由于接收到的两个信号具有一定的相关性，通过两者相减可以抵消到相同的误差。

在当前民航使用的多点定位系统中，其定位方法主要采用测量 TDOA 方法，故在此介绍该方法。

5.7.2.2 TDOA 定位方法

基于到达时间差 TDOA 来进行定位系统，就是利用 3 个或 3 个以上已知位置的接收机接收来自某 1 个未知位置的信号源的信号，进而来确定该辐射源的位置。根据定位需求的不同，TDOA 定位可以分为二维空间双曲线定位和三维空间双曲面定位，二者的基本思想都是由两个接收机采集到的信号到达时间差确定了一对双曲线或双曲面，多个双曲线或双曲面相交就可以得到目标的位置，因此 TDOA 定位方法又被称为双曲定位法。

当只有 3 个地面接收站接收飞机应答机信号时，飞机 3D 位置不能直接估算，只能直接估算飞机的 2D 位置，但是如果目标的高度能通过其他方式获得，如二次雷达 C 模式，飞机的 3D 位置也能获得。图 5.33 所示是采用 3 个地面站来估算飞机的 2D 位置。当有 4 个以上的地面站能接收飞机信号时，可以直接估算飞机的 3D 位置。

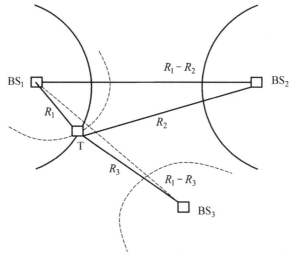

图 5.33　TDOA 定位原理

到达时间差多点定位系统由 1 个主站和 n 个基站构成，下面以 4 站为例进行说明，定义 $n=3$，各地面站的空间位置为 $(x_i, y_i, z_i)^{\mathrm{T}}$，$i = 0,1,2,3$，其中，$i=0$ 表示主站，$i=1,2,3$ 表示基站，目标位置为 (x, y, z)，r_i 表示目标与第 i 站之间的距离，r_{i0} 表示目标到第 i 站和目标到主站之间的距离差，其方程式为

$$r_0 = \sqrt{(x_0 - x)^2 + (y_0 - y)^2 + (z_0 - z)^2}$$
$$r_i = \sqrt{(x_i - x)^2 + (y_i - y)^2 + (z_i - z)^2} \qquad (i = 1,2,3) \tag{5.17}$$
$$r_{i0} = r_i - r_0$$

对式进行化简，得

$$(x_0 - x_i)x + (y_0 - y_i)y + (z_0 - z_i)z = k_i + r_0 \cdot r_{io} \tag{5.18}$$

其中，

$$k_i = \frac{1}{2}\left[r_{i0}^2 + (x_0^2 + y_0^2 + z_0^2) - (x_i^2 + y_i^2 + z_i^2) \right] \qquad (i = 1,2,3) \tag{5.19}$$

由式（5.18）表示的 3 个方程构成了一个非线性方程组，将 r_0 看作是一个已知量，则可得到如下矩阵：

$$\boldsymbol{F} = \boldsymbol{HX} \tag{5.20}$$

其中，

$$F = \begin{bmatrix} k_1 + r_0 \cdot r_{10} \\ k_2 + r_0 \cdot r_{20} \\ k_3 + r_0 \cdot r_{30} \end{bmatrix}, \quad H = \begin{bmatrix} x_0 - x_1 & y_0 - y_1 & z_0 - z_1 \\ x_0 - x_2 & y_0 - y_2 & z_0 - z_2 \\ x_0 - x_3 & y_0 - y_3 & z_0 - z_3 \end{bmatrix}, \quad X = \begin{bmatrix} x \\ y \\ z \end{bmatrix}$$

在选择合适的站址的条件下，利用伪逆法可解式（5.20），可得

$$X = (H^{\mathrm{T}} H)^{-1} H^{\mathrm{T}} F \tag{5.21}$$

多点定位系统在利用 TOA 或 TDOA 工作时，需要对各地面站的时间进行同步，对时间同步可以采用一般的时间系统和分配的时间系统，分配的时间同步又包括基于参考应答机的同步系统和 GNSS 同步系统。

基于参考应答机的时钟同步技术和基于 GNSS 共视的时钟同步技术，都需要在中心处理站进行远端站之间时间偏差的计算和补偿。需要考虑的误差来源有系统自身因素对同步造成的误差，如电缆时延、解调器时延、接收天线时延等；外界因素对时钟同步造成的误差，如电离层干扰、对流层干扰、传播路径时延、周边电磁干扰等。

采用基于原子时钟的同步方式，各站通过高精度的原子钟获得高精度本地时间信号，再通过数据网络动态校准远端单元的同步时钟，可将系统的时间精度统一做到纳秒级。但在机场场面环境下，飞机引起的振动、场面复杂的电磁环境、户外温度的变化等多种因素都会对远端站的本地频率源造成干扰，引起时钟抖动。

5.7.3　多点定位系统的应用

5.7.3.1　机场场面监视

最近几年，国内在机场场面监视方面积极开展了大量工作，耗费巨资分别在北京、上海和广州引进了场面监视雷达系统，不仅改善了这些繁忙机场的场面监视能力，也提高了飞机在机场的安全性。但是由于场面监视雷达系统固有无标识能力以及在机场特殊环境下有限的覆盖能力，使得场面监视雷达系统难以满足我国民航对机场场面监视的实际要求。而且机场场面雷达系统造价昂贵，要在我国的大量中小型机场安装使用，其因投入巨大也受到制约。因此面对我国机场场面监视控制的需求日益增加，对于像北京等装备了场面监视雷达系统的大机场，多点定位系统可充分发挥其灵活配置的特点，与其他监视系统互补，满足国际民航组织新提出的先进场面引导和控制的性能要求，特别是在低能见度条件下维持所需的航班容量和安全级别。据调研，国内航班量前十的机场，已经将场面监视需求提上议事日程，着手场面监视雷达系统和多点定位系统应用的具体考虑，已经开始与国外相关厂家进行了技术考察和应用交流。

国内现有民用机场 140 多个，在未来几年将增加到超过 200 个，在这些机场中大部分没有雷达监视设备，由于多点定位监视系统相对成本较低，特别适合航班密度急剧增加的一些中小型机场的中低空和场面监视应用。

5.7.3.2　航路监视

国外已经将广域多点定位系统作为重要的发展方向，欧洲已经全面启动广域多点定位系统计划，捷克全境已经实现多点定位监视全覆盖。

在国内，民航的航路监视主要由二次监视雷达系统承担，当前除了在东部雷达管制地区基本实现航路覆盖以外，其他地区航线都未能覆盖。根据国际航路和终端区监视要求，航路监视应该实现双重覆盖监视，终端区实现三重覆盖监视。因此，除了机场场面监视应用外，在多点定位技术上发展起来的远程监视技术，对于我国民航实现雷达管制区域的航路双重覆盖监视、终端区的多种覆盖监视以及西部程序管制区的航路基本覆盖监视，都是一种性价比较高且同时可以减少雷达系统相互干扰的应用选择。因此多点定位技术在民航空管广域监视领域具有良好的应用前景。

5.7.3.3　航空器高度保持性能监视

目前，美国和欧洲的 RVSM 空域，航空器高度保持监视基本都采用了较低成本的多点定位系统。多点定位是一种多基站接收机系统，该监视系统使用最少 4 个地面接收站，利用几何多点定位方法，通过机载应答机所发信号至各个接收站的到达时间差（TDOA）来计算目标的三维坐标，从而准确地测量出航空器的实际飞行几何高度。

针对欧洲的 RVSM 空域监视要求，Eurocontrol 按照国际民航组织的要求，从 20 世纪 90 年代末，在欧洲分别采用英国 Roke 公司和捷克 ERA 公司的设备，建立了 5 套多点定位的固定 HMU（Height Monitoring Unit）系统，2 套分别建在英国威尔士的 Strumble 和纽芬兰的 Gander，可以对北大西洋（NAT）区域绝大部分航空器进行监视；其余 3 套位于欧洲大陆，林茨、日内瓦、德国的莱茵兰-普法尔茨，这 3 套 HMU 站点实现了对欧洲上空大部分航空器的高度保持性能监视。

AGHME 是美国 2004 年自行研制的一种地面多点精确监视系统，它是一种可移动的设备，设备装备在 1 辆拖车内，安装地点要求能够容纳一辆 10 ft 长的拖车、15 ft 高的天线，有电源和数据传输线。1 套 AGHME 站点由 1 个中心 AGHME 单元和 4 个 AGHME 分单元组成，通常以菱形的方式排列。AGHM-E 通过测量航空器 S 模式应答信号从航空器到达不同地面站点的时间，采用多点定位技术计算出航空器的几何高度，其数据采用事后处理，测试数据交由 FAA 进行分析处理。目前，北美地面监视系统都采用 AGHME，在美国目前有 5 个站点，分别位于新泽西州的大西洋城、堪萨斯州的 WICHITA 和俄亥俄州的克里夫兰、凤凰城及西北部某一地点。

根据国外的经验，我国至少需要在北京、上海和广州 3 个空中交通枢纽区域建设多套地基区域监视站点，从而满足对我国 70%以上的航班进行高度保持监视和性能评估，保障我国 RVSM 安全、有效地运行。

5.7.3.4　环境及机场管理

目前，许多机场对航空器的噪声消减程序都有严格要求，附近居民区对噪声的投诉是机场管理者非常关心的问题。然而，识别是哪一架飞机引起的投诉却是非常困难的。多点定位技术的一个早期应用，就是解决此噪声投诉问题。该系统可以记录每一架到港及离港的航空器，以及具体的飞行航路和过航路任一点的时间。这些数据信息可以作为法律证据，用于解决噪声投诉问题。随着其他环保法规的生效，多点定位系统可以为机场管理者提供非常快速有效的噪声及飞行操作数据信息。

机场需要实时对场面航空器及其他车辆监视，这样可以有效提高机场运营管理的效率。多点定位系统可以为航空公司及机场管理者提供实时共享的情景意识，还可以对机场资源提供协同决策式管理，从而有效改善登机管理及安排登机舷梯的使用。通常机场都依赖航空公司报告各类费用，诸如起降费、除冰费及登机费。毫无疑问这将有可能导致费用的偏差，如果没有方法检查其正确性，就有可能导致收入损失。而多点定位系统可以把航空器实时追踪及识别信息提供给机场管理者，从而可以有效提高机场的经济效益。

5.7.4　多点定位系统对目标的识别

多点定位系统利用机载应答机的回答信号来进行工作，可对装有 A/C 模式、S 模式应答机和 ADS-B 机载设备的飞机进行跟踪。当应答机工作在不同的工作模式时，地面站对应答信号进行接收，除了通过 TDOA 获得目标的位置外，还可以获得其他的目标消息。机载应答机工作于不同的模式，其工作情况和地面站获得的信息是不同的。其中对装有 A/C 模式应答机的飞机，A 模式能对目标进行识别，C 模式能获得目标的高度信息；对装有 S 模式应答机的飞机，S 模式应答机可以利用短格式和长格式回答来获得不同的信息。表 5.4 显示了 A/C 模式和 S 模式应答机获得的信息情况和 S 模式不同格式获得的信息。

表 5.4　地面站获得的不同信息

模式	DF	信息种类
Made A		应答机编码
Made C		飞机高度
Mode S（all call reply）	11	24 位 S 模式地址
Mode S Extended Squitter	17	24 位 S 模式地址、应答机编码、高度、位置、其他
Mode S short ACAS	0	24 位地址、飞机高度
Mode S long ACAS	16	24 位地址、编码、飞机高度、空空坐标
Mode S short surveillance	4，5	24 位地址、编码、飞机高度
Mode S long surveillance	20，21	24 位地址、编码、飞机高度、数据链通信 B

5.8　机载间隔辅助系统

5.8.1　机载间隔辅助系统概述

当前的整个飞行过程中，包括飞机的起飞、着陆，航路飞行中穿越管制区边界等，在实施前飞行机组都需要通过通信系统向管制员进行申请。同样，如果飞行中需要进行航路改变，希望爬升到更高、更经济的飞行高度层飞行，飞行机组必须向管制员提出申请，在天气和交通状况允许的情况下，飞行机组将接收到批准指令从而实施航路修改。因此，如果没有与管制员协商，飞行机组就不能自由地修改航路来实施一个更好的航路计划。

可见当前的空中交通管理系统，空中交通管制员和飞行机组承担着不同的职责。空中交通管制可以防止飞机与飞机之间，飞机与障碍物之间相撞，维持和加快有序的空中交通流量。飞行机组则负责飞行安全、有效的飞行控制和飞机在不同空域和机场的导航。

随着新航行系统（CNS/ATM）的发展，新的监视系统的使用，如广播式自动相关监视系统（ADS-B）和交通信息服务广播（TIS-B）。特别是随着 ADS-B 在空空监视的应用，机载系统在 ATM 中的作用越发重要，逐渐发展了基于提高飞行机组对周围交通的认知和更多地参与飞机的间隔的概念，这就是机载间隔辅助系统（ASAS）。

ASAS 是以机载监视为基础，协助飞行机组支持其航空器与其他航空器保持间隔的航空器系统。ASAS 也是管制员和飞行机组为达到规定的运行目标而采用的一套使用机载间隔帮助系统的操作程序。

5.8.2　机载间隔辅助系统的功能

要协助飞行机组支持航空器与其他航空器保持间隔，ASAS 必须具有相应的功能，其功能包括机载监视功能、数据链通信、交通信息的显示、交通信息的处理、空中安全间隔功能、空中交通管理功能。一个确定的 ASAS 系统不需要具有所有的功能，但最基本的 ASAS 设备需要具有机载监视，交通信息的显示和交通信息的处理功能，更先进的设备将具备所有的功能。

5.8.2.1　机载监视功能

ASAS 对周围的交通实施机载监视，监视的基本方式是广播式自动相关监视（ADS-B）。广播式自动相关监视是一种协作相关的监视系统，它采用机载导航系统获得飞机精确的位置和速度等信息，利用机载 ADS-B 设备周期性地广播飞机的呼号、位置、高度、速度和其他一些参数。通过空地数据链，ADS-B 地面站接收这些信息，并传输到空中交通管制中心，实现地空监视；具有 ADS-B 能力的飞机也可以通过机载电子设备接收附近 ADS-B 飞机的广播信息，实现空空监视。ASAS 就是利用 ADS-B 的空空监视能力，来获取对周围具备 ADS-B 能力的交通目标的监视。

对于不具备 ADS-B 能力的交通目标，ASAS 可以通过交通信息服务广播（TIS-B）来提供监视信息。TIS-B 是安装在地面，能够为飞机提供交通信息的系统，TIS-B 利用地面监视系统的监视信息，如二次监视雷达信息来生成与 ADS-B 报告类似的报告，在确定的服务空域内广播这些监视信息，装备了 ASAS 的飞机能接收到这些信息，从而获得附近没有装备 ADS-B 飞机的交通情况。监视功能可以使用单一的监视源或对各种监视源进行数据融合，同时需要考虑准确性、完整性和适用时间。

5.8.2.2 数据链通信

ASAS 系统接收 ADS-B 或 TIS-B 报告，需要使用广播式数据链通信，但 ASAS 的一些应用程序需要使用一些与广播式数据链不同的空空或空地数据链通信。在 ASAS 实施中，某些信息可能需要采用选址的方式发送给另外的飞机，而不是采用广播方式发送给所有的飞机，这就需要使用空空数据链通信。这些信息可能包含当前或计划的航路信息，空中碰撞冲突的解决方案等，利用空空通信还可以协调飞机之间的机动飞行方案。地空数据链通信主要用于执行空中交通管理系统的功能，如管制员为飞行机组发布与指定飞机的安全间隔。

5.8.2.3 交通信息的显示

ASAS 所有的应用都需要把一些交通信息显示给飞行机组。其中，大多数情况下是使用驾驶舱交通信息显示（CDTI），其他显示方式包括文字、听觉、语音等也是可行的。ASAS 的显示可以是唯一的，也可以与其他机载系统共享，如飞行管理系统导航（FMS）显示或气象雷达显示。

CDTI 通常被用来描述与自身飞机相关的交通信息，采用一个便捷的方向，如正上方表示航迹、航向或北方，以自身飞机符号为参考来确定目标飞机符号。如果交通信息是采用平面视图显示，数据标签可能位于交通符号附近，显示高度，飞机标识和其他有用的信息；目标速度也可通过在交通符号上一个延伸的矢量来描绘。为了使显示信息更准确和尽量减少显示混乱，对于不同的应用程序和飞行阶段，显示的范围和比例也有所不同。另外，显示屏可提供其他的与 ASAS 的应用程序有关的文字或图形信息，还具有水平和垂直显示能力，如垂直显示可以提供目标飞机爬升和下降剖面信息，并加强冲突检测和冲突决策的解决。

5.8.2.4 交通信息处理功能

交通信息显示的功能就是用交通符号来描绘目标位置，但使用交通信息处理功能后，不管飞机在空中还是在地面，都能帮助飞行机组更清楚周围的交通情况和目视获得交通情况。

如果在显示目标位置的基础上，经过交通信息处理功能，显示屏还可以描绘出这个位置的不确定性，以防止飞行机组过高估计显示位置的准确性。当存在过多目标时，飞行机组可以输入一个指令来选定一个特定的目标，如用特殊的符号，这样可以帮助飞行机组在快速扫视后能从众多的目标中快速识别选定的目标。此外，机组可以选择显示选定目标的附加信息，如飞机类型，地速等，为了避免显示混乱，这些信息通常是不显示的。交通信息处理还包括告警，通过不同的显示特征，比如用不同的颜色来识别正引起告警的目标；在机场，自身飞机和目标飞机的符号都显示在平面地图上，利用不同的符号可区分地面目标和空中目标。

5.8.2.5　机载安全间隔和间隔功能

对于 ASAS 的应用，需要机载安全间隔和间隔功能为飞行机组提供引导，来建立和保持自身飞机和目标飞机之间的指定时间和距离，或一个适当的最小间隔；当间隔不合适，存在其他的危害或在非正常条件下，会发布告警，并伴随具体的指引。

机载安全间隔功能是为飞行机组提供指引，通过改变速度和航向的机动飞行，来保证安全间隔在希望的偏差之内。

机载间隔功能要求飞行机组对间隔任务负责，包括采用穿越和合并等机动飞行，来建立和保持适当的最小间隔。具体功能包括冲突检测和冲突决策辅助，为了检测在一个指定时间范围内的交通危害，冲突检测功能必须分析自身飞机和其他飞机的一个或多个潜在的轨迹，将检测到潜在的间隔减小并提醒飞行机组，决策辅助通过指引来让飞行机组采取纠正措施。冲突检测和决策辅助可通过飞行机组输入，从而采用人工方式来解脱冲突，也可使用飞行机组自动化决策支持系统。

5.8.2.6　空中交通管理功能

有些 ASAS 应用除具有与指定飞机保持安全间隔和间隔的功能外，还具有和地面空中交通管理系统类似的功能，即空中交通管理功能。如检测和解决自身飞机和其他具有 ASAS 能力飞机之间的碰撞冲突；ASAS 处理系统连续监视所有的飞机航迹，比较当前的和预测的间隔，从而获得适当的最小间隔；机组决策支持自动化也可提供冲突解决的引导，并在飞机之间协调解脱冲突的方案；为了满足飞行机组或飞机运营商选择的参数或目标，也会给机组人员提供互动工具，使他们能对自动化解决冲突进行补充。

5.8.3　机载间隔辅助系统的应用类型

ASAS 具有很多功能，但根据 ASAS 对具体应用要求，按照管制员和飞行机组的操作程序，对 ASAS 的飞机系统和空管系统的要求等条件，可以对不同功能进行组合，从而形成 ASAS 的 4 种具体应用。

5.8.3.1　空中交通情景意识

空中交通情景意识是通过提高飞行机组对周围的交通情况的认知，包括空中和地面机场，从而提高飞行机组对飞行安全和高效管理的决策过程。其目的是利用更好的地空、空空通信和监视系统，从而获得更准确的、最新的周围交通信息，再通过飞机机组的能力，从而提高飞行管理和程序。

空中交通情景意识使用后，可以提高飞行机组和管制员对交通情景意识的协调；通过座舱显示器显示的飞机标识可以减少对飞机错误识别的风险；通过对碰撞风险更提前的预测可以增强安全性；通过更好的飞行机组交通情景意识可以减少地空之间的语音通信；在数据链通信环境下能提高交通情景意识；在失去语音通信和雷达故障的情况下可以提高安全性能；提高当前的目视气象条件飞行程序的效率；在机场，特别是在低能见度条件下，可以改进对滑行道和跑道的占用意识，这将有助于减少跑道入侵和机场地面的碰撞。

空中交通情景意识适合于所有类型的空域，但空中交通情景意识，不会改变飞行机组与空中交通管制的责任，即管制程序不会被改变。

5.8.3.2　机载安全间隔应用

机载安全间隔应用是对于安装了相应的机载设备的飞机，飞行机组负责实现和保持与指定飞机的安全间隔，虽然飞行机组被赋予了新的安全间隔任务，但安全间隔的提供仍由管制员负责，并且空管最小间隔没有被改变。

机载安全间隔使用后，虽然不能改变当前的最小间隔，但允许飞行机组采用适当的机动飞行来保持间隔，这样可以提高飞行效率和灵活性；把安全间隔转移到飞行机组还可以减少管制员的工作负荷，这使一个管制员在一个扇区可以管理更多的飞机或管制更大的扇区，在扇区扩大的情况下，可以减少扇区的移交并更好地进行流量管理；可以提高飞行时间的可预测性，改进飞机抵达机场计划。机载安全间隔可以应用于任何管制空域，其典型的应用包括下降中的安全间隔保持、水平飞行的安全间隔保持、横向穿越和通过、垂直穿越等，管制员根据具体情况可以采用排序和汇合等新的指令。

5.8.3.3　机载间隔的应用

机载间隔的应用把有限的间隔责任委托给装备了适当设备的飞机，允许这些飞机在确定的范围内选择机动飞行来满足与指定飞机的最小间隔。除了这个特殊指定的间隔责任交付给飞行机组外，管制员仍然负责其他的间隔。

机载间隔使用后，通过飞行驾驶舱来提供战术间隔将显著提高飞行能力和飞行效率；由于消除了通信时间，使用了最新的和更精确的飞机数据，机载最小间隔可能会小于当前的空管最小间隔，其中最明显的在当前的程序管制区域采用 ASAS，可以大大减小最小间隔；把战术间隔转移到飞机驾驶舱可以减少管制员的工作负荷；允许飞行机组采用适当的机动飞行来保持间隔可以提高灵活性；另外，也可以增强飞行时间的可预测性，改进飞机抵达机场计划。

机载间隔同样可以应用于任何管制空域，可以应用于飞行的多种情况，如下降中的间隔保持，水平飞行的间隔保持，横向穿越和通过，垂直穿越和飞行机组在平行跑道进近的间隔保持等。

5.8.3.4　机载自控间隔的应用

机载自控间隔是要求飞行机组确保他们的飞机按照适当的空中间隔标准与周围交通保持间隔，实施自控间隔的要求是需要飞机装备适当的机载设备，申请特定的条件和在特定的空域。在新的管制空域，飞行机组可以有权力实施自控间隔并按照他们喜欢的航迹飞行，从而保证管制员集中进行流量管理。

机载自控间隔的实施，需要发展新的特定的空域，空域入口的特殊规则，机载最小间隔标准和可能的特殊飞行规则。这样，新的程序和新的规章将是必须的，地面空中交通管理系统将被赋予新的不同的角色。

机载自控间隔使用后，可以预见的是，安全性、飞行效率、灵活性和空域容量等都会得到提高。比如，在没有间隔提供的空域，其安全性将会提高；在低密度或中密度空域，其灵活性将得到提高；在实施程序管制的空域，由于机载最小间隔小于空管最小间隔，那么空域容量也会得到提高。

5.8.4　实施 ASAS 的效益

根据 ASAS 的应用，ASAS 可以在使用用户，空域和环境等方面产生不同的效益，具体表现在以下几个方面。

（1）提高了飞行安全：ASAS 通过情景意识来协助飞行机组实施看到避让职责，协助飞行机组避免失误或错误，提供信息以便正确决策，并且给管制员提供和飞行机组一样的信息；ASAS 使用不同数据源的位置和意图数据，支持不依赖于管制员操作的应用，产生指引信息给飞行机组，从而保证及时的冲突解决或维持安全的间隔；ASAS 的指引不依靠地空通信，这样可以防止地空通信导致的遗漏或无线电通信误解的通常的危害。

（2）用户更灵活，飞行效率更高：ASAS 提供的监视或间隔功能可以补充或取代 ATC 的间隔，运用这些 ASAS 的应用可以支持飞行机组选择优先航路或航迹，从而减少燃油消耗和提高时间效率。

（3）增加吞吐量或容量：机场到达或离开的容量，或扇区交通流量限制经常会造成严重的瓶颈限制，从而严重影响到 ATM 系统容量，可以预见到实施 ASAS 后可以提高飞机在机场的吞吐量和在进出空域的飞行流量。

（4）环境效益：ASAS 支持飞行机组灵活选择最佳的飞行剖面，可以极大地减少对环境的影响，减少飞行时间和使用最佳爬升和下降剖面的能力，可以减少飞机尾气排行和噪声。

思考题

1. 民航对飞机监视的方法有哪些？
2. 一次雷达测量目标的原理是什么？
3. 民航一次雷达包括哪些类型？各有什么特点？
4. 二次雷达探测目标的原理是什么？单脉冲技术的原理是怎样的？
5. 试推导二次雷达的雷达方程，并进行分析。
6. 二次雷达的询问模式有哪些？如何进行应答？
7. A/C 模式二次雷达存在哪些缺陷？
8. 什么是 S 模式？

9. S 模式二次雷达的询问信号包括哪些？

10. S 模式对询问是如何来做应答的？

11. 什么是自动相关监视？它分为哪两类？

12. ADS-C 的组成包括哪些？主要应用在哪些区域？

13. 什么是 ADS-B？其组成包括哪些？

14. ADS-B 的传输数据链包括哪些？各有什么特点？

15. ADS-B 飞机可对外发送监视信息包括哪些？

16. 谈谈 ADS-B 的应用。

17. 什么是多点定位？其组成包括哪些？

18. 多点定位系统是如何确定飞机位置的？

19. 机载间隔辅助系统的功用包括哪些？

20. 机载间隔辅助系统的应用类型有哪些？

第6章　自动化空中交通管理系统

6.1　自动化空中交通管理系统的发展

随着计算机技术、电子技术和数字技术的发展及在空中交通管制中的应用，使得自动化空中交通管理系统可将计算机、雷达、ADS-B、显示和通信等先进技术，综合利用到空中交通管制方面。它的发展大致经历了四个阶段.

第一阶段（20世纪40年代末—60年代初）。

自第二次世界大战之后，空中交通管制问题开始引起人们的极大重视，研究工作主要集中在有关确定飞机位置，显示空中飞机状态和地空通信方面。进入20世纪50年代后，一次雷达开始应用在航行管制领域，其中1955年前西德空中交通管理局使用了一次监视雷达用于机场附近空域和航路。一次监视雷达能将捕获的飞行目标的位置以原始回波的形式显示在管制员工作的显示席位上，从而结束了管制员不能实时掌握空中飞行目标位置的局面，一次雷达的使用向自动化航行管制系统迈出了第一步。由于一次雷达刚刚问世，还存在不少缺点，其中受地物回波和空中云雨干扰比较严重，图像很不清晰、提供飞行目标的动态仅局限于平面位置。而作为一个管制员要实时全面掌握空中飞行动态，还需要有更多的飞行目标参数，从而促使科学家们寻求为航行管制系统研究新型的探测设备，开始向自动化第二阶段进军。

第二阶段（20世纪60年代中—70年代初）。

从20世纪60年代中期开始，自动化空中交通管制系统开始进入第二阶段，这一阶段的主要标志是新型的地面二次雷达开始应用到航行管制领域。1963年前西德空中交通管理局使用了二次雷达系统。这种雷达能以特殊的脉冲代码询问装有应答机的飞机，地面询问机通过收到的编码回答可以识别飞机和确定其高度，从而首次使管制人员从平面位置显示器上，不但能观察到飞机的位置，而且还能识别飞机和显示飞机的实时飞行高度。二次雷达与一次雷达相比，具有功率小、作用距离远、不受地物和空中云雨的干扰、没有地物回波和其他杂波、图像清晰等优点，因此深受管制人员的欢迎。然而随着飞机种类、数量的增加和飞机性能的不断改善，空中交通十分繁忙，人工进行数据处理手续繁多. 空中交通管制日趋复杂。例如，法国巴黎管制空域到60年代末期，全年飞机的活动量达60万架次，夏末每天约有2 500架次，从而导致西方一些比较发达的国家开始研究用计算机来处理雷达信息和飞行计划数据，向自动化空中交通管制系统第三阶段迈进。

第三阶段（20世纪70年代初—70年代末）。

　　早在 20 世纪 50 年代末至 60 年代初，西方部分国家就开始用计算机处理雷达信息和飞行计划数据的模拟实验。随着固态技术日趋成熟，全数字式和双波束技术在雷达上的运用，大大改善了雷达性能，为用计算机处理雷达信息创造了良好的条件。因此，进入 70 年代后，计算机开始普遍应用到空中交通管制领域。一个以计算机为核心，包括雷达、显示和通信的自动化航行管制系统在许多国家建立起来了。例如，法国的奥利管制中心安装了以 I007 计算机作为中心机的自动化管制系统；英国伦教管制中心安装了以飞行使者和巨型计算机为中心的自动化管制系统；美国在全国中、小型机场安装了 60 套以计算机为核心的 ARTSII 雷达终端系统，在大型机场安装 62 套 ARTSII 型雷达终端系统等。

　　第四阶段（20 世纪 80 年代至今）。

　　虽然第三代自动化空中交通管制系统在许多国家的机场和管制中心安装使用了，并已得到用户的充分肯定。但是随着空中飞行流量的急剧上升，ICAO 提出了新航行系统的概念，随着 ICAO 新航行系统的发展、实施，发展了基于卫星的通信、导航、监视和自动化的空中交通管理系统。该系统将飞速发展的微电子技术、计算机技术、数据通信和新的显示技术应用到自动化空中交通管理系统这个领域，开始研制第四代自动化空中交通管制系统。

　　空管设备是国家实施空域管理、保障飞行安全、实现航空运输高效有序运行、捍卫国家空域权益的战略基础设施，也是国土防空体系的重要组成部分，对促进国家经济发展和维护国家安全具有深远的战略意义。2007 年之前，中国民航业空管自动化系统一直被国外行业巨头泰雷兹、英德拉等公司垄断。

　　20 世纪 90 年代初，为打破国外空管系统在我国民航的垄断地位，当时的国家经贸委将空管系统装备列入国家重点投资类科技攻关项目和国家重大技术装备国产化项目，投入经费予以重点支持。1996 年，国务院、中央军委空中交通管制委员会办公室确定中国电科为"全国空管系统技术总体单位"，承担国家空中交通领域的总体规划、系统设计、技术标准等重要任务。数十年磨一剑，中国电科莱斯公司终于研制成功具有完全自主知识产权的空中交通管制自动化系统产品：牧羊人-2000（NUMEN-2000）系统。该系统符合国际民航组织 ICAO 和中国民航标准，特别针对我国民航的实际需求进行了优化设计，是具有中国特色的空管自动化系统，核心软件经过多个现场使用、实际校飞，性能与国外同级产品相当。牧羊人-2000 系统突破了"大范围监视数据融合""4D 轨迹精确预测"等多项关键技术，并获得 7 项发明专利。2010 年，莱斯公司成为国内首家获得自动化系统正式使用许可证的单位。牧羊人-2000 在青岛、长春、厦门、杭州、南昌、昆明、贵阳、石家庄、潮汕、济南、大连、沈阳、呼伦贝尔、宁波、温州、烟台等各级空管单位得到广泛应用，在国产空管主用自动化系统中，市场占有率在 70% 以上。2013 年，民航沈阳区域管制中心、乌鲁木齐区域管制中心空管自动化主用系统招标。招标采用邀请式国际投标，除莱斯公司外，其余三家为行业巨头：英德拉、泰雷兹和德雷费尼克。经过激烈竞标，莱斯公司在竞标总评分中独占鳌头，成功进军区域管制领域。在国际市场上，莱斯公司先后中标印尼日惹机场话音通信控制系统、肯尼亚东非航空学校模拟训练系统等项目，实现了中国设备在国际空管系统市场的历史性突破。

6.2　自动化空中交通管理系统的配置

世界上大多数国家的管制中心安装的自动化空中交通管制系统，都有大致相同的配置，下面概要介绍系统中主要设备的配置情况。

1. 监视设备的配置

为空管自动化系统提供监视信息源的包括雷达、自动相关监视、多点定位等。其中雷达配置大致可分三种形式，分别是近程雷达、中程雷达和远程雷达。

近程雷达采用 S 波段 15 r/min，探测范围可达 40~60 nm。它主要配置在机场，用来管制进、出本港的飞机。

中程雷达采用 L 波段 12 r/min，探测范围可达 50~150 nm，用于机场和终端区的空中交通管理。

远程雷达采用 L 波段 6 r/min，探测范围可达 120~200 nm，用于航路监视。另外，雷达包括一次雷达和二次雷达，一二次雷达天线有合装、分装两种。

当前，有些地区已经使用了自动相关监视系统和多点定位系统为空管自动化系统提供监视信息。

2. 雷达录取设备

雷达录取设备是从所有的雷达回波信息中，提取飞行目标信息的一种装置。配有这种装置的雷达不但能减少雷达信息的传输，而且为采用计算机自动跟踪飞行目标创造了条件。第三代系统的航管雷达普遍装备了三种不同的自动录取装置，即一次雷达录取，二次雷达录取和一、二次雷达联合录取装置。

3. 显示设备

一般说来，各级管制人员与系统之间的人机对话，都是通过显示席位上的显示器和对话工具实现的。从使用设备角度出发，分为机场塔台、进行管制和区域管制中心使用的显示设备。

1）塔台上使用的显示器

由于机场塔台上的环境空旷，要使管制员能看清显示器所显示的画面内容，对显示器首要的要求是高亮度和较高的分辨率。此外，还要求既能显示雷达原始视频图像，又能显示经计算机处理后的文字数据信息。

2）进近管制室使用的显示器

进近管制室使用的显示器，是作为雷达管制员观察飞行目标动态状况专用的一种显示器，要求在一个平面显示器上，清晰地显示出一幅空域内受管制的飞行动态图（包括远程雷达原始视频图像、数字化的视频地图和航迹）。因此，通常配置具有多功能显示能力的混合显示器，随着计算机技术的发展，通常与计算机进行结合。

3）区域管制中心使用的显示器

区域管制中心的每一个管制席位上的管制员，希望能动态地显示由计算机提供综合后的飞行目标信息，所以通常配置全数字式的全综合型显示器。由于这种显示器不显示雷达原始视频图像，所以画面清晰、稳定。而且还能在平面上开设多个微表格显示器，具有较强的自主式的显示能力。

4. 人机对话工具

为了方便管制员的人机对话操作，在各类管制中心，特别是区域管制中心的雷达管制席位上，普遍配置了键盘（普通键盘，数字键和专用功能键）、光笔、鼠标和手指输入等多种人机对话装置。

5. 计算机

计算机是自动化空中交通管制系统的核心设备。它的主要任务是完成雷达数据处理、飞行计划处理、显示处理和自动转报处理等等。无论是哪种处理，对逻辑运算字节处理及 I/O 处理能力和可靠性要求都很高，而对数值计算的要求相对来说却稍偏低。根据这些特点，在对管制中心的计算机进行选型时，几乎都是选用中、小型计算机，中型计算机配置在大型管制中心，用作中心计算机，主要处理飞行计划和多部雷达目标跟踪信息。

小型计算机主要配置在小型管制中心，用来处理雷达信息（即用作单部雷达信息处理）和显示信息（即用作显示信息处理机）。

6. 通信设施

通信设备也是自动化空中交通管制系统中心重要组成部分，各个国家的管制中心的自动化管制系统中所配置的通信设备大致相同。对雷达数字信息的传输，主要采用窄带传输方式，而对雷达的原始视频信息传输，主要采用同轴电缆和宽带微波方式。对于飞行计划信息和各类飞行电报的传输，有的是通过空中固定网络和自动转报系统进行的。

一般情况下，都是通过专用通信网络进行，关于管制室的内部通信和管制员与飞机之间的语言通信，其技术途径和设备配置大致相同。总之通信设备的选取主要根据各种管制中心的信息源的分布、自动化的程度和雷达站环境条件综合考虑的。

6.3 自动化空中交通管理系统的功能

从对自动化空中交通管理系统设备的配置情况介绍可以看出，自动化空中交通管理系统是一个比较成熟的、功能齐全的系统。尽管各个国家在管制方法和管制区划分上略有不同，但所安装的管制系统从设备到系统结构和功能方面都基本相同，只是在规模大小、自动化程度上有所区别。一个比较典型的自动化空中交通管制系统通常都具有以下主要功能：飞行计划处理，雷达数据处理和空中交通管理的综合信息处理。

6.3.1 飞行计划处理

飞行计划是由航空器使用者（航空公司或驾驶员）在飞行前提交给空中交通服务提供者的关于本次飞行的详细说明。飞行计划数据处理的目的是保证空中交通服务单位能够根据批准的计划对航空器提供管制、情报等服务，从而避免操作的盲目性，确保飞机安全飞行。飞行计划数据处理包括飞行计划的自动接收、存储、识别、分析，指出错误并确定航路，估计飞机经过每一个检查点和到达终点机场的时间等。

飞行计划的特点是信息源渠道多，信息量大，易受影响，影响因素包括飞机本身的状况、气象条件、起降机场及航线的环境等，改动频繁。随着航空运输业的不断发展，飞行计划处理的工作量越来越大，其处理方式已从人工处理转变到用计算机自动处理。

6.3.1.1　飞行计划的主要来源

飞行计划主要来源于下面三个方面。

（1）AFTN 接收的飞行计划电报（FPL）；

（2）管制席或飞行数据编辑席上输入的飞行计划信息；

（3）航空公司定期以电报形式或其他形式发来的固定航班飞行计划。该计划经脱机处理，以文件形式存储于计算机中，称为重复性飞行计划（RPL）。

如图 6.1 所示，计算机对三种方式接收到的飞行计划进行必要的检查，变换成计算机使用的机器飞行计划，存储在数据库中。无论是 FPL、RPL，还是人工输入的飞行计划都可从计算机中调出并加以修改，然后重新储存。

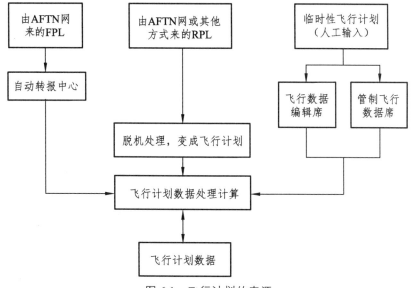

图 6.1　飞行计划的来源

6.3.1.2　飞行计划的基本内容

飞行计划的内容分为一般信息、使用特性信息、飞行航路信息、事件和区段信息、与雷达航迹相关信息、使用更改信息和索引信息等部分。

一般信息包括飞行计划的类型（重要、一般）、编号、日期、航班号、二次代码、飞机号、机长姓名、气象条件、起飞机场、备降机场、降落机场、飞机本身的重要参数（巡航高度、巡航速度、载油量、载客人数等）。

使用特性信息就是指目前飞行计划的状态,包括有效状态(预实施状态、实施状态),存在状态(计划已收到,存在计算机内,但还没有被预实施)和取消状态(飞行计划已被使用过,与本次飞行计划有关的事件已结束或计划被取消)。

飞行航路信息包括航路号,飞行航线上各报告点的地名代码,飞行经过各报告点的时间及高度,进入本管制区前的第一个报告点地名代码、时间、高度,离开本管制区后的第一个报告点的地名代码、时间及高度,进入管制区边界的时间,离开管制区边界的时间。

事件和区段信息包括已输出的飞行进程单类型(预实施进程单或实施进程单)和时间,目前飞机正由哪个区段管制,上区段移交下一区段的时间,飞机实际离开本管制区的时间、高度、速度等信息。

与雷达航迹相关信息是指请求/未请求与雷达航迹相关的标志、代码/呼号相关或不相关标志以及相关后的航迹号等。

使用更改信息指明管制员(管制席号)在什么时间对计划的哪一个项目进行过修改,以及修改前和修改后的信息。

索引信息是为了存取飞行计划文件而生成的索引文件,如呼号/预激活时间对照表、地名代码/地标数据对照表、呼号/飞行计划磁盘地址对照表等。

6.3.1.3 飞行计划的实施过程

飞行计划的实施过程包括了预实施过程和实施过程

1. 预实施过程

飞行计划中规定的飞机进入本管制区边界的时间为 ETE,飞行计划中规定的由管制区起飞飞机的起飞时间为 ETD,则在 ETE-X、ETD-X 时间到达时,飞行计划进入预实施阶段,其中 X 为系统设置参数,一般在 10 ~ 30 min。

在计算机内,飞行计划处理程序每分钟被运行一次,每次取机器里的时间,生成日期、时刻,然后到飞行计划呼号/预实施日期、时间对照表中查询是否有飞行计划要被预实施。若有,则取出相应飞行计划,置"预实施"标志,并以表格形式在表格显示设备上显示及打印出有关内容。

当飞机延误起飞的电报在预实施该份飞行计划前接收到,则在飞行数据席上修改这份飞行计划;若该飞行计划已被实施,则在管制席上更改这份飞行计划。

2. 实施过程

当管制中心的第一区段收到塔台管制席发来的飞机起飞电报(DEP)或收到移交飞行的临近管制中心发来的到达本管制区边界的估计时间电报(EST)时,管制员将这个时间输入计算机,人工修改或计算机自动修改相应的计划。然后由系统做以下几件事情:

(1)在第一区段的各管制席上打印实施进程单。

(2)各个区段的指挥根据已修改的飞行计划进行,且本管制中心后面的各个区段上,飞行进程单的打印是自动的。

（3）在飞机装有应答机时，且飞行计划中未分配二次代码，则给本飞机分配一个二次代码。

（4）计算机自动启动雷达航迹与飞行计划相关处理程序，使本飞行计划与雷达航迹相关。

（5）将飞行计划的有关信息以表格形式显示在管制席的表格显示器上，称之为电子进程单。

（6）若一份存在二次代码的飞行计划已被实施，但还没有与雷达航迹相关，或已经与雷达航迹相关但不久雷达航迹丢失，则将飞行计划中的呼号、二次代码以微表格形式显示在平面显示器的飞行计划悬挂表区，从而提醒管制员这份飞行计划的使用情况。

（7）计算机自动检查飞行计划是否失效。设飞行计划中规定的飞机飞出本管制区时间为 t，则飞行计划失效时间为 $T = t + D$，其中 D 为系统参数，一般取 $10 \sim 30 \, \text{min}$。失效时间到达时，该份飞行计划被置成"无效"，则该计划不再被实施。

6.3.2　雷达数据处理

雷达数据处理（RDP）的功能是接收多部雷达信号，综合处理后形成统一的系统目标航迹，并对目标进行冲突探测、最低安全高度监视、偏航告警、侵入告警、管制移交、特殊代码告警、上升下降计算、超载处理、消失处理、二次代码重复告警等一系列处理，并将其结果送至各管制席位进行显示。

根据系统需求，雷达数据处理主要包括单雷达信息预处理及云图处理、单雷达跟踪、多雷达数据跟踪、雷达航迹与飞行计划相关处理、正北定时整理、单雷达信息定时整理、多雷达信息定时整理、实时冲突探测及告警、最低安全高度监视及告警、限制区告警（侵入告警）、管制移交、飞行一致性告警、雷达脱机参数处理、雷达修改飞行计划报告时间、偏离飞行计划航路及高度告警、航迹和原始数据显示、告警屏蔽命令以及飞行计划列表窗口显示。

雷达数据处理主要有以下功能。

1. 单雷达信息预处理及云图处理

系统首先对雷达数据处理所用参数及系统航迹表进行初始化，并当通信控制模块接收到雷达信息时激活本功能模块。该模块的主要功能是将雷达站报来的航迹进行预处理，供单雷达跟踪处理使用。它还对雷达报来的正北信号、状态信息等进行处理，并在异常情况下激活监控任务。此外，还接收雷达气象通道送来的气象云图信息并进行处理，形成显示云图信息，送至雷达管制席。

模块对收到的雷达信息，根据信息类别分别进行处理，将各路雷达信息内容输入到对应缓冲区或变量，分别激活相应处理模块。

对于不同类型的信息内容，分别处理如下。

1）航迹处理

当收到 001 类（航迹信息）数据时，将航迹信息格式转换成内部格式，然后激活单雷达跟踪模块。

2）状态信息

当收到 002 类（雷达站的设备配置及工作状态）数据时，进行状态处理。当雷达头报送二次雷达故障、二次录取故障、一次录取故障时，向监控模块报告这几种错误。

3）正北信息

当收到 002 类（正北标记报文）数据时，进行正北处理。根据雷达信息报来的正北信号、延迟时间以及线路传输时间计算雷达天线最新跨越正北时间，并将它填入地理参数表中对应雷达的变量中。

4）云图处理

当收到 008 类、009 类（单雷达气象信息）数据时，将气象信息格式转换成内部格式，对多路气象通道报来的信息进入气象云图综合，送至屏幕显示出云图轮廓。云图轮廓用区域填充的方法显示，天气强度用不同的颜色表示，不同云图的叠加部分以最强的为基准，云高、云厚数据标识在云图轮廓旁。

2. 单雷达跟踪

该模块对单雷达预处理功能送来的单雷达航迹信息做如下处理：雷达扇区跟踪、单雷达信息处理和实时质量控制（RTQC）。

RTQC 根据扇区连续情况、正北丢失情况以及接口模块送来的 CRC 错误情况，监视单部雷达的实时质量，质量结果被用于多雷达数据融合。

3. 多雷达航迹数据跟踪

多雷达航迹数据跟踪主要完成以下的功能：

1）相　关

同一部雷达航迹不进行相关去假目标处理，只对不同雷达之间的航迹进行相关去假目标处理。一次航迹只能进行位置相关和速度相关的处理。二次航迹、一二次航迹主要进行代码相关处理。在代码相关的前提下，再进行位置相关、高度相关、速度相关处理。当空中一目标被多部雷达发现掌握时，通过多雷达信息的融合处理，将它形成一条系统航迹。

2）多雷达数据融合

采用卡尔曼滤波方法，根据每部雷达的不同质量，求解系统协方差矩阵，得到每部雷达的质量权系数，据此对多部雷达进行加权平均，形成统一的系统航迹。

3）超载处理

系统航迹的最大处理指标为 N 批，为确保系统的稳定可靠性，当系统航迹数达到一定程度时，系统要采取一定的超载容错措施。当系统航迹已达系统航迹最大指标 80%时，对管制区外新来的一次航迹不处理；当系统航迹已达系统航迹最大指标 90%时，对管制区外的新目标不处理；当系统航迹已达系统航迹最大指标 95%时，除管制区外新来目标不处理外，对管制区内新来的一次航迹也不进行处理；当已达 100%时，对所有新报来的目标均不处理；当系统航迹已达 80%、90%、95%、100%时分别向监控发告警信息，以便采取相应的措施。

4）飞机上升下降计算

实时跟踪飞机高度，计算高度值的变化，根据高度变化情况判定飞机的上升、下降率，设置航迹的上升、下降或平飞标志。

5）二次代码重复告警

当管制区内两个以上的系统航迹具有相同的离散 SSR 时，对这两批目标产生告警。

6）航迹更新

航迹更新主要采用卡尔曼滤波方法，在对系统航迹表的数据进行滤波后，对所有航迹进行一次更新，更新周期为 5 s。

7）特殊二次代码告警信息

对于二次代码为特殊二次代码（7500、7600、7700）、定制的用户适应性代码的航迹进行告警处理。

4. 雷达航迹与飞行计划的相关处理

本模块主要完成雷达航迹信息与飞行计划信息的关联。当报来一批新航迹时，查找本系统中所有已提交的飞行计划，确认唯一一份计划与其相关，建立系统航迹表与飞行计划表的对应关系。

5. 正北定时整理

该模块根据雷达信息中送来的正北信息、延迟时间和该线路的输出时间来计算雷达天线最新跨越正北时间。其中分为两种情况：在正常情况下，正北过程由预处理模块激活，计算最新跨越正北时间；在异常情况下，如正北丢失或正北滞后 1/5 雷达周期时，本过程自动激活，计算最新跨越正北时间。

6. 单雷达信息定时整理

该模块主要是对单雷达系统航迹表逐条进行处理。首先检查该单雷达航迹是否存在。若存在，则检查其在一分钟之间是否报来航迹。若没有报来航迹，则删除该雷达航迹，并取消单雷达航迹表；若报来航迹，则根据其丢失情况判断其航迹质量，并给其标上质量系数。

7. 多雷达信息定时整理

该模块主要对系统航迹进行定时整理以及在系统航迹之间做去重复处理。

当该系统航迹已超过一个雷达周期均无一部雷达报来坐标报时，并且判别飞机没有降落，则进行外推。若已连续外推六点还没有一个站报来坐标报，则认为该报消失，按消失报处理，清除该批系统航迹表。如果该批已与飞行计划相关，还需向代码/呼号相关模块发送相关信息。

8. 实时飞行冲突探测及告警

冲突告警主要是根据系统航迹中给出的航迹高度、位置、速度、航向等信息判别它们是否在未来一定时间内，在位置高度等指标已超出航行部门规定的安全范围。如果超标，则认为两架飞机可能发生潜在冲突，向雷达管制员报警。冲突告警的告警标准参数可联机动态修改，修改后将立即影响系统计算。

冲突探测分为冲突预警和冲突告警两种情况，并且具有两种不同的告警表示方式。当冲突告警存在时一直向系统报告冲突，直至冲突解除。当该对航迹第一次发生冲突时，报冲突统计模块，具体格式为告警类型、告警发生时间、飞机标识对、二次代码对、系统航迹号对、位置对、高度对、飞行方向交角。根据需要，管制员可以在雷达管制席上屏蔽冲突告警显示。

9. 最低安全高度监视及告警

最低安全高度告警是指系统对具有有效高度的航迹进行最低安全高度的监视，若航迹的有效高度低于系统规定的安全高度，则进行告警处理。

它的功能是根据系统的综合航迹信息以及用户给出的管制区域地标参数实时自动计算本批航迹在未来的一定时间 ΔT 内，是否与某个地面障碍物在高度上有危险接近（即高度差小于一个给定的 ΔH）的可能。如果有可能接近，在相应的系统航迹中置成特殊标志，在雷达管制席上进行告警显示。

系统对飞行目标的最低安全高度的监视过程由航路区域和机场区域两部分组成，在航路区域，根据地形情况，分为平原地带和山岳地带。

10. 限制区告警（侵入告警）

侵入告警是指某批航迹在未来一段时间内，即将进入某个禁区、限制区或危险区时，系统能提前告警。

当航空器与禁区、限制区、危险区之间的间隔标准将被违背时，系统产生一个侵入预警。当航空器与禁区、限制区、危险区之间的间隔标准已经被违背时，系统产生一个侵入告警。侵入预警和侵入告警有不同的表示方式。

11. 管制移交处理

对雷达信息与飞行计划相关的航迹，实时监视该目标是否飞向下一个管制区，一旦发现飞机即将飞离本管制区时，则立即在管制员席上出现黄色闪烁并有音响和字符提示，若管制员同意移交，则按移交键自动生成一份管制移交报，自动移交开始。或目标飞过移交线后，系统自动提示管制员人工确认管制移交。一旦人工/自动移交完成，该目标的标牌就变成简标牌，相应的飞行计划也过渡到终止状态。

12. 飞行一致性告警

飞行一致性告警是指雷达航迹偏离飞行计划航线告警和飞行计划航路高度监视告警两种功能的总称。

雷达航迹偏离飞行计划航线告警简称偏航告警，它指通过对雷达航迹与飞行计划相关的航迹进行处理，当发现全标牌航迹飞离飞行计划航线时，向管制人员提供偏航告警提示。

偏航告警的具体描述是，在系统航迹中，对相关上的全标牌航迹求出当前位置点在飞行计划表中航路的哪一个段，并求出正北顺时针到这个航段的夹角 MC，再与本航迹的航向 MH 做比较。① 当 MC 与 MH 的绝对之差大于系统规定值 $\Delta\theta$；② 当前位置点到航段距离 d 也大于系统规定的值 ΔS。若连续两次上述①、② 情况都成立，且两次偏离的方向又一致，判断认为飞机偏离了航线，并向管制员发出偏航告警提示。其中，$\Delta\theta$ 和 ΔS 可以在系统运行过程中联机实时修改，立即影响随后的系统计算。

飞行计划航路高度监视告警简称航路高度监视告警。系统对全标牌航迹进行监视，自动计算雷达探测到的 C 模式高度与飞行计划规定的飞行高度之间的差值 ΔH，当 ΔH 大于规定偏差高度的 1/2 时，系统自动发出航路高度监视告警提示。ΔH 可以在系统运行过程中联机实时修改，立即影响随后的系统计算。

13. 雷达数据脱机参数管理

雷达数据处理脱机参数功能，在雷达数据处理功能启动时能读入系统的适应性雷达参数。此功能模块可读入如下参数：雷达阵地位置参数、航线图参数、障碍物参数、预警时间、预警距离、管制中心边界参数、偏航参数。

14. 雷达航迹修改飞行计划报告时间

从雷达航迹表中找到与飞行计划相关的航迹，根据航迹位置确定该目标飞越各位置点的时间与系统根据飞行计划计算的飞越各位置点的时间是否相符。若两者的时差大于系统规定的时间 ΔT，则将对飞行计划中此位置点时间以及以后各位置点的时间做相应修改。修改完成后，将修改后的飞行计划信息送给飞行计划处理功能，完成飞行计划的后续处理与显示。系统规定的时间 ΔT 可联机动态修改。

15. 航迹和原始数据显示

航迹和原始数据显示的内容包括空情显示、速度矢量显示、数据块、数据块引线、气象云图显示、背景图显示等。

1）空情显示

空情显示是系统最基本也是最重要的功能，它能显示经过处理的多雷达综合航迹或单雷达航迹，也可显示未经过 RDP、而是通过使用独立的前端处理器和服务局域网（LAN）提供的旁路单部雷达航迹。

系统所显示的航迹种类有一次航迹、二次航迹、一二次联合航迹和与飞行计划相关后的配对航迹。

一次航迹通常都挂标牌，但如果一次航迹的标牌无内容时，一次航迹就不带标牌。不同的颜色代表不同雷达送来的航迹，具体哪部雷达用何种颜色表示，用户可通过人机对话命令自由选择。尾迹点和历史点用小圆点表示。

2）速度矢量显示

系统允许指定某批航迹或全部航迹的速度矢量线的长度，选择范围为 0 ~ 10 min。当选择速度矢量线的长度为"0"时，即屏蔽速度矢量线的显示。速度矢量线的长度通过人机界面来选择，默认时为"0"。速度矢量线的长度选择可作为屏幕配置项保存，但对某一批航迹指定的矢量线长度不能保存。

3）数据块

数据块分为全数据块和有限数据块，全数据块也叫全标牌（FDB），包括告警字段、飞机标识（7B）、飞机类型（3B）、指定高度（4B）、垂直活动标识（1B）、有效高度（4B）、地面速度（3B）、起飞/降落机场（5B）、尾流种类（1B）和自由文本（20B），其中"B"表示字节。有限数据块[简标牌（LDB）]包括告警字段、二次代码（5B）、有效高度（3B）、垂直活动标识（1B）、地面速度（3B）和自动文本（20B）。以上标牌内容的具体显示内容可根据用户的特殊要求进行调整。

4）数据块引线

航迹当前点位置到数据块（标牌）之间的引线的长度、方向都是可变的。引线方向可在 0° ~ 360°连续（或步进）变化。引线的长度变化从 0 到屏幕的边缘，因此该长度与航迹当前的位置和引线方向均有关。数据块位于引线末端，当引线位置变化时，数据块的位置也随之变化。

5）气象云图显示

气象云图可以显示，也可以被屏蔽。云图的形状为多边形轮廓内填充颜色，用不同的颜色区分云层浓度，云高和云厚数据显示在云图边上，云图显示不具有快看功能。气象云图的显示或屏蔽可以作为屏幕配置项保存。

6）屏蔽显示

由于系统中在屏幕上显示的信息很多，为了方便管制员指挥，系统允许屏蔽某些信息的显示。可供选择的屏蔽项有一次航迹、二次航迹（包括一二次联合航迹）、全标牌航迹、单雷达航迹、气象云图、高度过滤、SSR 代码过滤、通过系统适应性数据库中的 SSR 代码集内、SSR 代码集外的显示过滤。以上所有屏蔽都可以针对单批航迹，也可以针对全部航迹，所有被屏蔽的显示均可被恢复。所有屏蔽项均可作为屏幕配置项保存。

7）背景图显示

背景图由走廊、航路、航线、机场标志、导航台标志、空域、禁区、区界线、国境线、海岸线、岛屿、地标等组成，与背景图有关的所有地理参数由系统中的数据库集中管理。用户可以编辑若干"专用的"（只影响本席位的）"菜单"文件，席位启动后自动根据"菜单"文件描述的项从数据库中读取地图数据生成一幅背景图。数据库中的参数被修改后，服务器应给各席位发出修改信息，各席位下次启动时，重新从数据库中提取参数，以生成新的地图数据。

8）距离环显示

距离环的间距分 5 挡，即 10 km、20 km、50 km、100 km 4 个选项及无距离环（缺省项），距离环的中心可指定在屏幕上任一点，默认时位于屏幕中心。距离环的间距和中心位置可作为屏幕配置项保存。

9）方位距离显示

方位距离矢量线由从一起点开始到光标当前位置的连线和一组显示在光标外侧的距离、方位数据组成，距离指从起始点到光标当前位置的直线距离，方位则是从起始点到正北方位距离线之间顺时针旋转的夹角。当光标移动时，它旁边的方位、距离数字也随之变化。方位距离矢量也可以选择显示或屏蔽显示。

利用方位距离矢量线，用户可以测量两个固定点之间的相对距离和方位，一个固定点与一批航迹之间的相对距离和方位。通过航迹跟踪功能还可动态测量两批航迹之间的相对距离和方位，动态跟踪的航迹数可不受限制。

10）经纬度显示

系统可连续显示任意指定点的经纬度，显示数据精确到秒。为确保系统中航迹显示不受干扰，经纬度连续显示的采样频率为 300 ms。

11）航迹特征显示

对与飞行计划相关的配对航迹，可以显示从当前航迹点开始按飞行计划推算的计划航迹和到达各报告点的预测时间，以及显示完全按飞行计划推算的计划航迹和到达到各报告点的预测时间。

当航迹侵入禁区，限制区，危险区时在航迹标牌的告警字段显示空域预警（PAS）或空域告警（AS），同时航迹标牌应闪烁。

12）快　看

系统具有快看功能，可查询机场的适应性资料、空域、禁区、限制区、危险区的静态适应性资料。

13）告警屏蔽命令

在系统的人机界面有一组命令分别用于屏蔽以下告警功能：侵入告警、冲突告警、最低安全高度告警、飞行一致性告警、二次代码重复告警。以上几类屏蔽可以针对单批航迹，也可针对多部航迹。

14）飞行计划列表窗口显示

系统能显示一独立的飞行计划列表窗口，该飞行计划列表窗口能放大、缩小、关闭，其中显示的飞行计划包含以下内容：行号、计划状态、二次代码、呼号（或飞机标识）、飞机类型、起飞机场、起飞时间、降落机场、飞行高度。

6.3.3　空中交通管理的综合信息处理

6.3.3.1　空中交通管理的综合信息处理概况

区域管制中心综合信息处理的数据类型分为实时的动态数据和较少变化的静态数据两部分。信息来源包括三部分，即航行情报信息、动态的气象情报信息、现有的管制规章及静态资料。其中航行情报信息又包括静态的航行情报数据资料、动态的航行通告数据资料；动态的气象情报信息由本地气象中心提供，通过与本地气象中心的气象系统联网，实时获取航空气象数据。

空中交通管理的综合信息处理的目的是提供由航行情报中心发布的航行情报信息和气象中心发布的气象情报信息；及时准确地对出现的特殊航行情报和气象情报信息给出警告信息，提醒值班管制人员注意；采用成熟的技术，基于现有航行情报系统和气象信息系统，将航行情报信息和气象情报信息有机地综合在一起。

下面根据综合信息处理的信息来源分类，分别阐述航行情报信息、动态气象情报信息和现有的管制规章及静态资料三部分内容。

航行情报信息应包括航行情报机场信息、航行及区域图、国内和国际航行通告及相关的雪情通告、文字出版资料、航图资料、航线资料。其中，航行情报机场信息又包括110 个民用机场和 50 个军民合用机场有关本地跑道信息、本地机场通信导航设备、地形特征和障碍物、本地气象特征和运行最低标准、空域限制、进离场和飞越规定、航行管制规定、塔台与进近管制、机场起落航线、过渡高度层和进近、等待程序，优先着陆程序的规定。其典型的部分内容见表 6.1 和表 6.2。

表 6.1　航行情报机场信息——本地跑道信息

基准点	机场标高	磁差	长度、宽度、强度	跑道代号、标高、真向	跑道道面状况
跑道坡度	滑行道（道面、长度、宽度、强度、材料、编号）	停机坪（数量、材料、强度、编号）	可用起飞、着陆距离	可用起飞滑跑距离	可用加速停止距离

表 6.2　航行情报信息——本地机场通信导航设备

导航台代号	导航台名称	导航台类型	导航台频率
经纬度坐标	导航台相对跑道的磁向和距离	设备类型（是否有指点标以及指点标类型）	

气象情报信息包括 5 部分：机场天气实况、跑道视程、机场天气预报、重要天气情报警报和天气图像。

其他与管制相关的静态数据信息包括规章制度、飞机性能数据、代码数据信息和自由文本。规章制度由管制规定，协议和特殊部分 3 部分组成。管制规定包括管制 1 号规定、空军 2 号规定、空军 3 号规定、扇区规定和有关航路移交规定（包括京沪航路、京广航路等）；协议包括与友邻单位的协议、与周边地区的协议、与空军的协议和扇区之间的协议；特殊部分包括特殊情况下的处理程序以及特殊情况处理的检查单。

6.3.3.2　综合信息处理的各主要子系统

对于空中交通管理的综合信息处理中的各部分信息都有一定的要求。例如，对于航行情报信息应该能够及时得到航行情报中心发布的航行情报信息，能方便快捷地查找到指定的各项航行情报信息资料并且查找到的资料是现行有效的。这些要求可以类推到气象情报信息以及静态资料。为了满足以上要求，区域管制中心综合信息处理和显示系统主要由以下应用子系统组成：信息分发子系统（包括服务端和客户端）、数据库管理子系统、监控管理子系统、通信网关子系统（包括气象、航行情报）、基本数据处理子系统（包括气象、航行情报）、用户管理子系统、日志管理子系统、系统数据备份子系统、GPS 授时子系统（包括服务端和客户端）、客户端信息访问子系统（包括气象、航行情报、用户静态数据）。

1. 信息分发子系统

通信分发服务承担整个系统的各个子系统之间的实时通信，完成数据路由与分发。任何其他模块之间的报文及数据通信都需要通过通信分发服务，因此通信分发服务是整个系统的核心。

具体功能需求如下：接受客户端的连接请求，通过身份验证后，建立与客户之间的通信链路与连接；实时接收客户端发送的数据，按照地址选择路由，实时将数据分发到目的端；接受客户端的断链请求，注销活动用户信息，回收连接资源；对通信链路进行监测，记录客户连接状态和异常情况；提供自动恢复功能，客户连接异常断开后，能够自动进行重连，直到成功或用户干涉为止。这些功能对用户是透明的，可支持 TCP/IP 网络协议。

按照可见性，实现的消息可分为两个部分：

（1）系统内部消息：用于链路建立、撤消请求、链路诊断和检测等。

（2）系统外部消息：所有应用程序之间的数据消息传送。

按照内容，可分为两个部分：

（1）命令消息：通知其他应用程序产生一个或某些动作、操作。

（2）数据消息：传送的消息包含报文等数据内容。

通信分发服务的主要功能是在网络系统中与各客户端建立连接，向它们转发地空数据链的下行报文，并收集它们的上行报文，将这些报文进一步发送给前端处理机，整个报文转发机制采用客户机/服务器模式。

2. 数据库管理子系统

综合信息处理和显示系统（SIPDS）遵循客户/服务器体系结构。因此，其中心服务器是整个系统的数据存储和服务的中心。数据库管理子系统针对气象情报等业务不同情况，编制不同的批处理、事务处理、存储过程和触发器等代码，高效地运行在中心服务器上，完成数据库的各种数据的自动维护管理功能。另外，数据库管理子系统还包括具有分析诊断优化功能：自动收集相关的性能数据，并对数据进行分析处理，优化调整数据库的运行性能；分析并优化数据库索引；诊断数据库存储空间的问题，并重新组织数据库对象；诊断 SQL 语句的性能瓶颈，并做相应的调整；审计、跟踪数据库及其他产品触发的事件；对出现问题的高优先级数据库会话进行识别、诊断，并排除故障；对远程节点和服务器的事件进行监控和预警等；提供封锁机制，对数据库的并发操作进行有效的控制监督事务的执行，保证数据库的完整性，避免不符合语义的错误数据的输入和输出，提供数据库的备份策略和恢复策略。

3. 监控管理子系统

监控管理子系统对应用级系统进行监控管理，它主要解决以下问题：减少网络应用系统出现故障对空管系统正常业务的损害；及时发现网络系统的故障，从而减少发生故障对业务造成的损失；为系统故障诊断、性能评估和未来系统升级提供运行依据。

4. 通信网关子系统

通信网关子系统负责系统的主要数据输入输出接口，它包括两个网关子模块：气象通信网关和情报通信网关。区域管制中心（ACC）的已有气象网络系统是综合信息处理和显示系统的一个极为重要的数据源，可为 SIPDS 系统提供丰富的各种气象资料数据和某些已经处理好的航行情报资料数据。

目前，该气象系统中的网络数据库拥有的数据资料有飞行气象情报（包括例行天气报告、特选报、机场天气预报及订正报、区域预报和航线预报、重要气象情报等）、航路高空风剖面图（包括各个航线的实时资料）、常规报文资料；跑道视程（RVR）实时及历史资料、本场雷达系统的探测资料、气象卫星云图产品、重要天气情报警报等。

气象通信网关的主要功能为：通过路由器连接到气象中心的气象网络系统，获取相关的气象数据资料，并存入 SIPDS 系统中；根据 SIPDS 的需求，对某些气象数据需要做进一步的加工处理；实时接受并处理 AFTN 气象报文。

航行通信网关的主要功能有：通过路由器连接到本地情报网络系统，获取相关的情报数据资料，并存入 SIPDS 系统中；根据 SIPDS 的需求，对某些情报数据需要做进一步的加工处理；实时处理 AFTN 各种航行通告报文，遇有机场关闭、航路关闭等紧急情报，提供声响警告和闪烁、色彩等特殊提示；通过数据管道程序，读取光盘情报数据，更新 SIPDS 系统的数据资料。

5. 电报与数据处理子系统

电报与数据处理系统主要完成基本数据的处理，这些数据是从 AFTN 电报网、气象系统、空管局航行情报系统、航行通告自动化系统获得的。其主要功能有根据《简明航空气象手册》分解处理航空气象电报；根据《航行通告和雪情通告填发指导材料》分解处理航行通告电报；根据 SIPDS 的需求，对某些从气象系统、航行情报系统和航行通告自动化系统中获得的数据做进一步的加工处理。

6. 用户管理子系统

系统建议按角色建立多级用户权限控制的用户管理机制，该用户管理机制分为系统用户和用户组划分、用户角色划分。

系统用户角色分为数据库管理员级、系统管理员级和操作员级。用户管理角色按业务职责划分，如行政部门领导角色、业务部门领导角色等，各级人员对于数据库系统的操作权具有严格的界定。

用户管理根据用户角色划分用户组，每个用户组包含多个用户成员。用户组是拥有某种系统数据操纵权限的用户集合。用户成员被添进某一用户组后便具有该用户集合的全部权限而无须一一设定。

系统按照用户组角色建立相应的用户视图，基于视图进行数据存取控制。应用系统管理用户权限涉及每个菜单和查询项，以不同的用户组成员进入系统将会显示不同的屏幕界面、查询到不同的数据。应用系统管理可以界定每个用户操作（增加、删除、修改、查询等）数据库的权限细化到每个数据域。

只有系统管理员有权完成用户组的增加、删除和授权，用户组成员的添加、删除和组间移动，以及设定新用户或用户组的初始口令等。

7. 日志管理子系统

日志管理子系统主要用于记录整个系统的关键用户操作以及应用程序系统的运行情况等信息。一方面，通过查看日志记录，用户能够迅速找到数据更改变化的历史记录，有利于加强应用系统的安全性监控与管理，明确各个用户单位的责任范围；另一方面，管理员和系统维护人员则能够快速定位应用系统故障的原因，采取有效措施减少或挽回损失，恢复系统正常运行。

日志管理子系统记录的内容分为 2 部分：应用程序系统运行日志和用户操作日志。

应用程序系统运行日志记录各个应用程序运行的各种信息，包括 3 部分：连接信息、警告信息和错误信息。连接信息包括数据库连接、网络连接和通信端口连接等，作为系统管理员和维护人员的参考信息；警告信息指一些不是很严重的运行信息，系统管理员和维护人员不是必须解决，但是需要引起重视；错误信息包括运行错误信息、异常出错信息等，属于严重的运行信息，系统管理员和维护人员必须解决。

用户操作日志记录系统的所有用户的重要操作，这些操作会影响系统的共享数据或工作进程，如用户更改了气象数据、发送了电报等。

8. 数据维护子系统

数据维护子系统主要完成基本数据的维护，这些基本数据从气象系统、空管局航行情报分布系统、航行通告自动化系统是无法获得的。这些数据包括中国民航空中交通管理等规章制度、飞机性能数据、机场代码/地名三码/地名五码/电报四码/简字简语/机号/任务性质/航空公司代码和自由文本。

数据维护子系统为用户提供传统的人机交互界面，其主要功能包括数据的增加、删除、修改、统计、报表和公告栏等。

9. 客户端信息访问子系统

客户端信息访问子系统是用户日常工作中使用的应用界面。按访问的内容，可分为 3 部分：气象、情报和相关静态数据资料等。它首先基于成熟的技术，采用已经开发出来的气象和情报查询系统，然后在这些系统之上，尽量结合气象和情报两部分已有系统的界面，规划出新的窗口画面布局，尽量屏蔽底层数据源的差异，呈现给用户简洁且易于操作的人机接口界面，最终达到使用方便快捷的目的。

1）气象信息查询子系统

航空气象对于航行的安全至关重要，同时，航空气象服务的优劣，也直接制约航空的飞行效率。因此，提高航空气象服务水平，对于空管部门来说具有非常重要的意义。所以，在综合信息显示系统中航空气象系统占有非常重要的地位。

气象信息查询子系统主要包括以下5部分内容：机场天气实况（见图6.2）、机场天气预报、各种图形图像（卫星云图、雷达图、航路高空风剖面图）、RVR以及重要天气情报和警报。

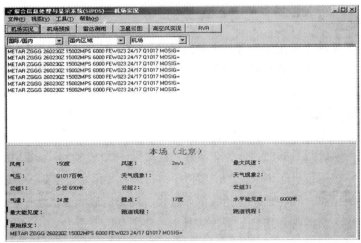

图 6.2　机场天气实况

其中，卫星云图（见图6.3）显示定时从卫星下载接收的红外线及可见光云图产品，并自动更新显示。其主要功能如下：各种卫星云图产品的显示、放大；多幅云图的动画显示（可以调节播放速度），从而方便对气象变化的预测；图形可以与航图、国内主要城市相叠加，以便了解气象云图对主要城市及航线的影响；更新时间可调。

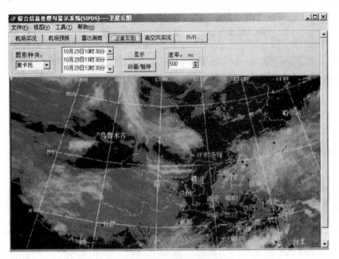

图 6.3　卫星云图示

航路高空风剖面图（见图 6.4）显示具有如下功能：航路高空风剖面图显示格式以气象中心提供的格式为准；图形应能实时更新；应提供针对每　航路的实时高空风剖面图。

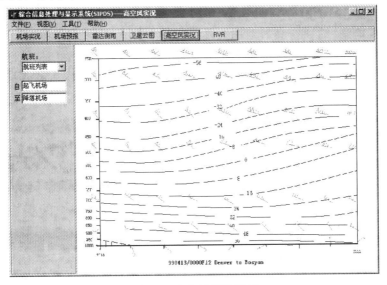

图 6.4　高空风实况显示

雷达测雨模块实时接受本场雷达获取的数据，并进行显示，如图 6.5 所示。其主要功能有：雷达图显示本地及相关机场的标准格式气象雷达回波图，多普勒雷达天气显示及低空风切变告警；雷达图可以显示不同水平范围和垂直范围；雷达强度回波可分不同层次；当选择两张以上同一类型的雷达图时，可以连续播放而得到回波图随时间变化的动画，动画的快慢可以调节；可以根据管制员的需要选择不同的雷达。

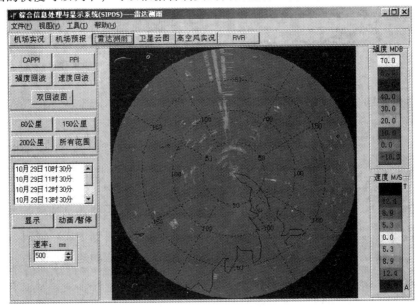

图 6.5　雷达测雨

2）航行情报访问子系统

　　航行情报访问子系统采用客户/服务器结构（见图 6.6），全部的业务数据存储在数据库中，数据库运行在高性能的服务器上，采用共享磁盘阵列的双机热备份技术，以便保证系统的高可靠性。各种航图文件存储在一台 ftp 文件服务器，通过 ftp 服务器向各客户端提供航图服务。航行通告的数据通过航行通告接口程序从航行通告自动化系统中提取，系统管理程序负责从总局空管局和航行情报中心提供的数据光盘中装载新的数据。

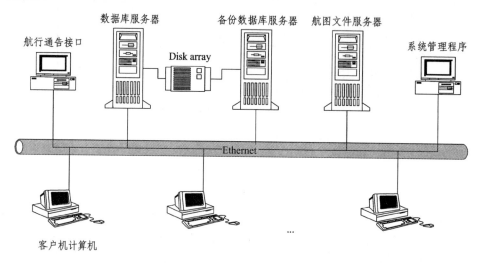

图 6.6　航行情报访问子系统的结构

　　整个应用分为客户端、服务器端和系统管理端。客服端请求服务，服务器端提供服务。客户端主要负责系统用户界面的操作、并实现业务逻辑，包括整个系统的控制和访问业务数据等。服务器端主要是些业务数据的视图、存储过程，它将物理数据库同逻辑业务屏蔽开。

　　系统管理端由航行通告接口程序和系统管理程序组成。航行通告接口程序负责读取航行通告自动化系统的数据，系统管理程序负责外来业务数据的版本管理。

6.4　区域管制中心

6.4.1　区域管制中心概述

　　区域管制中心对一个较大范围内的飞行器实行管制，它以雷达管制为主，运用先进的通信和信息处理设备，借助良好人机环境，完成当前空域管制中塔台管制、终端区管制、航路管制和情报服务等各项功能。一个国家区域管制中心的建设水平高低是一个国家空管发展水平的标志。

　　区域管制中心所完成的重要功能如图 6.7 所示。

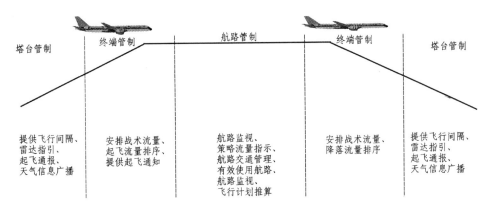

图 6.7 区域管制中心所完成的重要功能

区域管制中心提供的情报服务主要有 SAR 告警服务、管理和监视航空航路情报（AERIS）、管理和监视气象情报（VOLMET）、按飞行员要求提供飞行信息、处理航空器紧急情况、管理和监视由 AFTN 网设备接收到的信息。

6.4.2 区域管制中心的组成和功用

区域管制中心从区域结构上可以分为管制中心、监视系统、通信系统、外围系统，如图 6.8 所示。

管制中心包括雷达数据处理机、飞行数据处理机、低空数据处理机、通信数据处理机。这些处理机构成管制中心中自动化系统的主体。管制中心同时还包括话音系统和训练系统，管制中心的各种管理席位也设置区域管制中心。此部分是区域管制中心的核心部分，是完成各种管制任务的场所。

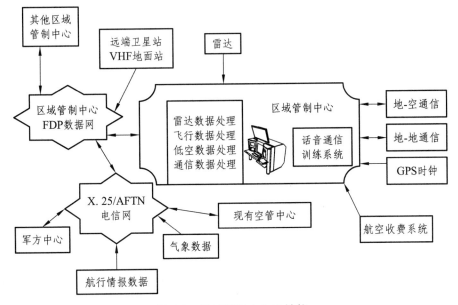

图 6.8 区域管制中心的结构

监视系统包括已建立和将来将要建立的监视雷达和各种监视设备等，如 ADS-B。此部分要监视飞机的飞行状态，并把监视的数据传向管制中心。

通信系统包括区域管制中心 FDP 数据网、地地通信系统、地空通信系统和通信导航卫星。通信系统负责各种数据的传送，并保证数据传送的可靠性。传送的数据包括由雷达和各种监视系统传往管制中心的监视数据、由管制中心传往飞机的指令数据、管制中心间的通信数据等。

外围系统包括已经建成的 X.25/AFTN 电信网、现有空管中心、已建成和将要建设的气象服务站，军方各管制中心和收费系统等。在几大部分中，管制中心是核心。管制中心要负责接收所有外部传入的数据，对信息进行处理，并根据处理后得到的结果对管制范围内的飞机进行集中管制。同时，管制中心还要完成对管制员的培训工作。管制中心包括以下子系统：自动化系统、训练系统、下线数据管理系统、话音通信系统、数据传输和交换系统和雷达数据传送和引接系统。

管制中心的管制任务基本由自动化系统完成，各种雷达和监视系统传输到管制中心的数据由自动化系统进行处理，并完成显示功能，管制员在自动化系统的协助下实现对飞机的管制任务。管制中心中另外一个主要任务是完成对新管制员的培训任务，在工作中心设有的训练系统包含了自动化系统中的主要部分，它能使被培训的管制人员直接了解当前的飞行状况，同时还能对历史数据进行回放，并产生设想目标让管制员进行模拟管制。

管制中心的各个系统根据自身所完成的功能设置相应的席位，其席位的划分为总主任管制席、主任管制席、雷达管制员席、备用雷达管制员席、军方协调席、程序管制席、飞行计划编辑席，搜寻救援席、流量管理席、模拟培训席等。

6.4.3　区域管制中心的特点

区域管制中心具有管制能力强，管制精度高、安全性和稳定性高等特点。

利用现代技术建成的区域管制中心一般具备在 1 h 内至少监视 1 000 架以上飞机的能力，如澳大利亚所完成的 TAAATS 系统仅仅建立了两个空域管制中心就完成了澳大利亚本土和周围大片海域的管制任务，两个空域管制中心管制的面积达到全球面积的 7%。另外，由于建立区域管制中心的同时建立了统一的标准，所以系统的各项性能和参数都可以由相应的指标来衡量，从而提高系统的可靠性和安全性。

6.4.4　中国民航三大区域管制中心的建设

我国空中交通流量主要集中在东部地区，特别是由北京、上海、广州构成的大三角区域，其飞行量占全国总飞行量的 60% ~ 70%。据统计，2000 年华北地区飞机起降达到24.6 万余架次，华东地区飞机起降达 41 万架次。因空中交通管制原因制约飞行量增加和造成航班延误的情况时有发生。改变现行的程序管制方式，实现自动化的雷达管制，是在保证飞行安全的前提下加大飞行流量的根本出路。为此，民航总局从"八五""九五"已经开始加大了空管基础设施的建设力度，同时决定集中力量，在北京、上海、广州建设现代化的空中交通管制中心。此举不仅是从根本上缓解京、沪、穗大三角地区空中交通拥挤状况的需要，也是进一步深化我国空管体制改革，是使中国民航空中交通管理上水平、上规模的重要条件。目前，三大区域管制中心已经建设完成。

三大区域管制中心的系统建设总目标是通过建立标准统一、可靠、现代化、网络化的区域飞行管制中心，形成支撑我国东部地区空管体系的三大支柱，进一步提高我国民航空管系统的整体保障能力。

三个区域管制中心要在所辖管制区域范围内实现雷达、其高频通信全程覆盖并引入新航行系统技术，实现雷达图像、地地/地空话音、数据和遥控指令的按需传递。因此，连接三个区域管制中心的有线和卫星通信网是三大区域管制中心建设的重要内容。

6.5　"欧洲猫-X"空管自动化系统

6.5.1　系统结构

"欧洲猫-X"是一套完善的空管自动化应用系统，系统中每个管制席使用统一的数据平台，优化的人机工作界面，通过直观的图形工具和方便的自动化数据处理以及有效的预警功能，给现有的管制工作带来了技术层面的革新。

"欧洲猫-X"系统提供强大、灵活与实用的功能：高度自动化的空中交通管制辅助功能；人性化设计的操作界面；功能处理的多重备份；未来新版本以及新功能的升级、拓展；高仿真的模拟功能；特情时的应急备份。

上海区域管制中心使用的"欧洲猫-X"系统的功能处理共设 4 个分部，区域分部、进近分部、虹桥塔台分部、浦东塔台分部，如图 6.9 所示。另外，区管中心还配设了一套独立的模拟培训（SIMU）/紧急备份（TEB）系统。

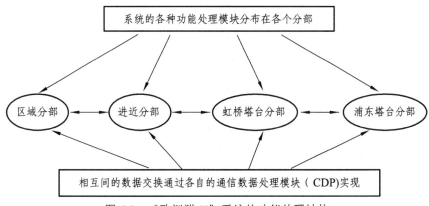

图 6.9　"欧洲猫-X"系统的功能处理结构

　　系统采用功能分部处理的结构有利于建立各功能分部独立的雷达数据处理系统,并通过网络媒介,实现远程功能分部的布局,同时保证每个分部的每一个席位具备相同的工作界面和共享的飞行数据与处理。

　　空管工作中的各种实际需求被设计成系统的各个处理模块,如图 6.10 ~ 图 6.12 所示。每个处理模块都具备双重备份。系统将区域、进近、塔台各分部共用的处理模块都定义在区域分部,其他独立的功能处理模块被配置到各自的分部,不同分部之间的数据交换通过各自的通信数据处理模块(CDP)实现。

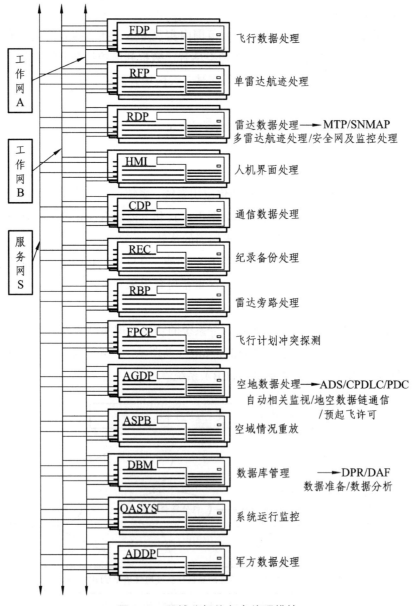

图 6.10　区域分部的各个处理模块

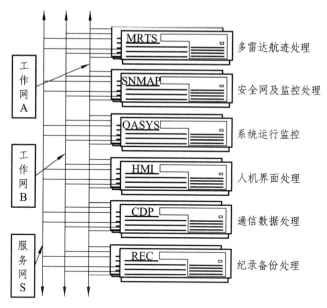

图 6.11　进近分部的各个处理模块

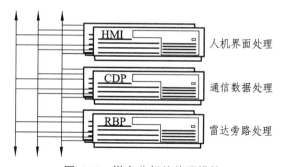

图 6.12　塔台分部的处理模块

　　各处理模块通过工作网进行相互间数据交换和功能整合，工作网提供了各处理模块放置和采集数据的一个工作平台。工作网也具备双重备份，由工作网 A（Operational LAN A）、工作网 B（Operational LAN B）组成。系统另外配置第三条网络——"服务网 S（Service LAN S）"主要用作旁路应急备份及下线数据的传输。

　　"欧洲猫-X"系统在构筑自身稳固的运作体系的同时，也保证了与外围工作环境的良好交流。系统与外部通行的接口有航空固定电信网（AFTN）接口、雷达数据（RADAR）输入端口、航空器定位报告系统（ACARS）接口、气象数据（GRIB）输入端口、修正海压（QNH）传感器输入端口、全球定位系统（GPS）时间输入端口、航路费统计处理（AVCHARGES）输出端口、军方数据处理（ADDP）输出端口，以及需要与系统交联的其他空管自动化系统接口，如图 6.13 所示。

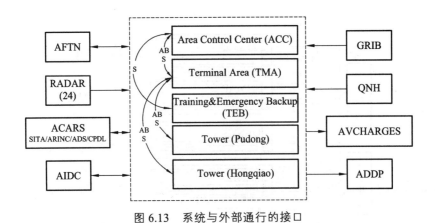

图 6.13　系统与外部通行的接口

6.5.2　雷达数据处理（RDP）

在当前以雷达管制为主的工作环境下，雷达数据的自动化处理对于管制工作的重要性是毋庸置疑的。"欧洲猫-X"系统的雷达数据处理由单雷达航迹处理模块、多雷达航迹处理模块、安全网及监控处理模块组成。

6.5.2.1　雷达航迹处理

区域和进近两个分部采用不同的雷达航迹处理方式。

区域分部采用单雷达航迹处理（RTP）和多雷达航迹处理（MTP）相结合的处理方式。单雷达航迹处理是指由接入系统的雷达向单雷达航迹处理器（RFP）发送飞机的航迹、点迹、云量等雷达数据，RFP 对接收到的航迹进行属性辨认，并检查 C 模式高度的正确性，最后生成飞机的单机航迹（Local Track）。多雷达航迹处理（MTP）是指由多雷达航迹处理器（MTP）把 RFP 提供的单机航迹融合生成系统航迹（System Track）。其系统航迹的融合计算过程如图 6.13 所示。

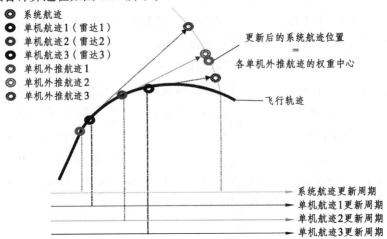

图 6.13　单雷达航迹处理（RTP）系统航迹的融合计算过程

讲近分部采用的雷达航迹处理方式是多雷达航迹处理（MRTS），与区域分部 RTP+MTP 的方式不同。多雷达航迹处理（MRTS）的处理方式是 MRTS 处理器直接接收雷达送来的飞机点迹（Plots）进行融合计算生成系统航迹（System Track），不采用 RFP 生成的单机航迹。而且，MRTS 的航迹处理模式也与 MTP 不同，它采用卡尔曼滤波技术对飞机进行追踪处理，生成航迹的精确度要比 MTP 胜出许多。图 6.14 所示为 MRTS 系统航迹的融合计算过程。

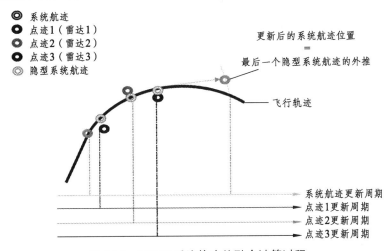

图 6.14　MRTS 系统航迹的融合计算过程

系统航迹在系统自动化处理中起着关键的作用，它包含了工作所需的各类实时的飞行数据：航迹识别号、航迹位置、速度矢量线、航迹更新时间、雷达的工作状态、应答机编码、C 模式高度、修正后的高度、高度趋势、高度显示、航迹渐消的显示、低于过渡高度显示、上升/下降率、高度的更新时间、系统航迹的质量、应答机识别显示、军方紧急情况显示。

6.5.2.2　安全网及监控处理（SNMAP）

安全网及监控处理（SNMAP）是雷达数据处理中不可或缺的组成部分，主要功能为系统相关（Central Coupling）；自动位置报告（APR）；各类雷达警告的产生。

1. 系统相关

航迹的系统相关为管制工作带来极大的帮助，为了最大程度避免错误的自动相关和最大限度地使用应答机编码资源，SNMAP 建立了航路走廊模式，如图 6.15 所示。SNMAP 根据航班的飞行计划给航班的计划航路定义了一条从起飞机场到落地机场的航路走廊。

系统航迹被系统自动相关的条件如下。

（1）航迹当前未被相关。

（2）航迹的应答机编码属于系统定义的编码组范畴。

（3）航迹的应答机编码与欲相关的飞行计划分配的编码相同。

（4）航迹速度大于下线设定值。

（5）航迹位置在相关航路走廊内。

图 6.15　航路走廊模式

飞行计划被系统自动相关的条件如下。

（1）飞行计划当前未被相关。

（2）飞行计划分配的编码属于系统定义的编码组范畴。

（3）飞行计划分配的编码与欲相关的航迹的应答机编码相同。

（4）飞行计划已处于协调（Coordinated）状态。

（5）飞行计划未曾被手动解除过系统相关。

只要当飞行计划中分配的编码（ASSR）或之前分配的编码（PSSR）与系统航迹使用的编码一致，而且系统航迹在该飞行计划航路的走廊里，SNMAP 就可以自动完成系统航迹的系统相关。如果飞行计划中的 ASSR 编码或 PSSR 编码与系统航迹的编码一致，但是系统航迹在相关航路走廊之外，系统不会自动相关，只能通过人工相关完成。系统相关完成以后，即使系统航迹离开了相关航路走廊，相关也将一直被保持。只有系统航迹消失或飞行计划分配的编码被修改，系统相关才会被自动解除。系统相关可以通过人工解除。

2. 自动位置报告（APR）

自动位置报告（APR）是指 SNMAP 向飞行数据处理模块（FDP）提供系统航迹的位置信息和 C 模式高度信息。FDP 利用 APR 确定系统航迹航在计划航路上的位置。首次 APR 发生在系统相关时。生成 APR 的事件有：

（1）航迹被系统相关。

（2）在相关期间，每次系统航迹的更新。

（3）航迹飞越每个航路点。

（4）系统航迹的消失。

（5）航迹离开或进入航路走廊。

系统航迹飞过航路上的某个航路点之后，飞过的那部分航路走廊就被 SNMAP 删除，称为航路走廊的"坍塌"。这种处理方式有利于应答机编码的重复使用。

3. 雷达预警和警告

SNMAP 还负责根据系统航迹产生各类预警和警告，为管制工作提供有效的安全保障。预警和警告包括以下几个方面。

1）短期冲突告警（STCA）

短期冲突告警（STCA）表示两个系统航迹被探测到已小于或将要小于最低安全间隔。下线可以设定各个告警区域和相应的安全间隔、告警抑制区域、冲突探测时间。系统把航迹分成源航迹和目标航迹进行比较。源航迹为系统相关航迹，且具备有效的 C 模式高度，且处于管制或移交状态但未处于等待状态，且处于告警区域内，且不属于被抑制的应答机编码或注册号。目标航迹为告警区域内的全部系统航迹。

2）危险区侵入告警（DAIW）

危险区侵入告警（DAIW）表示系统航迹被探测到将要进入危险区。下线可以设定各个危险区域、冲突探测时间。系统把航迹和危险区域进行比较。航迹为系统相关航迹，且具备有效的 C 模式高度，且处于管制或移交状态但未处于等待状态，且不属于被抑制的应答机编码。

3）临时危险区侵入警告（TDAW）

临时危险区侵入警告（TDAW）表示系统航迹被探测到进入临时危险区。主任管制席可以在线设定各个临时危险区域。系统把航迹和临时危险区域进行比较。航迹为系统相关航迹，且具备有效的 C 模式高度，且处于管制或移交状态但未处于等待状态，且不属于被抑制的应答机编码。

4）低高度告警（MSAW）

低高度告警（MSAW）表示系统航迹被探测到已低于或将要低于最低安全高度的设定值。下线可以设定各个告警区域和相应的安全间隔、告警抑制区域、冲突探测时间。系统把告警区域内的航迹与最低安全高度设值进行比较，航迹必须为系统相关航迹，且具备有效的 C 模式高度，且处于管制或移交状态但未处于等待状态，且处于告警区域内，且不属于被抑制的应答机编码或注册号，且不属于目视飞行（下线可以设定目视飞行也具备此告警）。

5）高度偏离警告（CLAM）

高度偏离警告（CLAM）表示系统航迹被探测到 C 模式高度与指令高度发生偏离并超出设定值。下线可以设定偏离告警值。系统把航迹的 C 模式高度与指令高度进行比较，航迹必须为系统相关航迹，且处于管制或移交状态但未处于抑制或悬挂状态。

6）进近航道偏离告警（APM）

进近航道偏离告警（APM）表示系统航迹被探测到在最后进近过程中偏离下滑道或航向道并超出设定值。下线可以设定使用跑道的告警区域和相应的偏离告警值。系统把告警区域内的航迹与航道进行比较，航迹必须为系统相关航迹，且具备有效的 C 模式高度，且被设定了使用跑道的信息。此告警产生后显示为"MSAW"。

7）偏航警告（RAM）

偏航警告（RAM）表示系统航迹被探测到在偏离计划航路并超出设定值。下线可以设定计划航路的偏离告警值。当某个航段被两条不同偏离告警值参数覆盖时，系统采用小的参数作为告警值。系统对 FDRG 区域内的航迹与对应的计划航路进行比较，航迹必须为系统相关航迹，且处于管制或移交状态但未处于等待或悬挂状态。

8）应答机重码警告（DUPE）

应答机重码警告（DUPE）表示系统探测到有一个系统航迹允许被两个 FDR 相关，或一个 FDR 允许被两个系统航迹相关。

雷达航迹自身具备特殊编码告警的功能，根据规定，当航迹的应答机编码设置为7700、7600、7500 时，系统就自动产生遇险、通信失效、劫持的特情告警。

6.5.3　飞行数据处理（FDP）

6.5.3.1　飞行数据处理概述

"欧洲猫-X"系统是围绕着航班的飞行计划在发挥它强大的空管自动化辅助功能，所以对飞行数据的处理是系统最核心的处理部分。系统中航班的飞行数据主要来自各类飞行计划电报、RDP 提供的系统航迹和机组报告给管制员输入的飞行信息。FDP 把接收到的关于某个航班的所有飞行数据进行有机地处理，并把整合有效的数据归总统称为航班的飞行数据记录条（FDR）。

飞行数据记录条（FDR）就像一部完整地记录航班全部过程的录像，它记录并保存航班整个飞行的所有信息。打开该航班的飞行计划窗口可以查看和修改航班的 FDR。航班在系统中就是以 FDR 的形式存在，系统对航班的所有处理也是通过对它的 FDR 进行处理来实现。所以系统中航班的电子进程单、相关后航迹标牌的大部分信息以及计划航迹（Flight Plan Track）都是依赖 FDR 而存在的。FDP 根据系统中各类下线定义的系统参数（VSP）对 FDR 执行各种自动化处理。同时，管制席（EC/PLC）、主任管制席（SUP）、飞行计划处理席（FDO）都可以按照实际工作需要，通过飞行计划窗口、电子进程单、航迹标牌对 FDR 进行人工更新、处理。

6.5.3.2　飞行数据处理的功能

FDP 为实现对系统的飞行数据进行有效的处理，定义了 3 种类型的数据处理区域：飞行数据区（FDRG）、飞行计划系统区（FPSA）、飞行计划扩展区（FPEA）。其中，飞行数据区（FDRG）就是区域管制中心管辖的整个飞行管制区域，在 FDRG 之内，系统对 FDR 执行完整的数据处理；在 FDRG 之外的另外两个区域，FDP 只是对飞行计划进行必要的分析和简单的处理。

　　系统的 FDRG 是一个实际的三维空间，由实际的管制边界和高度的上下限界定。根据管制扇区的划设，整个 FDRG 被分割成各个物理扇区（Volumetric Sectors），各个物理扇区就是实际工作中的各个管制扇区，它由管制扇区的地理边界、高度的上限、下限界定。但是如果进近管制区按照进、离港划设扇区，就无法从地理位置上分割。另外，在系统定义中，塔台管制没有物理扇区。为了满足上述工作上的需要，系统在物理扇区的层面下又定义了功能扇区（Functional Sectors）的概念，在一个物理扇区中可以包含两个或两个以上的功能扇区，如进近的一个物理扇区中可以含有离场扇区、进场扇区两个功能扇区。塔台或地面管制席就被定义为塔台或地面功能扇区。

　　如图 6.16 所示，区域的高扇和低扇分别定义为上下两个物理扇区，进近的进场和离场扇区就被定义为一个物理扇区里的两个功能扇区。

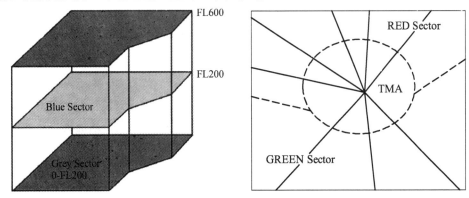

图 6.16　两个物理扇区

　　FDP 在收到航班的各类飞行数据生成航班的 FDR 时，也为系统绘制了 FDR 的飞行轨迹（Trajectory），之后只要 FDR 被更新，飞行轨迹也随即被更新。轨迹是 FDP 根据该航班的各类飞行数据推算衍生出的航班将要飞经的一条四维空间的连线，它包括航路上每个重要的点和每个点的应飞高度（AFL）和预计过点时间（SETO），如图 6.17 所示。

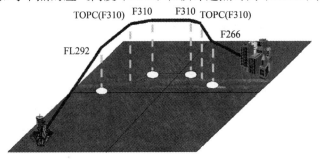

图 6.17　FDR 的飞行轨迹

　　上述各种区域的定义和 FDR 飞行轨迹的计算对于系统来讲是至关重要，FDP 就是利用 FDR 的飞行轨迹（见图 6.18）与各种扇区之间的关系来实现三大核心功能：① 电子进程单的发送；② 航班的自动移交；③ 不同飞行管制区之间航班的信息自动交换及移交。

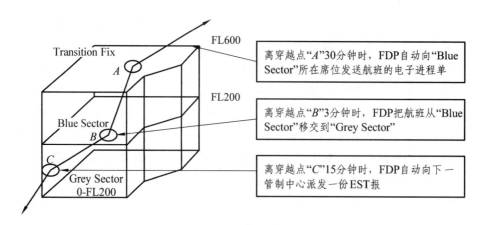

图 6.18 FDR 的飞行轨迹

6.5.3.1 飞行数据处理产生的警告

FDP 还能够根据 FDR 的各类飞行数据产生各类警告，为管制工作提供必要的安全保障。

遗漏位置报警告（MPR）表示 FDR 的某个航路点未在设定时间里收到位置报告。下线可以设定警告的偏离时间。首先将航路点人工设为强制报告点，系统将当前时间与系统预计过点时间相比较，如果超过了设定偏离时间，该航路点还未收到位置报告就产生该警告。系统航迹具备自动位置报告功能，而计划航迹只有人工位置报告功能，因此就需要管制员在收到机组的位置报告时必须及时操作人工位置报告的功能，才能正确发挥该警告的功能。

预计时偏差警告（ETO）表示 FDR 的某个航路点的系统预计时间与机组报告时间偏差大于设定的警告值。下线可以设定警告的偏离时间。

自动协调中止警告（U）表示 FDR 自动发出一份协调报后未在规定时间内收到逻辑确认报（LRM）或接受报（ACP）或收到一份拒绝报（REJ）。

6.5.4 飞行数据记录条（FDR）

对于"欧洲猫-X"系统，飞行数据记录条（FDR）在系统中的担任的角色非常重要，对于管制员来说，只有掌握 FDR 在系统中的担任的角色和它的发展进程，才能真正掌握"欧洲猫-X"系统，充分发挥系统的各种功能。系统把航班在实际飞行中的不同阶段简洁地设计成每一个 FDR 的状态，由此建立用户与系统之间统一的工作机制，明确双方在航班飞行的每个阶段该做何事，能做何事。

FDR 在系统中被认为是一个"生命"，它的"一生"以它与 FDRG 不同的关系为条件被分成 4 个基本阶段：① 航班进入 FDRG 前；② 航班进入 FDRG 时；③ 航班进入 FDRG 后；④ 航班离开 FDRG。FDR 的整个过程真实还原了航班在实际管制区内的进程，并利用每个状态的递进过程为系统创建了一套完善的飞行数据自动化处理模式。

FDR 正常的状态进程有未来（Future）、未激活（Inactive）、预激活（Preactive）、协调（Coordinate）、激活（Uncontrolled）、进入（Hand over first）、管制（Controlled）、移交（Hand over）、结束（Finsh）、取消（Cancle）等状态，如图 6.19 所示。

图 6.19　FDR 正常的状态进程

每种状态依次递进，每次递进必然是因为某个事件的触发。事件本身的产生有两种：一种是系统根据功能设计自动产生，包括：

（1）基于各类 VSP 的设定，如预计起飞时间 45 min 前触发 FDR 进入预激活状态。

（2）相关电报的接收，如收到 EST 报触发 FDR 进入协调状态。

（3）自动功能的发生，如系统相关触发 FDR 进入激活状态。

第二种是系统根据人工操作某项系统功能而产生。

下面举例说明 FDR 的状态变化以及触发事件的发生。

（1）CES555，从浦东调机到虹桥，预计起飞时刻为 08:00，提前一天 FDP 收到 PLN 报，自动生成一个未来状态的 FDR。生成事件为：收到 PLN 报。

（2）当天，FDP 收到 CES555 的 FPL 报，自动把 FDR 从未来状态触发到未激活状态。生成事件为：收到 FPL 报。

（3）到了 07:15，FDP 自动把 CES555 的 FDR 从未激活状态触发到预激活状态。预激活事件为：时间。

（4）CES555 开车完毕准备好滑行，浦东塔台管制员点击电子进程单的功能区执行协调功能，人工把 FDR 从预激活状态触发到协调状态。协调事件为：人工执行协调功能。

（5）CES555 起飞后被 SNMAP 自动系统相关，随即 FDP 自动把 FDR 从协调状态触发到激活状态。激活事件为：系统相关。

（6）按照工作程序规定，FDP 直接把 CES555 的 FDR 从激活状态触发到进入状态。进入事件为：自动。

（7）浦东塔台管制员在工作界面上执行接收（ACC）功能，FDP 把 CES555 的 FDR 从进入状态触发到管制状态。接收事件为：人工执行接收功能。

（8）浦东塔台管制员在工作界面上把 CES555 移交（HND）给进近，FDP 把的 FDR 从管制状态触发到移交状态。移交事件为：人工执行移交功能。

（9）进近管制员在工作界面上执行接收功能，FDP 把 CES555 的 FDR 从移交状态触发到管制状态。接收事件为：人工执行接收功能。

（10）进近管制员在工作界面上把 CES555 移交给虹桥塔台，FDP 把的 FDR 从管制状态触发到移交状态。移交事件为：人工执行移交功能。

（11）虹桥塔台管制员在工作界面上执行接收功能，FDP 把 CES555 的 FDR 从移交状态触发到管制状态。接收事件为：人工执行接收功能。

（12）CES555 落地后 2 min，FDP 把 CES555 的 FDR 从管制状态触发到结束状态。结束事件为：时间。

（13）结束状态后 2 min，FDP 把 CES555 的 FDR 从结束状态触发到取消状态。取消事件为：时间。

系统根据实际需要，还为 FDR 设计了一些特殊状态，主要包括悬挂（Suspend）、抑制（Inhibit）等状态。

悬挂状态：在实际工作中有可能发生某个航班按照飞行计划飞离管制中心进入其他管制中心后还要回到本管制中心，这样的 FDR，在被电子移交给下一管制中心后就处于悬挂状态，它的电子进程单就被发送到强制窗口（FORCE）。

抑制状态：在实际工作中有可能某个航班当前不需要管制，但在将来会对它进行管制，可以由人工执行抑制功能。处于抑制状态的 FDR，如果是雷达航迹，其航迹符、标牌显示为黑色；如果是计划航迹，整个航迹都不显示，其电子进程单被发送到抑制窗口（INHIBIT）。

6.5.5　电报处理

系统能够对当前民航各类飞行报文进行智能的自动化处理，无疑可以极大减轻工作人员负担，并提高工作效率。"欧洲猫-X"系统对于各类飞行电报进行的自动化处理最大程度地发挥着系统对管制工作的提升和优化，充分体现了系统对于实际工作环境的适应性和推动能力。

系统能够处理各类 ICAO 电报和中国民航（CAAC）电报。FDP 接收某个航班的各类飞行报文，搜集、整理其中的各类飞行元素，并创建、更新该航班的 FDR。FDP 对部分报文的处理如图 6.20 所示。

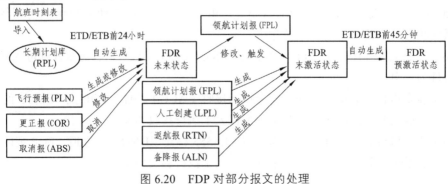

图 6.20　FDP 对部分报文的处理

随着航班流量的日益增多，上述各种飞行报文已经不能满足管制工作对航班实时信息交换的需求。因此国际民航组织推出了一种新的报文标准：相邻管制中心数据通信（AIDC）报文，一种在亚太地区相邻管制中心之间实现自动化移交功能的电报协议。这种协议的执行必须要求双方的空管自动化系统都具备处理该类报文的自动化功能。

"欧洲猫-X"系统为三大区域管制中心实现这种先进的管制技术提供了一个坚实的平台，它处理 AIDC 报文的能力为将来不同飞行管制区之间飞行数据的自动交换做好了充分准备。

下面举例对电报处理进行说明：

（1）CCA101 正从 FDRG-A 飞向 FDRG-B。对于 B 系统，CCA101 的 FDR 处于预激活状态。此时，A 系统按照工作协议在 CCA101 进入边界前 30 min 由它的 FDP 自动向 B 系统发出 CCA101 的边界预报（ABI），B 系统的 FDP 收到 ABI 后就自动更新它的系统中 CCA101 的 FDR 中的移交点及时间、高度和其他有关元素。

（2）CCA101 离边界 15 min，A 系统自动向 B 系统发出 CCA101 的预计飞越报（EST），B 系统收到 EST 后就自动触发它的系统中的 CCA101 的 FDR 从预激活状态转入协调状态，并更新 FDR 中的相关元素。

（3）CCA101 进入 B 系统的雷达覆盖区，被 B 系统自动系统相关，B 系统中，CCA101 的 FDR 进入激活状态，SNMAP 开始向 FDP 传送 APR，实时更新 FDR 的信息。

（4）CCA101 离边界 3 min，A 系统的管制员在工作界面上执行向 B 系统移交 CCA101，A 系统就自动向 B 系统发送移交报（TOC），B 系统收到 TOC 后就自动触发它的系统中的 CCA101 的 FDR 从激活状态转入进入状态。

（5）B 系统的管制员在工作界面上看到 CCA101 正被移交过来，就执行对 CCA101 的接收功能，B 系统就自动向 A 系统发出接收报（AOC），A 系统收到 AOC 后就完成 CCA101 的电子移交，B 系统就自动触发它的系统中的 CCA101 的 FDR 从进入状态转入管制状态。

作为两个管制中心使用两套系统的管制员，在整个移交过程中，就像在处理自己管制中心内部不同扇区的航班移交一样，简单地在工作界面上完成了整个移交过程，是两套系统通过对各种 AIDC 报文的自动处理帮助管制员进行了必需的飞行数据交换。

系统除了对上述报文的处理能力之外，还可自动拍发一些国际民航组织（ICAO）电报，如起飞报（DEP）、落地报（ARR）等。

6.6 空管自动化相关新技术

6.6.1 先进场面活动引导与控制系统（A-SMGCS）

6.6.1.1 概 述

先进场面活动引导和控制系统（Advanced Surface Movement Guidance and Control

System，A-SMGCS）是一个保障机场场面飞机和车辆在机场能见度运行水平（Aerodrome Visibility Operational Level，AVOL）内的所有天气条件下的运行效率和安全水平的系统。如图 6.21 所示，A-SMGCS 所能提供的 4 个基本服务包括监视服务、安全服务、路由服务和引导服务。监视服务主要负责提供场面目标的位置信息，同时对其进行身份识别与跟踪。安全服务主要包含了跑道监测与冲突警告（Runway Monitoring and Conflict Alerting，RMCA）、ATC 放行许可冲突（Conflicting ATC Clearances，CATC）、管制员指令一致性警告（Conformance Monitoring Alerts for Controllers，CMAC）等功能。路由服务主要为场面目标提供滑行的实时控制。引导服务主要包含了滑行道中线灯自动控制（Automated Switching of Taxiway Centreline Lights，TCL）、自动停止杆控制（Automated Switching of Stop Bars）和先进视觉引导泊位系统（Advanced-Visual Docking Guidance Systems，A-VDGS）。

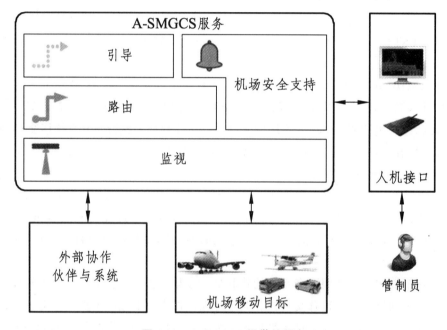

图 6.21　A-SMGCS 提供的服务

6.6.1.2　监视服务

　　监视服务通过定位、识别和跟踪预定范围内的飞机和车辆，进行机场场面交通的态势感知，是 A-SMGCS 提供其他服务的基础。为了实现对于机场场面内所有目标的监视，至少需要建设针对协作和非协作目标的传感系统各一套。除了场面范围以外，监视服务还需要覆盖处于进近状态的飞机，这样使得管制员可以不用进行屏幕切换，就可以针对进离场的飞机进行协同管制。监视服务的设计、实施和维护必须要考虑机场环境情况和具体的操作程序，尽量减少机场环境无线电干扰带来的影响。

A-SMGCS 监视服务主要包含了 3 个基本功能：

（1）机场环境感知。

（2）滑行区域内所有合作目标、非合作目标和障碍物感知。

（3）滑行区域内的合作目标身份识别。

A-SMGCS 监视服务为管制员提供的帮助主要包括：

（1）基于预定的识别程序，识别所有场面目标的身份。

（2）预测场面目标潜在的碰撞风险，尤其是在无法保持视线持续观察的情况下。

（3）手动关联目标，满足一些不常见需求，比如针对非协作目标进行手动的呼号关联。

（4）针对潜在的跑道入侵对象进行探测。

A-SMGCS 输出记录被保存并用于存储监视和跟踪数据。这些数据对于分析、统计（如滑行时间和非阻塞时间）和回放非常有用。此外，监视服务可以向外部系统（如 A-CDM 平台）提供准确的事件时间，如实际着陆时间（ALDT）。

6.6.1.3 安全服务

A-SMGCS 机场安全支持服务作为一项安全措施，提供潜在的场面冲突探测、跑道入侵和指令一致性检测等功能，能够防止由管制员、飞行员和场面工作人员的操作失误引发的危险事故。这项服务依赖于监视服务的正常运行。安全服务的主要内容包含跑道监测与冲突警告（RMCA）、ATC 放行许可冲突（CATC）和管制员指令一致性警告（CMAC）等。

A-SMGCS 的安全服务可以分为两个告警级别。级别 1 的告警信息主要用于提醒管制员存在紧急度相对较低的运行风险，管制员可以根据实际情况进行管制操作解除告警信息。级别 2 的警报用于提醒管制员需要做出迅速的反应来解决一个紧急的问题。具体情况的警戒级别主要取决于相关机场的运行程序要求。警告的解除也可以通过手动或者相关告警参数改变导致的自动触发解除告警模式。

针对 A-SMGCS 的安全服务，通常要求指定跑道附近的保护区域，这些区域通常被称为跑道保护区（Runway Protected Area，RPA），而机场剩余的其他区域被称为限制区域（Restricted Area）。无论是合作还是非合作的目标要进入跑道保护区都必须有进入的许可，否则将被视为跑道入侵并触发警报。RPA 的边界划分可以根据实际的运行条件变化。例如，图 6.22 中布鲁塞尔机场的 RPA 区域就根据能见度条件进行了动态划分。图中深色部分为正常条件下的 RPA 区域。在低能见度条件下，RPA 区域扩展到了斜线部分。A-SMGCS 系统针对限制区域的管理包含了 RPA 以外的范围。对于有未授权的目标进入或预测即将进入限制区域，系统能够提供相应的告警信息。

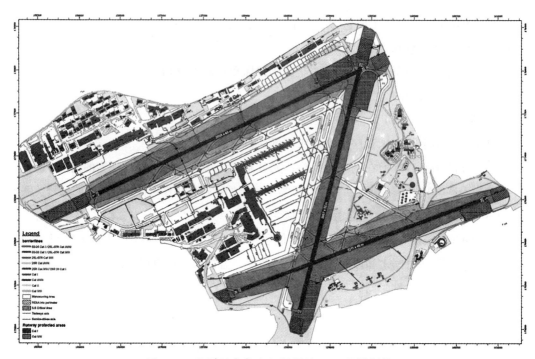

图 6.22　比利时布鲁塞尔机场的 RPA 区域划设

6.6.1.4　路由服务

A-SMGCS 的路由服务需要根据机场的实际环境为场面的目标提供高效且安全的路径规划。路由服务是机场安全服务与引导服务的重要基础。路由服务能够生成机场场面目标的精确滑行时间，这些时间信息可以进一步被 A-CDM 平台使用。路由服务允许管制员手动创建或修改路由线路，或者向系统输入一些被管制员广泛应用的路由增强策略。路由服务中提供的路线可以分为三类：计划路线、放行路线和待定路线。

1. 计划路线

在场面目标移动之前或者到达航班着陆之前，系统根据跑道信息、滑行道的使用信息、移动信息数据库提供的飞行数据等信息根据路径规划算法（如最短路径或标准滑行规则）自动生产场面滑行路线。路径的规划应该具有根据实际条件的变化（如某条滑行道的关闭）自动更新的能力。

2. 放行路线

当管制员针对场面目标发送放行指令之后，路线进入放行状态。当放行路线相关的任何约束条件出现变化的时候，系统能够发出告警信息提醒管制员清除或修改路线。

3. 待定路线

已经通过路径规划生成的计划路线在进入放行状态之前称为待定路线。

6.6.1.5　导服务

引导服务基于监视与路由服务，结合视觉辅助功能对场面滑行进行控制，以提高场面目标的运行效率与安全。引导服务主要包含了滑行道中线灯自动控制（TCL）、自动停止杆控制（Automated Switching of Stop Bars）和先进视觉引导泊位系统（A-VDGS）。

1. 滑行道中线灯自动控制

滑行道中线灯用于引导放行路线上的目标行驶。滑行道中线灯的控制与管制员放行指令相关联，可以按照规划好的放行路线自动点亮场面目标前方的灯，场面目标只要跟随滑行道中线绿灯的路线，就可以安全高效地到达目的地点。

2. 自动停止杆控制

自动停止杆通常设置在跑道等待区域或者转弯区域，提供开放和关闭的功能。自动停止杆可以为滑行目标提供安全的间隔距离和避免潜在的冲突碰撞。

3. 先进视觉引导泊位系统

先进视觉引导泊位系统（见图 6.23）为场面的目标提供泊位信息，同时还可以针对泊位中的飞机提供机型的验证。A-VDGS 与监视服务协同使用，可以为场面飞机从启动到滑行道再到最终停止等待起飞位置的全过程提供引导。

图 6.23　先进视觉引导泊位系统（A-VDGS）

6.6.2　进场管理系统（AMAN）

6.6.2.1　概　述

进场管理系统（Arrival Manager）主要用于为处理到达机场的航班提供自动排序支持。在考虑当地定义的着陆率、到达跑道的航班所需间隔和其他标准的基础上，AMAN 持续计算分析航班的优化到达顺序和时间。AMAN 可以帮助管制人员最大限度地利用机场的可用容量，结合更高效、更可预测的到达管理流程，有助于减少管制人员的负担，优化管制流程，从而降低油耗、噪声和污染。AMAN 的运行规则是在 20 世纪 90 年代后期制定的，目前自动化系统对于进场管理的支持可分为两大类：

（1）基本飞行数据处理系统功能，即使用飞行数据处理的机制为交通流中的航班提供基本到达信息（如到达列表和时间）。

（2）专用 AMAN。该类别涵盖了目前运营的大多数 AMAN。在这些系统中，飞机使用一组定义的需求、原则和规则按顺序进行规划，空中交通管理的工作通常在系统支持下以更协作、更主动的方式运行。

6.6.2.2　AMAN 的工作机制

AMAN 系统与空管自动化系统中的飞行数据处理系统和雷达数据处理系统等多个系统交互协同工作。如图 6.24 所示，AMAN 将飞行计划信息、雷达信息、天气信息、本地空域和航线信息以及飞机性能模型结合起来用于轨迹预测，从而为任何单个飞行提供计划时间。由于 AMAN 有其需要满足的某些条件（如跑道上所需的着陆速率或间距），当预测跑道上同时或大约同时有 2 架或更多飞机时，它计划一个序列，生成需要应用于航班的新"所需"时间，以创建或保持进场航班序列。除了向管制员提供序列信息外，AMAN 系统通常还以损失时间或获得时间信息的形式输出航班排序所需的时间。基于 AMAN 系统的建议，管制员负责为飞机找到并应用适当的方法以确定特定航班在序列中的位置。

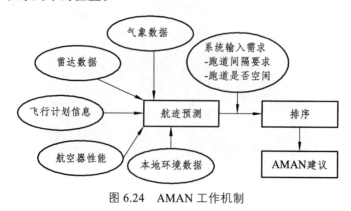

图 6.24　AMAN 工作机制

6.6.3　机场协同决策系统（A-CDM）

6.6.3.1　概　述

欧洲 A-CDM（Airport Collaborative Decision-making）来自美国的协同决策（Collaborative Decision-making，CDM）概念，该概念于 1998 年 1 月引入，以应对主要由于途中或机场恶劣天气条件导致的机场容量大幅减少问题。在实验期间，地面延迟程序中的延迟减少了 15%，取得了良好的实验效果。2000 年初，在欧洲几个主要机场进行了试验，以研究和开发欧洲 CDM 概念。机场协同决策系统旨在通过优化资源使用和提高空中交通的可预测性来提高机场运营的效率和弹性。A-CDM 通过增强机场合作伙伴（机场运营商、飞机运营商、地勤人员和空中交通管制）更透明和协作地工作来实现这一目标。A-CDM 现已获得全球认可，并在全欧洲的 32 个机场全面应用，包括阿姆斯特丹、巴塞罗那、贝加莫、柏林-勃兰登堡、布鲁塞尔、哥本哈根、杜塞尔多夫、法兰克福、日内瓦、汉堡、赫尔辛基、里斯本、伦敦希思罗、里昂、马德里、马拉加、米兰利纳特、米兰马尔彭萨、慕尼黑、那不勒斯、尼斯、奥斯陆、帕尔马洛卡、巴黎、巴黎奥利、布拉格、里加、罗马菲米奇诺、斯图加特、威尼斯、华沙和苏黎世。

A-CDM 研究的主要目标包括提高飞行过程的可预测性、提高航班的准点率、降低场面滑行开销、优化机场设施和资源的使用、提高空中交通流量管理的效率、灵活的进离场规划和减少跑道和滑行道拥堵等。

6.6.3.2　A-CDM 系统的功能

A-CDM 目前已经作为一个可以改善运行效率的技术融入空中交通管理系统的概念中，其主要的功能包括以下几个方面。

1. 机场协同决策信息共享

机场协同决策信息共享定义了机场 CDM 协作伙伴之间的信息共享的准确及实时性。良好的信息共享能力才能实现合作伙伴间共同的态势感知并提高空中交通的可预测性。决策信息共享是 A-CDM 的核心功能，也是其他机场实现 A-CDM 的基础要素。

2. 可变滑行时间计算

可变滑行时间计算的目的是提高交通可预测性，具体功能包括计算并向机场 CDM 合作伙伴分配准确的滑行时间和滑行时间估计，以改进阻塞时间和起飞时间的估计。时间计算的复杂性可能根据 A-CDM 的需求和约束而变化。

3. 航班信息协同管理

航班信息协同管理的目的是改善空中交通流量和容量管理（ATFCM）与机场运营之间的协调。其主要功能包括在网络管理器和 A-CDM 之间交换航班更新消息（FUM）和离场计划信息（DPI）消息，以提供到达 CDM 机场的航班估计，并改进离场航班的 ATFM 的时隙管理的目的。

4. 协同预起飞排序

协同预起飞排序针对飞机计划离开其停机位（推离区）的顺序管理。其目的是提高航班放行的灵活性、增加准时性和改善机位的占用情况。

5. 不利条件下的协同决策

不利条件下的协同决策是指在可预测或不可预测的机场容量减少情况下，对伙伴机场的运行能力进行协同管理。此功能的目的是在机场 CDM 合作伙伴之间实现共同的态势感知，包括为乘客提供更即时的信息，以及准确预测中断时长和中断后的快速恢复。

6. 高级协同决策功能

高级协同决策功能目前尚未明确定义，主要的思想是通过利用先进技术并与先进工具（如 A-SMGCS、AMAN/DMAN 等）互联，从而增强和扩展系统对于通用态势感知，并提高机场合作伙伴之间的协作能力。

6.6.4　安全网（safty nets）

6.6.4.1　概　述

安全网（safety nets）的作用是避免让一些可以预见的危险情况发展为事故。按照适用的场景，安全网可以分为空中安全网和地面安全网。空中安全网直接对飞行员提供告警和解决方案，主要有空中避撞系统（Airborne Collision Avoidance System，ACAS）和近地警告系统（Ground Proximity Warning System，GPWS）等。地面安全网是空中交通管理系统的一个部分，告警时间可以提前 2 min，管制员需要在接收到告警信息以后分析当前的形势，采取恰当的管制措施，避免事故的发生。空管自动化系统中典型的地面安全网功能包含短期冲突告警（Short Term Conflict Alert，STCA）、区域接近警告（Area Proximity Warning，APW）、最低安全高度告警（Minimum Safe Altitude Warning，MSAW）和进近路径监控（Approach Path Monitor，APM）。

6.6.4.2　短期冲突告警（STCA）

如图 6.25 所示，当前的空中交通管理系统是以管制员为中心。管制员通过接收到的各类信息来源，对当前形势进行判断，从而发出管制指令。然而，这种以管制员为中心的管理方式会因为人本身的选择性注意力、选择性感知、疲劳等因素造成一些潜在的事故风险。为了解决人因的问题，短期冲突告警功能在管制环节中加入了独立的告警逻辑，即通过及时地生成潜在的或者实际的飞行器违反最小间隔的警告，协助管制员避免飞机碰撞事故的发生。短期冲突告警的预警时间最长可以达到 2 min。

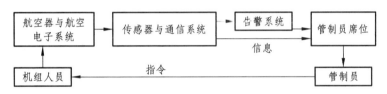

图 6.25　简化的空中交通管制循环

如图 6.26 所示，短期冲突告警的数据来源包含监视数据、飞行数据和环境数据。监视数据是冲突预测最直接的数据参考信息。环境数据用于针对不同的空域情况配置短期冲突告警的参数。飞行数据主要提供飞机类型、尾流间隔、失压高度等信息，以供短期冲突告警模块完成参数配置。S 模式和 ADS 数据链可以为短期冲突告警，从而提高其运行效能。

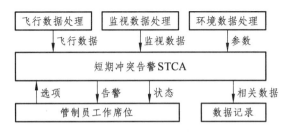

图 6.26　STCA 的运行环境

6.6.4.3　区域接近警告（APW）

区域接近警告通过计算分析飞机的速度与相对空域的位置，提醒管制员特定飞机存在入侵限制空域的可能性。区域接近警告的预警时间最长可以达到 2 分钟。与短期冲突告警类似，区域接近警告的实现也是基于监视数据、飞行数据和环境数据的处理。监视数据中的状态向量是预测危险发生的主要信息来源。飞行数据提供飞机的相关信息，用于判定飞机与空域之间的相对关系。环境信息包含了环境信息和告警参数，影响告警阈值的确定。

6.6.4.4　最低安全高度告警（MSAW）

最低安全高度告警功能通过分析飞机与地面或障碍物的相对高度关系，对飞机可能的触地危险提供提醒，避免飞机撞地事故的发生。最低安全高度预警的最长时间为 2 min。MSAW 将具有压力报告能力的应答机所发出的高度与已定义的最小安全高度比较，当检测或预测到飞机的飞行高度低于或将低于最低安全飞行高度的时候，系统将向该空域内的管制人员发出警告。最低安全高度告警功能的数据来源包含了监视数据、飞行数据和环境数据。监视数据主要包含飞机的气压高度信息，用于判断飞机和地面的相对距离。飞行数据提供了飞机的类型等信息，用于判断发出告警的必要性。环境信息包含了地形、障碍物、温度等可能影响告警阈值的参数。

6.6.4.5　进近路径监控（APM）

进近路径监控是一种基于地面的安全网，旨在通过在最终进近过程中及时生成飞机接近地形或障碍物的警报，向管制员警告以避免飞机撞地事故。进近路径监控可以应用于精密与非精密进近的过程中。跟最低安全高度告警功能类似，APM 的功能同样是基于监视数据、飞行数据和环境数据的处理与分析。

思考题

1. 自动化空管系统经历了哪几个阶段？分别有什么特点？
2. 自动化空中交通管理系统的配置是怎样的？
3. 自动化空中交通管理系统的功能包括哪些？
4. 飞行计划的主要来源有哪些？
5. 飞行计划的实施过程是怎样的？
6. 雷达数据处理的主要功能有哪些？
7. 谈谈区域管制中心的组成和功用。
8. 谈谈"欧洲猫"空管自动化系统在空中交通管理中的作用。
9. "欧洲猫"空管自动化系统各部分的功用。
10. A-SMGCS 是什么？能够提供哪些服务？
11. 谈谈 AMAN 的基本工作机制。
12. A-CDM 有哪些基本功能？
13. 地面安全网常见的系统包含哪些？谈谈相关系统的功能。

附录 英文缩写名词对照表

英文缩写	英文全称	中文译名
AAIM	Aircraft Autonomous Integrity Monitor	飞机自主完好性监控
AAC	Aeronautical Administrative Communication	航空行政管理通信
ABAS	Aircraft Based Augmentation System	空基增强系统
ACAS	Airborne Collision Avoidance System	机载防撞系统
ACARS	Aircraft Communication Addressing And Reporting System	飞机通信寻址和报告系统
ACC	Area Control Center	区域管制中心
A-CDM	Airport Collaborative Decision-making	机场协同决策
ACMS	Aircraft Condition Monitoring System	飞机状态监控系统
ADS	Automatic Dependent Surveillance	自动相关监视
ADS-A	Automatic Dependent Surveillance-Addressed	自动相关监视－寻址式
ADS-B	Automatic Dependent Surveillance-Broadcast	广播式自动相关监视
ADS-C	Automatic Dependent Surveillance-Contract	自动相关监视－合同式
AES	Airborne earth station	机载地球站
AFTN	Aeronautical Fixed Telecommunication Network	航空固定电信网
AMAN	Arrival Manager	进场管理系统
AMSS	Aeronautical Mobile Satellite System	航空移动卫星系统
AOC	Aeronautical Operational Control	航空运行管理
APC	Aeronautical Passenger Communication	航空旅客通信
APM	Approach Path Monitor	进近航道监测
APW	Area Proximity Warning	区域接近告警
ASM	Airspace Management	空域管理
ASAS	Airborne Separation Assurance System	机载间隔辅助系统

英文缩写	英文全称	中文译名
A-SMGCS	Advanced Surface Movement Guidance and Control System	先进场面活动引导与控制系统
ATC	Air Traffic Control	空中交通管制
ATFM	Air Traffic Flow Management	空中交通流量管理
ATM	Air Traffic Management	空中交通管理
ATN	Aeronautical Telecommunications Network	航空电信网
ATS	Air Traffic Service	空中交通服务
A-VDGS	Advanced-Visual Docking Guidance Systems	先进视觉引导泊位系统
AVLC	Aviation VHF Link Control	航空 VHF 链路控制
CAAC	General Administration of Civil Aviation of China	中国民用航空总局
CATMT	Collaborative Air Traffic Management Technologies	协同空中交通管理技术
CDMA	Code Division Multiple Access	码分多址
CDTI	Cockpit Display Of Traffic Information	驾驶舱交通信息显示
CMU	Central Management Unit	中央管理的单位
CNS	Communication、Navigation and Surveillance	通信、导航和监视
CPDLC	Controller Pilot Data Link Communications	管制员飞行员数据通信
CRC	Cyclic Redundancy Check	循环冗余码校验
CSMA	Carrier Sense Multiple Access	载波侦听多路访问
DABS	Discrete Addressing Beacon System	离散选址信标系统
D-ATIS	Digital-Automatic Terminal Information System	数字式自动终端情报服务系统
DGNSS	Differential Global Navigation Satellite System	差分全球卫星导航系统
DLS	Data Link Service	数据链路服务
DME	Distance Measuring Equipment	测距仪
DSB-AM	Double Sideband Amplitude	双边带调幅
D8PSK	Differential Eight-Phase Shift Keying	差分 8 相移键控
EASA	European Aviation Safety Agency	欧洲航空安全局
ECEF	Earth-Centered、Earth-Fixed	地心地固坐标系

续表

英文缩写	英文全称	中文译名
ECI	Earth Centered Inertial	地心惯性坐标系
EGNOS	European Geostationary Navigation Overlay Service	欧洲静地卫星导航重叠服务
ES	End System	端系统
ES	Extended Squitter	二次监视雷达的 S 模式扩展自发报告
ETA	Estimated Time of Arrival	预计到达时间
ETD	Estimated Time Of Departure	预计离港时间
FAA	Federal Aviation Administration	美国联邦航空局
FANS	Future Air Navigation System	未来航行系统
FD	Fault Detect	故障检测
FDE	Fault Detect and Exclusion	故障检测与排故
FDRG	Flight Date Region	飞行数据区
FDPS	Flight Data Processing System	飞行数据处理系统
FDR	Flight Data Recorder	飞行数据记录器
FEC	Forward Error Correction	前向纠错
FIS	Flight Information Service	航行情报服务
FIS-B	Flight Information Service-Broadcast	广播式飞行情报服务
FMS	Flight Management System	飞行管理系统
FPL	Flight Plan	飞行计划
FTE	Flight Technical Tolerance	飞行技术误差
GBAS	Ground Based Augmentation System	陆基增强系统
GDOP	Geometric Dilution Of Precision	几何精度因子
GEOS	Geosynchronous Earth Orbit satellite	静止轨道卫星
GES	Ground Earth Station	地面地球站
GFSK	Gaussian Frequency Shift Keying	高斯频移键控
GLONASS	Global Navigation Satellite System	全球导航卫星系统

英文缩写	英文全称	中文译名
GLS	GBAS Landing System	陆基增强着陆系统
GNSS	Global Navigation Satellite System	全球导航卫星系统
GPS	Global Position System	全球定位系统
HAL	Horizontal Alarm Limit	水平告警限值
HDOP	Horizontal Dilution Of Precision	水平精度因子
HDLC	High level Data Link Control	高层数据链路控制协议
HF	High Frequency	高频
HFDL	High Frequency Data Link	高频数据链
IAS	Indicated Airspeed	指示空速
ICAO	International Civil Aviation Organization	国际民航组织
ILS	Instrument landing system	仪表着陆系统
INS	Inertial Navigation System	惯性导航系统
IRS	Inertial Reference System	惯性基准系统
IS	Intermediate System	中间系统
JPDO	Joint Planning And Development Office	联合规划和发展办公室
LAAS	Local Area Augmentation System	本地增强系统
LAN	Local Area Network	局域网
LEOS	Low Earth Orbit Satellite	低轨道卫星
LME	Link Management Entity	链路管理实体
LMSE	Least Mean Square Error	最小均方误差
MASPS	Minimum Aviation System Performance Standards	航空系统最低性能标准
MC	Magnetic Course	航线角
MCDU	Multifunction Control Display Unit	多功能控制显示单元
MEOS	Medium Earth Orbit Satellites	中轨道卫星
MLS	Microwave Landing System	微波着陆系统

续表

英文缩写	英文全称	中文译名
MTSAT	Multi functional Transport Satellites	多功能运输卫星
MH	Magnetic Heading	磁航向
MMR	Multi-Mode Receiver	多模式接收机
MNPS	Minimum Navigation Performance Specification	最低导航性能规范
MOPS	Minimum Operations Performance Standards	最小的操作性能标准
MSAW	Minimum Safe Altitude Warning	最低安全高度警告
MTP	Multiple-radar Track Processing	多雷达航迹处理
MU	Management Unit	管理单元
NAC	Navigation Accuracy Category	导航精度类别
NAC_P	Navigation Accuracy Category for Position	位置导航精度类别
NAC_V	Navigation Accuracy Category for Velocity	速度导航精度类别
NAS	National Airspace System	国家空域系统
NCS	Network Coordination Station	网络协调站
NDB	Non-Directional Beacon	无方向性信标
NextGen	Next Generation Air Transportation System	新一代航空运输系统
NIC	Navigation Integrity Category	导航完整性类别
NMDPS	Network Management Date Processing System	网络管理数据处理系统
NNEW	Nextgen Network Enabled Weather	新一代网络化天气系统
NNSS	Navy Navigation Satellite System	海军导航卫星系统
NOAA	National Oceanic and Atmospheric Administration	美国国家海洋和大气局
NOTAM	Notice to Airmen	航行通告
NPA	Non-Precision Approach	非精密进近
NSE	Navigation System Error	导航系统误差
NVS	National airspace system, Voice System	国家空域系统语音系统
OBA	Off Bore-sight Angle	偏离瞄准轴角度

续表

英文缩写	英文全称	中文译名
OC	Oceanic Clearance	海洋放行许可
OSI	Open System Interconnect Reference Model	开放式系统互联参考模型
PAM	Pulse Amplitude Modulation	脉冲幅度调制
PBN	Performance Based Navigation	基于性能的导航
PCM	Pulse - Code Modulation	脉冲编码调制
PDC	Pre-Departure Clearance	起飞前放行许可
PDE	Path Definition Error	航径定义误差
PDOP	Position Dilution Of Precision	位置精度因子
PEE	Position Estimation Error	位置估计误差
PPM	Pulse Position Modulation	脉冲位置调制
PRN	Pseudo-Random Noise	伪随机噪声
PSR	Primary Surveillance Radar	一次监视雷达
RAIM	Receiver Autonomous Integrity Monitoring	接收机自主完好性监测
RATMP	Required ATM Performance	所需空中交通管理性能
RCP	Required Communication Performance	所需通信性能
RDP	Radar Data Processing	雷达数据处理
RF	Radio Frequency	射频
RGS	Remote Ground Station	远端站
RNAV	Area Navigation	区域导航能力
RNP	Required Navigation Performance	所需导航性能
RNP AR APCH	RNP Authorization Required APproaCH	RNP 授权所需进近程序
RSP	Required Surveillance Performance	所需监视性能
RTCA	Radio Technical Commission For Aeronautics	航空无线电技术委员会
RTK	Real Time Kinematic	实时动态
RTP	Radar Track Processing	单雷达航迹处理

英文缩写	英文全称	中文译名
RTQC	Real Time Quality Control	实时质量控制
RTSP	Required Total System Performance	所需总体系统性能
RVR	Runway Visual Range	跑道视程
RVSM	Reduced Vertical Separation Minimum	缩小垂直间隔
SA	Selective Aviability	选择可用性
SARPs	SARPS Standards And Recommended Practice	标准和建议措施
SAR	Search And Rescue	搜寻和救援
SBAS	Satellite-Based Augmentation System	星基增强系统
SDU	Satellite data processing Unit	卫星数据处理组件
SESAR	Single European Sky ATM Research	欧洲单一天空实施计划
SID	Standard Instrument Departure	标准仪表离场
SIL	Surveillance Integrity Level	监视完整性等级
SITA	Society International Detelecommunication Aeronautiques	国际航空电讯协会
SLS	Side Lobe Suppression	旁瓣抑制
SME	System Management Entity	系统管理实体
SMGCS	Manual of Surface Movement Guidance and Control Systems	地面移动引导和控制系统
SNACP	Sub Network Access Protocol	子网接入协议
SNPDU	Sub Network Protocol Data Unit	子网协议数据单元
SOA	Service Oriented Architecture	面向服务的体系结构
SPI	Special Position Identification	特殊位置标识
SSR	Secondary Surveillance Radar	二次监视雷达
STCA	Short Term Conflict Alert	短期冲突告警
S-TDMA	Self-Organizing Time Division Multiple Access）	自组织时分多址
SWIM	System Wide Information Management	系统范围内的信息管理
TAS	True Airspeed	真空速

续表

英文缩写	英文全称	中文译名
TCAS	Traffic Collision Avoidance System	空中防撞系统
TCP/IP	Transmission Control Protocol/Internet Protocol	传输控制协议/互联网协议
TDOA	Time Difference of Arrival	到达时间差
TDMA	Time Division Multiple Address	分时多址
TFMS	Traffic Flow Management System	交通流管理系统
TIS	Traffic Information Service	交通信息服务
TOA	Time of Arrival	达到时间
TSD	Traffic Situation Display	交通姿态显示器
TSE	Total System Error	整体系统误差
VAL	Vertical Alarm Limit	垂直告警限值
UAP	Upper Airspace Program	高空空域项目
UAT	Universal Access Transceiver	通用访问机
VDL	VHF Digital Link	甚高频数据链
VDOP	Vertical Dilution Of Precision	垂直精度因子
UERE	User Equivalent Range Error	用户等效距离误差
UTC	Universal Time Coordinated	世界协调时间
VHF	Very High Frequency	甚高频
VME	VHF Management Entity	甚高频管理实体
VOR	Very-high-frequency Omni directional Range	甚高频全向信标
VSS	VDL MODE 4 Specific Services	特殊服务子层
WAAS	Wide Area Augmentation System	广域增强系统
WGS-84	World Geodetic System -1984	WGS-84 坐标系
WMS	Wide Management Station	广域主控站
WRS	Wide Area Reference Station	广域参考基站

参 考 文 献

[1] 新航行系统概论编辑委员会. 新航行系统概论[M]. 北京：中国民航出版社，1998.

[2] Dunlay, William & Rakas, Jasenka. NextGen, the Next Generation Air Transportation System: Transforming Air Traffic Control from Ground-Based and Human-Centric to Satellite-Based and Airplane-Centric. pp. 7-13. 2011.

[3] 张军. 现代空中交通管理[M]. 北京：北京航空航天大学出版社，2005.

[4] 程擎. 空中交通管制雷达原理[M]. 中国民航飞行学院，2010.

[5] 程擎. 领航学[M]. 成都：西南交通大学出版社，2012.

[6] 魏光兴. 通信导航监视设施[M]. 成都：西南交通大学出版社，2004.

[7] 张尉. 二次雷达原理[M]. 北京：国防工业出版社，2009.

[8] 邱致和. GPS 原理与应用[M]. 王万义译. 北京：电子工业出版社，2001.

[9] 宋福臣，郑树人. 空中交通管制系统与计算机网络[M]. 北京：中国民航出版社，1997.

[10] 刘基余. 全球定位系统原理及其应用[M]. 北京：科学出版社，2008.

[11] 向敬成，张明友. 雷达系统[M]. 北京：电子工业出版社，2001.

[12] 丁鹭飞，耿富录. 雷达原理[M]. 西安：西安电子科技大学出版社，1995.

[13] DO-242A, Minimum Aviation System Performance Standards for Automatic Dependent Surveillance Broadcast (ADS-B) [S]. RTCA, Inc, 200216.

[14] 基于性能导航（PBN）手册. 国际民用航空组织，第三版，2008.

[15] Annex 10 to the Convention on International Civil Aviation, Aeronautical Telecommunications, Volume I　Radio Navigation Aids, International Civil Aviation Organization, Sixth Edition July 2006.

[16] Annex 10 to the Convention on International Civil Aviation, Aeronautical Telecommunications, Volume III communication system，International Civil Aviation Organization，Second Edition July 2007.

[17] Annex 10 to the Convention on International Civil Aviation, Aeronautical Telecommunications, Volume IV surveillance and collision avoidance system, International Civil Aviation Organization, fourth Edition July 2007.

[18] Doc 9688 AN/952，Manual on mode S specific services，International Civil Aviation Organization，Second Edition July 2007.

[19] 黎廷璋. 空中交通管制机载应答机[M]. 北京：国防工业出版社，1995.

[20] 朱新宇. 民航飞机电气及通信系统[M]. 成都：西南交通大学出版社，2002.

[21] 王兰知，王中东. "欧洲猫-X"系统管制操作手册[M]. 中国民航华东空管局，2004.

[22] 地空数据通信系统培训大纲[Z]. 中国民用航空总局飞行标准司监制，2005.

[23] Doc 9750，AN/963. 全球空中航行计划. 国际民航组织，2007.

[24] Y BAR SHALOM, T E Fortmann. Tracking and Data Association[M]. Academic Press, 1988.

[25] S R JONES. Determination of Requirements for Automatic Dependent Surveillance Broadcast (ADS-B) to ADS-B Three Nautical Miles (nm) Separation Standard[R].The MITRE Corporation, 2004.

[26] Co-operative Actions of R&D in EUROCONTROL Action on Airborne Separation Assistance System. CARE-ASAS/EUROCONTROL/99-001-Version 5.1-November 29, 2004.

[27] 程擎，杨荣盛. 地空数据通信系统及其在中国民航应用与发展[J]. 通信与信息技术，2010（2）.

[28] 程擎，杨荣盛. 全球实施 PBN 最新进展及对我国的启示[J]. 中国民用航空，2010(4).

[29] 程擎. 自由飞行的必由之路：机载间隔辅助系统[J]. 中国民用航空，2011（9）.

[30] 程擎. ADS-B 延迟时间计算方法的可行性分析[J]. 计算机应用，2012（8）.

[31] 程擎. 基于 GNSS 的 PBN 导航完好性要求[J]. 中国民用航空，2012（12）.

[32] 甘良才等译. 卫星通信[M]. 北京：电子工业出版社，2005

[33] 边少锋，李文魁. 卫星导航系统概论[M]. 北京：电子工业出版社，2005.

[34] 刘慧英，周勇. 空中交通管理系统导论[M]. 国防工业出版社，2002.

[35] 山秀明. 航管二次雷达[M]. 国防工业出版社，1983.

[36] Airport CDM Implementation manual. EUROCONTROL-Version 5.0-March 31, 2017.

[37] EUROCONTROL Specification for Advanced-Surface Movement Guidance and Control System (A-SMGCS) Services. EUROCONTROL-SPEC-171. Version 2.0, April 22, 2020.

[38] Safty nets - A guide for ensuring effectiveness. EUROCONTROL-August, 2017.

[39] 智慧民航建设路线图[Z]. 中国民用航空局，2022.